出山店水库
混凝土坝设计与技术应用

王桂生 马东亮 赵永刚等 编著

河海大学出版社
HOHAI UNIVERSITY PRESS
·南京·

图书在版编目(CIP)数据

出山店水库混凝土坝设计与技术应用/王桂生等编著. -- 南京：河海大学出版社，2023.8
ISBN 978-7-5630-8270-4

Ⅰ.①出… Ⅱ.①王… Ⅲ.①水库－混凝土坝－设计－研究－河南 Ⅳ.①TV642

中国国家版本馆 CIP 数据核字(2023)第 124004 号

书　　名	出山店水库混凝土坝设计与技术应用
	CHUSHANDIAN SHUIKU HUNNINGTUBA SHEJI YU JISHU YINGYONG
书　　号	ISBN 978-7-5630-8270-4
责任编辑	吴　淼
特约校对	丁　甲
装帧设计	张育智　周彦余
出版发行	河海大学出版社
地　　址	南京市西康路1号(邮编:210098)
网　　址	http://www.hhup.cm
电　　话	(025)83737852(总编室)
	(025)83722833(营销部)
经　　销	江苏省新华发行集团有限公司
排　　版	南京布克文化发展有限公司
印　　刷	广东虎彩云印刷有限公司
开　　本	787毫米×1092毫米　1/16
印　　张	16.75
字　　数	385千字
版　　次	2023年8月第1版
印　　次	2023年8月第1次印刷
定　　价	128.00元

前言
PREFACE

出山店水库是国家172项节水供水重大水利工程之一,是国务院批准的《淮河流域防洪规划》确定的以防洪为主的大型控制性工程,是历次治淮规划确定在淮河干流上游修建的唯一一座大(1)型水库,水库控制流域面积2 900 km²,是一座以防洪为主、结合供水、灌溉、兼顾发电等综合利用的大型水利枢纽工程,水库总库容12.51亿 m³。水库建成后,可使淮河干流王家坝以上的防洪标准由以前的不足10年一遇提高到20年一遇,对保护区内的220万亩[①]土地和170万人的防洪安全发挥重要作用;同时为信阳市提供生活及工业供水8 000万 m³;电站装机2 900 kW,多年平均发电量约757万 kW·h。水库枢纽工程主要建筑物有主坝(含土坝、混凝土坝)、南副坝、北副坝、南灌溉洞、北灌溉洞、电站等。水库大坝按千年一遇洪水设计,万年一遇洪水校核,工程等别为Ⅰ等,主要建筑物级别为1级。

2014年9月,出山店水库工程可行性研究报告获得国家发展改革委员会批复,2015年4月初步设计报告获得水利部批复,2015年10月底实施第一次截流,2019年5月底全面完成工程建设。自2020年至竣工验收前,出山店水库陆续发挥防洪减灾效益、发电效益、生态效益、社会效益等,2021年12月30日顺利通过水利部组织的竣工验收。

中水淮河规划设计研究有限公司作为规划设计单位,全过程参与出山店水库立项、规划设计、工程实施等各阶段工作。在其中的混凝土坝基防渗、缓倾角断层处理、深层抗滑稳定分析,基岩软弱结构面处理、大体积混凝土温度控制与防裂、混凝土分区分层设计,低水头、低弗氏数联合消能工设计与研究,混凝土坝与土坝连接处理等方面存在诸多难题。金属结构方面大跨度弧形钢闸门设计、制作与安装,低水头发电站水能规划和机组选型等,坝顶建筑物群建筑景观设计等方面均面临诸多难题,作为设计单位,从编制可行性研究报告阶段开始,投入强大技术力量,立足规范,科学、审慎开展了一系列的论证、分析、计算,并联合有关参建单位、科研单位等开展相关专题研究,围绕难点重点问题,久久为功、精准发力,及时解决了难点问题并有效节约了成本,经济效益和生态效益显著,确保了出山店水库从建设期到运行期的安全、稳定,为建设单位打造"创新、智慧、生态、

---

① 1亩≈666.67平方米(m²)。

美丽"出山店水库打下坚实基础。

《河南省出山店水库混凝土坝设计与技术应用》编写完成，并通过国家相关部门审查后，可以直接运用于相关水利水电工程设计与施工，并为有关专项科研工作的开展提供依据和参考，并为有关标准、规程、规范的修编提供案例和参考。

本书由王桂生、马东亮、赵永刚主笔，冯治刚、韩福涛、常星、刘良共同编写。第一章由王桂生、马东亮编写；第二章第一节、第二节由赵永刚编写，第三节、第四节由王桂生编写，第五节、第六节由冯治刚、刘良编写；第三章由韩福涛编写；第四章由常星编写。

全书由王桂生、赵永刚、马东亮统稿审定。在本书编写过程中河南省水利勘测设计研究有限公司、河南省水利勘测有限公司、武汉大学、河海大学、南京水利科学研究院给予了技术支持，徐杰工程师、谢鹏遥工程师在本书编写过程中给予了很多支持和帮助，本书参考引用了相关的工程报告、论文、书籍等，在此一并表示衷心的感谢。

本书紧扣工程实例，理论结合实践，实用性强。希望本书的出版能对相关的工程设计和科研人员有所启发和帮助。

由于作者水平有限，理论研究不足，书中的不当和错误之处在所难免，恳请广大读者批评指正。

编者

2022年11月

目录
CONTENTS

- 第一章　工程概况 ·· 001
  - 第一节　概述 ·· 001
  - 第二节　工程总体布置 ·· 002
    - 2.1　挡水及泄水建筑物 ·· 002
    - 2.2　电站 ··· 003
    - 2.3　引水建筑物 ··· 003
    - 2.4　管理设施 ··· 004
    - 2.5　交通工程 ··· 005
  - 第三节　主要建筑物设计概述 ··· 005

- 第二章　建筑物设计 ·· 008
  - 第一节　概述 ·· 008
  - 第二节　水文 ·· 009
    - 2.1　径流计算 ··· 009
    - 2.2　设计洪水 ··· 013
    - 2.3　坝下水位-流量关系 ·· 019
  - 第三节　工程地质 ·· 019
    - 3.1　地形地貌 ··· 019
    - 3.2　地层岩性 ··· 020
    - 3.3　区域地质情况 ··· 020
    - 3.4　区域构造稳定性 ·· 021
    - 3.5　地震活动特征及地震参数 ··· 022
    - 3.6　水文地质条件 ··· 022
    - 3.7　混凝土坝段工程地质条件 ··· 023
  - 第四节　工程任务与规模 ··· 028
    - 4.1　地区发展状况及工程建设的必要性 ··· 028

001

4.2　综合利用要求 …………………………………………………………… 031
　4.3　兴利调节计算 …………………………………………………………… 034
　4.4　洪水调节 ………………………………………………………………… 037
　4.5　装机容量选择 …………………………………………………………… 044
第五节　工程布置及建筑物设计 ………………………………………………… 045
　5.1　设计依据 ………………………………………………………………… 045
　5.2　工程等级和标准 ………………………………………………………… 048
　5.3　主要建筑物轴线选择 …………………………………………………… 049
　5.4　建筑物选型 ……………………………………………………………… 053
　5.5　工程总布置 ……………………………………………………………… 062
　5.6　挡水及泄水建筑物 ……………………………………………………… 066
　5.7　电站 ……………………………………………………………………… 109
　5.8　边坡工程 ………………………………………………………………… 113
　5.9　引水建筑物（南灌溉洞）………………………………………………… 113
　5.10　土坝与混凝土坝连接技术 ……………………………………………… 115
　5.11　金属结构 ………………………………………………………………… 118
　5.12　工程安全监测 …………………………………………………………… 130
第六节　施工 ……………………………………………………………………… 135
　6.1　概述 ……………………………………………………………………… 135
　6.2　施工导流 ………………………………………………………………… 136
　6.3　砂石骨料生产加工 ……………………………………………………… 143
　6.4　混凝土生产系统 ………………………………………………………… 145
　6.5　混凝土施工 ……………………………………………………………… 145
　6.6　坝基处理 ………………………………………………………………… 146
　6.7　施工总进度 ……………………………………………………………… 147

第三章　局部宽尾墩消能技术 …………………………………………………… 148
　第一节　概述 …………………………………………………………………… 148
　第二节　水工模型试验目的及内容 …………………………………………… 149
　　2.1　试验目的 ……………………………………………………………… 149
　　2.2　试验内容 ……………………………………………………………… 149
　第三节　模型制作与量测系统 ………………………………………………… 150
　　3.1　相似条件与相似比尺 ………………………………………………… 150
　　3.2　模型制作 ……………………………………………………………… 152
　　3.3　量测系统 ……………………………………………………………… 154
　　3.4　测点布置 ……………………………………………………………… 154
　　3.5　大流量试验工况 ……………………………………………………… 156

第四节　宽尾墩联合消能工优化方案试验成果 ……… 156
4.1　宽尾墩联合消能工体型说明 ……………………… 156
4.2　流态观测 …………………………………………… 160
4.3　消力池、海漫内流速分布 ………………………… 163
4.4　消力池消能率研究 ………………………………… 168
4.5　消力池、海漫内水面线分布 ……………………… 169
4.6　上游左岸导水墙优化方案试验成果 ……………… 173
4.7　泄流能力影响分析 ………………………………… 179
4.8　宽尾墩尾部水面高程测定 ………………………… 179
4.9　试验结论 …………………………………………… 180

第五节　宽尾墩联合消能工动床试验成果 ……………… 181
5.1　动床试验目的及内容 ……………………………… 181
5.2　流速分布 …………………………………………… 184
5.3　水面线分布 ………………………………………… 188
5.4　下游河道冲刷特性 ………………………………… 190
5.5　上游左岸弧形导水墙设计优化 …………………… 193
5.6　试验结论 …………………………………………… 196

第六节　增加辅助消能工优化设计方案试验成果 ……… 197
6.1　体形修改说明 ……………………………………… 197
6.2　小流量闸门调度试验 ……………………………… 199
6.3　不同水库特征水位下闸门开度-流量调度运行 …… 208
6.4　大流量工况试验 …………………………………… 209
6.5　试验结论 …………………………………………… 218

第七节　结论与建议 …………………………………… 219
7.1　原设计方案 ………………………………………… 219
7.2　宽尾墩联合消能工优化方案 ……………………… 220
7.3　增加中墩消能工优化方案 ………………………… 220

第四章　混凝土坝温控防裂与缓倾角断层处理 …………… 221
第一节　混凝土坝温控防裂 …………………………… 221
1.1　概述 ………………………………………………… 221
1.2　温控仿真分析 ……………………………………… 222
1.3　非溢流坝段温控 …………………………………… 240
1.4　表孔坝段温控 ……………………………………… 242
1.5　底孔坝段温控 ……………………………………… 246

第二节　缓倾角断层处理 ……………………………… 250
2.1　概述 ………………………………………………… 250

2.2 工程地质情况 …………………………………………………… 250
2.3 断层安全复核 …………………………………………………… 254
2.4 断层处理设计 …………………………………………………… 255
2.5 施工组织 ………………………………………………………… 257

第一章
工程概况

第一节　概述

出山店水库是淮河干流上的大型防洪控制工程,工程位于河南省信阳市境内,见图1.1-1。坝址在京广铁路以西14 km的出山店村附近,距信阳市约15 km,出山店以上河长约100 km,水库控制流域面积2 900 km²。

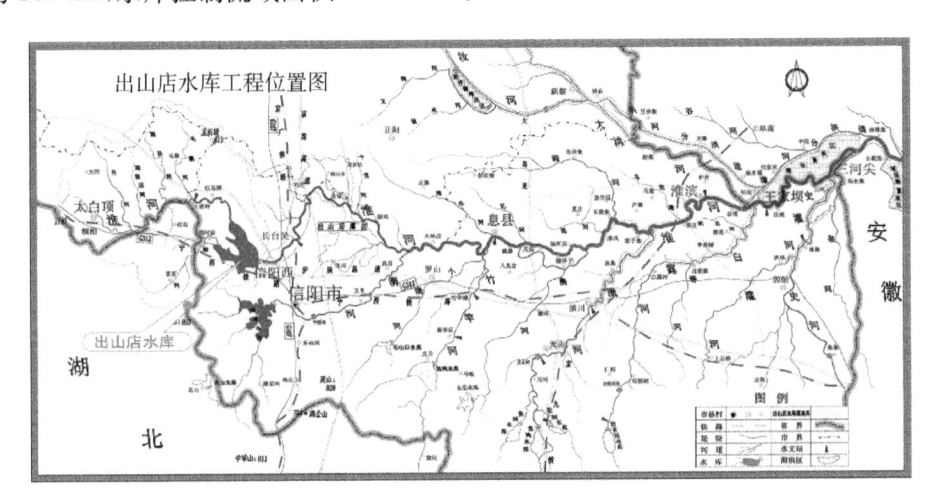

图 1.1-1　出山店水库工程位置图

出山店水库是一座以防洪为主,结合供水、灌溉,兼顾发电等综合利用的大型水利枢纽工程,水库防洪库容6.91亿 m³,兴利库容1.45亿 m³,每年为信阳市提供生活及工业供水8 000万 m³,设计灌区面积(远期)为50.6万亩,电站装机为2 900 kW,最大发电水头为12.72 m,多年平均发电量约为757万 kW·h。

枢纽工程主要建筑物有主坝(含土坝、混凝土坝)、南副坝、北副坝、南灌溉洞、北灌溉洞、电站、基流放水洞等。主坝型式为混合坝型,轴线长 3 690.57 m,其中土坝段长 3 261 m,混凝土坝段长 429.57 m(含溢流坝段、底孔坝段、电站坝段、右岸非溢流坝段、连接坝段),坝顶高程为 100.4 m,防浪墙顶高程为 101.6 m。水库按千年一遇洪水设计,设计水位为 95.78 m,下泄流量为 13 581 m³/s;按万年一遇洪水校核,校核水位为 98.12 m,下泄流量为 17 166 m³/s。工程等别为Ⅰ等,主要建筑物级别为 1 级。

第二节　工程总体布置

出山店水库工程以防洪为主,结合供水、灌溉,兼顾发电等综合利用。水库灌区灌溉面积为 50.6 万亩,年供水 8 000 万 m³,河道基流为 3.55 m³/s。主要建筑物有挡水及泄水建筑物(包括主坝土坝段、混凝土坝段、副坝)、电站厂房、引水建筑物(南灌溉洞、北灌溉洞)、管理设施、交通道路等。

2.1　挡水及泄水建筑物

1) 主坝

根据坝址区地质条件,分长里岗及一、二级阶地段和主河槽及南山段两个坝段。长里岗及一、二级阶地段通过对均质土坝、斜墙坝、心墙坝三种坝型进行比选,选定采用黏土心墙坝;主河槽及南山段通过对土坝和混凝土坝两个方案进行比较,确定采用混凝土坝方案。

坝轴线总长 3 690.57 m,北起长里岗,南至二石窝,0+000～0+010 段为山体(0+000 桩号位置与勘测桩号位置相对应),坝体从 0+010 开始,0+010～3+029.4 段为南偏西 22.326°方向,3+029.4～3+256.5 为半径 400 m、中心角 32.525°的弧线,坝轴线折向下游。桩号 3+271～3+700.57 为混凝土坝段,总长 429.57 m(包括连接段)。

为满足泄洪和施工导流要求,需在混凝土坝段布置溢流表孔、泄流底孔,为满足供水、灌溉、发电要求,需设电站、灌溉洞等建筑物。混凝土坝段从左岸至右岸分别为:连接坝段、溢流坝段、底孔坝段、电站坝段和右岸非溢流坝段。左端通过连接段与黏土心墙砂壳坝连接,右端坝体与南坝头山体相接,为便于泄洪水流与下游河道顺接,轴线基本与现状河流中心线垂直。具体布置为:桩号 3+271～3+351 段为土坝与混凝土坝连接段,长 80.0 m;桩号 3+351～3+501.5 段为混凝土溢流表孔坝段,长 150.5 m,共分 9 个坝段,8 个表孔,单孔净宽 15 m;桩号 3+501.5～3+541.5 段为泄流底孔坝段,长 40.0 m,共分 2 个坝段,3 个泄流底孔,孔口尺寸为 7.0 m×7.0 m;桩号 3+541.5～3+566.5 段为电站坝段,长 25.0 m,1 个坝段,设 3 条引水发电洞,洞径分别为 2.5 m、2.5 m、1.6 m,在洞径为 1.6 m 的引水发电洞上设一条直径为 0.9 m 的岔管,发电时通过电站放基流,不发电时,通过岔管泄放基流,基流量为 3.55 m³/s。桩号 3+566.5～3+700.57 段为右岸非溢流坝段,长 134.07 m,共分 7 个坝段。

2）副坝

根据地形条件,共布置 4 座副坝,其中左岸布置 1#副坝,长 208 m,坝顶设防浪墙,墙顶高程为 101.60 m,坝顶高程为 100.40 m;右岸布置 2#～4#副坝,其中 2#副坝长 87.0 m,3#副坝长 143.0 m,4#副坝长 112.0 m,2#～4#副坝坝顶均不设防浪墙,坝顶高程均为 101.60 m。

2.2 电站

根据规划资料,电站设计水头为 9.92 m,最大水头为 12.72 m,最小水头为 8.72 m,设计流量为 30.0 m^3/s,总装机容量为 2 900 kW。电站位于河床右侧电站坝段下游,属于小型电站。

电站厂房由主厂房、副厂房、安装间、开关站等组成,主厂房与副厂房和安装间之间均设沉降缝。主厂房内布置 3 台水轮发电机组,均为立式轴流机组,水轮机和发电机同轴,机组安装高程均为 70.43 m,机组轴线与厂房纵轴线平行。机组从右至左分别为 1#机组(1 250 kW)、2#机组(1 250 kW)、3#机组(400 kW),机组中心距为 7.5 m。主厂房地面平台高程为 82.00 m,主厂房上部为 11.3 m 跨的排架结构,高 13.6 m,屋面采用钢筋混凝土结构,并在高程 93.80 m 处设 160/32 kN 型慢速桥式起重机 1 台。副厂房位于主厂房下游侧尾水平台上,紧邻主厂房布置,平面尺寸为 25.0 m×10.2 m(垂直水流×顺水流)。副厂房共分四层,第一层地面高程为 82.00 m,主要布置配电室、厂用变室、总降压变室等。第二层地面高程为 86.70 m,主要布置 35 kV 配电室、水电站中控室、综合机房、通信电源室和电站值班室等。第三层地面高程为 91.40 m,主要布置表、底孔 0.4 kV 配电室,10 kV 配电室,实验室。第四层地面高程为 95.40 m,主要布置溢流坝中控室、会议室、综合机房和通信电源室。屋面高程为 100.20 m。安装间位于主厂房右侧,根据机组安装、检修和结构的要求,采用单层排架结构,平面尺寸为 10.0 m×25.0 m(垂直水流×顺水流)。安装间下部采用混凝土框架柱式基础,柱端高程为 65.00 m。开关站布置在安装间下游侧。

2.3 引水建筑物

出山店水库有供水、灌溉任务,每年向信阳市供水 8 000 万 m^3,其中淮河北岸向明港镇供水 2 950 万 m^3,时段最大供水流量为 1.32 m^3/s,受水区地面高程在 80 m 左右;向淮河南岸的信阳市老城区和羊山新区供水 5 050 万 m^3,时段最大供水流量为 2.1 m^3/s,受水区地面高程在 79 m 左右。

根据出山店水库灌区布置,灌区总土地面积为 607 km^2,总耕地面积为 50.6 万亩,灌区分淮南和淮北两部分,其中淮南灌区土地面积为 340 km^2,耕地面积为 30.6 万亩,淮北灌区土地面积为 267 km^2,耕地面积为 20 万亩。灌区地面高程在 83.0 m 以下。

为满足灌溉和供水要求,结合水库的特征水位和受水区的地面高程,确定设南、北两个灌溉洞,渠首水位需不低于83.5 m。

1) 南灌溉洞

南灌溉洞通过对3#副坝下和混凝土坝非溢流坝段两个位置进行比较发现,在混凝土非溢流坝段内埋管方案比较经济,因此选定南灌溉洞位于大坝桩号3+580处,洞身中心线与重力坝轴线正交,设计为1孔,孔口尺寸为2.5 m×2.5 m(宽×高),为有压坝身泄水孔,设计流量为11.3 m³/s,加大流量为13.14 m³/s,进口事故检修闸门采用平面滑动钢闸门,出口工作闸门采用弧形钢闸门。工程主要由洞身、进出口控制段、下游消能防冲设施等部分组成。

2) 北灌溉洞

北灌溉洞设计流量为13.87 m³/s,加大流量为16.38 m³/s,要求渠首水位为83.5 m。通过对混凝土连接坝段、1#副坝下和1#副坝与主坝之间的山体内三个位置进行比较发现,若布置在1#副坝下,采取明挖暗埋的方式,洞壁两侧填土质量难以控制,容易出现接触冲刷,危及坝体安全;若布置在混凝土连接坝段,出口处地面高程在81.0 m左右,渠道施工时填方量较大,占地较多。因此,北灌溉洞布置在1#副坝与主坝之间的山体内,该处出口地面高程在91.0 m左右,位于坡地上,渠道占用耕地较少,且便于与北干渠渠首水位衔接。

3) 生态基流放水设施

为维持坝址下游河道的基本功能,保证最小生态需水,应不间断下泄河道基流3.55 m³/s。为保证基流下泄,在电站400 kW机组的引水管道(直径为1.6 m,进水口底高程为80.0 m)的压力钢管上设一个直径为0.9 m的岔管下放基流。在水位达到82.0 m高程前,3个泄流底孔有1孔局部开启,利用该泄流底孔下泄基流。其他两孔完全关闭。

2.4 管理设施

1) 管理用房

水库管理单位综合办公大楼建筑面积2 472 m²;生产用房,如修配车间、仓库、油库等127 m²;防汛仓库1 034 m²。施工期,前方生产区作为施工营地,工程竣工后,营地便作为出山店水库管理局的生产办公区。郑州基地建筑面积为3 401 m²,设有防汛调度中心和档案资料室等。

2) 通信及自动化管理系统

包括办公自动化系统、通信信息系统(含防汛会商系统)、水库管理监控系统、视频监控系统、自动化调度系统、监测自动化系统等。

3) 对外交通道路

进场道路规划为右岸、电站及变电站对外交通、管理局对外交通3条道路,其中坝后路在施工期作为施工道路,竣工后经改造作为永久坝后防汛路,坝后修建跨淮河大桥1座。道路总长约为2.56 km。

4) 交通设施

出山店水库为以防洪为主的大(1)型水库,为满足水库防汛抢险的交通需要,拟为水库管理单位配置各种车辆12辆,船4艘。

5) 水文设施

库区内原先没有水文设施,为了服务水库工程管理运用,拟设置3个水文站,分别为出山店水文站、顺河店水文站、大坡岭水文站,并改造12处雨量站点。

6) 其他管理设施

(1) 工程维修设备与防汛设施。其中包括:备用电源、照明设备,以及工程维修养护设施和必要的防汛抢险储备物资、仓库、料场等。

(2) 为满足水库管理单位生产生活用水、用电需要,建造过滤沉淀池、水塔等供水设施。

2.5 交通工程

为满足水库运行管理和施工要求,结合水库大坝结构型式及长度,需布置防汛道路、电站及变电站对外交通道路和管理局对外交通道路。

1) 防汛道路

右岸进场道路位于大坝右岸,道路走向与大坝基本一致,起点位于游河乡的国道312处,设计桩号为0+000,终点位于大坝溢流坝下游,设计桩号为1+639,总长为1 639 m。

2) 电站及变电站对外交通道路

电站及变电站对外交通道路起点位于迎宾大道最北端,终点位于变电站位置,总长为310 m,该路为电站及变电站对外的主要交通道路。

第三节 主要建筑物设计概述

混凝土坝段从大坝桩号3+271~3+700.57,总长429.57 m(包括连接段),从左岸至右岸分别为:连接坝段、溢流坝段、底孔坝段、电站坝段和右岸非溢流坝段。左端通过连接段与黏土心墙砂壳坝连接,右端坝体与南坝头山体相接。

1) 土坝、混凝土坝连接段

连接段桩号3+271~3+351,总长为80.0 m,分为3段,坝顶高程为100.40 m。连接段混凝土刺墙为混凝土非溢流坝段断面型式,第一段长35.0 m,坝顶宽度为12.0 m,第二段长25.0 m,坝顶宽度为10.0 m,第三段长20.0 m,坝顶宽度为8.0 m。混凝土刺墙外包黏土心墙,黏土心墙与土坝段心墙相连,心墙外为砂壳,连接段土坝上、下游坝坡型式同土坝河槽段坝坡。连接段与混凝土坝接头处上游设挡土(导水)墙,采用混凝土半重力式结构。

2) 溢流坝段

溢流坝段桩号为3+351～3+501.5，总长为150.5 m，坝顶高程为100.40 m，坝基最大宽度为37.60 m。溢流表孔共8孔，单孔净宽15.0 m，边墩厚3.0 m，中墩厚3.5 m，墩头采用流线型，墩尾采用平尾墩。堰面曲线上游段采用三圆弧曲线，下游采用幂曲线，幂曲线后连接斜坡，斜坡末端通过反弧段与消力池相接，消力池底板顶高程为65.00 m，池深5.0 m，池长73.5 m。溢流坝段开挖基面高程为65.00 m，最大坝高为35.3 m，溢流坝上游面垂直，溢流面以上闸墩向上游伸出2.50 m，溢流面平段设检修闸门，检修闸门后设弧形工作闸门，闸墩顶设交通桥连接两侧坝顶公路。

3) 泄流底孔坝段

泄流底孔坝段桩号为3+501.5～3+541.5，总长为40.0 m，坝顶高程为100.40 m，坝基最大宽度为48.60 m。坝体迎水面为铅直面，底孔底高程为75.00 m，孔口宽度为7.0 m，高度为7.0 m，共3孔。进口采用有压短管，喇叭口型式，进口上缘及两侧均采用椭圆曲线。从上游至下游为进口段、门槽段、压坡段、明流段。压坡段上部设通气管，向上通至校核水位以上。压坡段后接明流段，明流段底板曲线采用抛物线接直线斜坡段，直线斜坡段后接圆弧，圆弧后接消力池，消力池底板顶高程为65.00 m，池深5.0 m，池长75.0 m。底孔进口设事故检修闸门和弧形工作闸门。

4) 电站坝段

电站坝段桩号为3+541.5～3+566.5，总长为25.0 m。坝顶高程为100.40 m，坝基最大宽度为33.6 m。电站坝段开挖基面高程为65.00 m，最大坝高为35.4 m，上游面垂直，进水口以上闸墩向上游伸出2.50 m，布置检修便桥，下游面以坡度为1∶0.75的斜坡段连接至高程为82.00 m的电站主厂房平台，副厂房布置在主厂房下游尾水平台，共设有3台机组，相应设置3个引水洞，坝内压力钢管管径为2孔2.5 m、1孔1.6 m。电站进水口分为进口段、渐变段。进口段设拦污栅、检修闸门及快速闸门，快速闸门后为收缩渐变段，收缩渐变段设置通气孔。

5) 右岸非溢流坝段

右岸非溢流坝段桩号为3+566.5～3+700.57，总长为134.07 m，坝顶高程为100.40 m，坝顶宽8.0 m，坝基最大宽度为27.78 m。17#～19#坝段开挖基面高程为65.00 m，上游面垂直，下游面坡度为1∶0.75；20#～23#坝段坝基开挖成台阶状，基面高程为70.00～83.50 m，坝体上游面垂直，下游面坡度为1∶0.75。坝顶上游侧设挡浪墙，下游设栏杆。

6) 坝体构造

坝体设置一道沿坝轴线方向的基础灌浆（排水）廊道，宽2.50 m，高3.0 m，城门洞型，廊道地面高程为68.50～84.00 m。左岸连接坝段、右岸非溢流坝段各设置一条横向交通廊道通往下游坝外地面，廊道地面高程为84.0 m，廊道宽2.50 m，高3.00 m，城门洞型。在基础灌浆（排水）廊道桩号3+578处设置集水井，集水通过水泵抽排至下游。坝体内排水管采用无砂多孔混凝土管，管距为3.0 m，内径为15 cm。

坝体沿坝轴线方向共分为23个坝段，坝段宽度为14.0～25.07 m，设22道横缝，横缝上游侧均设置两道铜片止水。各坝段均设置1道纵缝。

7) 坝基处理及防渗排水

坝基础开挖高程确定为65.00 m，达到了弱风化岩层的上部。河槽段主要断层有F_{30}、F_{31}、F_{32}、F_{33}、F_{34}，采用槽挖回填处理。开挖回填深度按不小于1.0倍断层破碎带宽度控制。对范围较大、倾角较陡的断层破碎带，采用混凝土塞加固处理。混凝土塞的深度采用断层破碎带的宽度的1.0倍。

基础岩石普遍透水性小，但是局部有大裂隙漏水，为提高坝基整体性，减小沿坝基的渗透量，对坝基整体进行固结灌浆处理，灌浆孔距为3.5 m，深度为5.0 m，梅花型布置。帷幕灌浆孔进入岩石5Lu线以下4.0 m，平均深度为25 m，孔距为2.0 m，单排布置，帷幕中心线距上游坝踵6.25 m，右坝肩帷幕向坝外延伸20.0 m，左侧连接坝段帷幕与主坝土坝段坝基防渗墙相接。帷幕下游设排水孔，孔深8.0 m，孔距为2.0 m。

第二章
建筑物设计

第一节 概述

出山店水库工程的主要作用为防洪,结合供水、灌溉,兼顾发电等综合利用。水库灌区灌溉面积为50.6万亩,年供水8 000万 m³,河道基流为3.5 m³/s。主要建筑物有挡水及泄水建筑物(包括主坝土坝段、混凝土坝段、副坝)、电站厂房、引水建筑物(南灌溉洞、北灌溉洞)、管理设施、交通道路等。

混凝土坝段桩号为3+271~3+700.57,总长为429.57 m(包括连接段),从左岸至右岸分别为:连接坝段、溢流坝段、底孔坝段、电站坝段和右岸非溢流坝段。左端通过连接段与黏土心墙砂壳坝连接,右端坝体与南坝头山体相接,轴线基本与现状河流中心线垂直。

根据混凝土坝体总体布置,1#~4#坝段为连接段,桩号为3+271~3+351,总长为80.0 m,共分为三段,坝顶高程为100.40 m,三段坝顶宽度分别为12.0 m、10.0 m、8.0 m,长度分别为20.0 m(4#坝段)、25.0 m(3#坝段)、35.0 m(1#、2#坝段),左侧连土坝顶,右侧连接溢流坝段。上游坡在平面上采用圆弧裹头型式,与上游侧墙相接。

5#~13#坝段为溢流坝段,总长为150.5 m,坝顶高程为100.40 m,溢流表孔为开敞式结构,净宽15.0 m,堰顶高程为83.0 m,边墩厚3.0 m,中墩厚3.5 m,墩头采用流线型,考虑过坝水流的底部掺气,防止堰面气蚀,墩尾采用平尾墩,闸墩顺水流向长33.0 m。

14#~15#坝段为泄流底孔坝段,总长为40.00 m,位于溢流表孔坝段右侧,坝顶高程为100.40 m,坝基最大宽度为48.60 m,坝体迎水面为铅直面,底孔底板高程为75.00 m,孔口宽度为7.0 m,高度为7.0 m,共3孔,中墩厚4.0 m,缝墩及左侧边墩厚3.0 m,右侧边墩厚6.0 m。

16#坝段为电站坝段,坝段长度为25.0 m,坝顶高程为100.40 m,基础开挖高程为65.00 m,最大坝高为35.4 m,坝基最大宽度为33.6 m,坝段上游面垂直,坝顶宽12.00 m,

向上游伸出 2.50 m 布置检修便桥，向下游以桥墩型式伸出布置交通桥，下游面以坡度为 1∶0.75 的斜坡段连接至高程为 82.00 m 的电站主厂房平台，副厂房布置在主厂房下游侧尾水平台上。

17#~23# 坝段为右岸非溢流坝段，长 134.07 m，共分 7 个坝段。

第二节　水文

2.1　径流计算

本次初设阶段将径流系列时间设置为 1951—2012 年，本次成果采用径流系列时间跨度较长，具有较好的系列代表性，确定本阶段采用本次年径流设计成果，多年平均天然年径流为 11.134 亿 m³。

2.1.1　年径流系列

出山店水库坝址处集水面积为 2 900 km²，下游 14 km 处的长台关水文站集水面积为 3 090 km²，两者相差 6.6%。长台关站有 1951—2012 年共计 62 年实测径流系列，故出山店水库年径流系列由长台关站年径流按面积比一次方换算而得。出山店水库坝址的径流系列为 1951—2012 年，水文年共计 61 年，出山店水库坝址以上多年平均实测年径流量为 10.532 亿 m³。

出山店水库以上流域流经河南省的信阳市、南阳市桐柏县和湖北省的随州市。根据调查资料，自 1956 年到 1998 年流域内陆续建成中小型水库共 105 座，其中中型水库 6 座，小型一类水库 16 座，小型二类水库 83 座，总控制面积为 414.9 km²，占出山店水库以上流域面积的 14.3%。

考虑上游水库对坝址天然径流的影响，使坝址年径流系列具有较好的一致性，本次将实测年径流系列还原为天然年径流系列。天然年径流系列的还原水量，包括中小型水库蓄变量、蒸发损失水量、农业灌溉耗水量和工业生活耗水量以及调入调出水量等。

由于中小型水库缺乏实测水文资料，本次为考虑上游中小型水库的影响，将中小型水库概化为一座水库，其径流按各年的控制面积由出山店水库坝址天然径流推算，年农业灌溉供水量按各年农业实灌面积乘以灌溉定额（回归水量按 50% 计）计算，采用水库水量平衡法以旬径流进行兴利调节计算，得概化水库的下泄过程。由概化中小型水库径流过程扣除概化水库的下泄过程，即为上游中小型水库还原径流过程。

工业生活供水量根据调查得出，回归水量按 30% 计。由出山店水库坝址实测径流加中小型水库还原径流、工业生活耗水量以及调入调出水量，计算得出山店水库坝址天然径流过程。计算公式为：

$$W_{天然径流} = W_{实测径流} + W_{还原} \tag{2.2-1}$$

$$W_{还原} = W_{中小型还原} + W_{工业生活耗水} + W_{调入调出水量} \tag{2.2-2}$$

$$W_{中小型还原} = \Delta V_{中小型} + W_{蒸发损失} + W_{灌溉耗水} \tag{2.2-3}$$

$$W_{中小型入库} = \alpha_{中小型} \times W_{天然径流} \tag{2.2-4}$$

$$W_{中小型入库} = \Delta V_{中小型} + W_{蒸发损失} + W_{灌溉供水} \tag{2.2-5}$$

$$W_{灌溉耗水} = k_1 \times W_{灌溉供水} \tag{2.2-6}$$

$$W_{工业生活耗水} = k_2 \times W_{工业生活供水} \tag{2.2-7}$$

式中：$W_{天然径流}$——出山店水库坝址天然径流，万 m³，首次计算采用坝址实测径流过程；

$W_{中小型还原}$——上游中小型水库还原径流过程，万 m³；

$\Delta V_{中小型}$——上游中小型水库蓄变量，万 m³；

$W_{蒸发损失}$——上游中小型水库蒸发损失水量，万 m³；

$W_{灌溉耗水}$——上游中小型水库灌溉耗水量，万 m³；

$W_{灌溉供水}$——上游中小型水库灌溉供水量，万 m³；

k——回归系数；

$W_{工业生活耗水}$——上游工业生活耗水量，万 m³；

$W_{工业生活供水}$——上游工业生活供水量，万 m³；

$W_{调入调出水量}$——上游调水量，万 m³，调出为正，调入为负；

$W_{中小型入库}$——上游中小型水库坝址入库径流，万 m³；

$\alpha_{中小型}$——上游中小型水库控制面积与出山店水库控制流域面积的比值。

年降水-径流关系分析是检验天然年径流合理性的重要手段，点绘流域内年降水-径流相关关系如图2.2-1。由图看出，各点无明显系统偏离现象，相关关系较好，说明本次还原水量较客观合理、计算精度满足要求，故认为水库分析的坝址天然年径流系列具有一定的合理性。

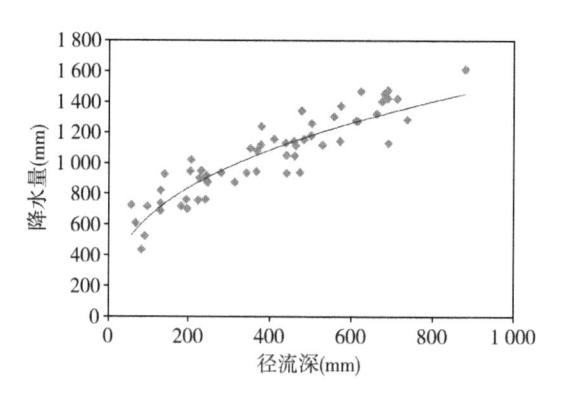

图 2.2-1 出山店水库年降水-径流关系

2.1.2 出山店水库天然年径流系列代表性分析

①天然年径流丰枯划分标准

出山店水库天然年径流参数:均值 w=11.134 亿 m^3,变差系数 C_V 和偏差系数 C_S 的关系为,C_V=0.6,C_S/C_V=2;特丰水年 $P<5\%$,丰水年 $P<20\%$,枯水年 $P>75\%$,特枯水年 $P>95\%$。划分标准见表 2.2-1。

表 2.2-1　出山店水库天然年径流划分标准表

项 目	丰水年		平水年		枯水年	
	特丰	丰	偏丰	偏枯	枯	特枯
W(亿 m^3)	≥23.89	16.03~23.89	9.83~16.03	6.22~9.83	3.88~6.22	<2.83

②天然年径流丰枯段统计

天然年径流量的差积曲线变化过程,反映了天然年径流量系列总体丰、枯变化情况。出山店天然年径流量的差积曲线见图 2.2-2。从出山店水库天然年径流量的差积曲线图可以看出:差积曲线的形状基本为多峰型。1951—1962 年天然年径流量为完整的丰-枯变化段,历时 12 年;1963—1978 年天然年径流量总体为丰-平变化段,历时 16 年;

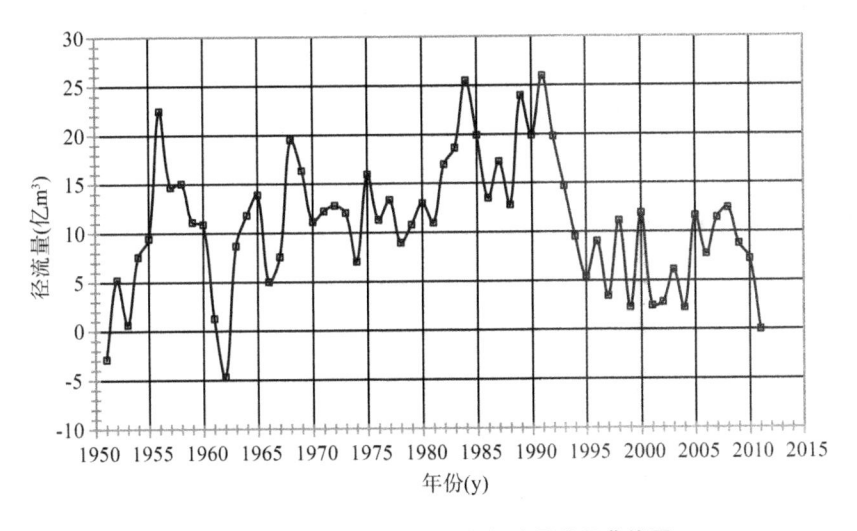

图 2.2-2　出山店水库天然年径流量差积曲线图

1979—1997 年天然年径流量总体为丰-枯变化,历时 19 年;1998—2011 年天然年径流量为丰-平-枯交替变化。出山店水库坝址天然年径流量 1951—1962 年丰-枯变化段历时较短,1963—1978 年丰-平变化段历时适中,1963—1978 年丰-枯变化段历时较长。

出山店水库站 1951—2012 年 61 个水文年年径流量累积平均过程线见图 2.2-3。从出山店水库坝址年径流量累积平均过程线图可看出,当系列年限为 1951 年—2012 年时,累积平均过程线从 2012 年向前到 1982 年累积均值比值接近均值水平,总变化幅度在 0.35~1.01 之间,幅度愈来愈小,并随时间变化逐渐趋于稳定,分别在 1951 年、1962 年、

1979年、1998年、2002年等数次接近均值,与系列丰枯变化过程基本一致。

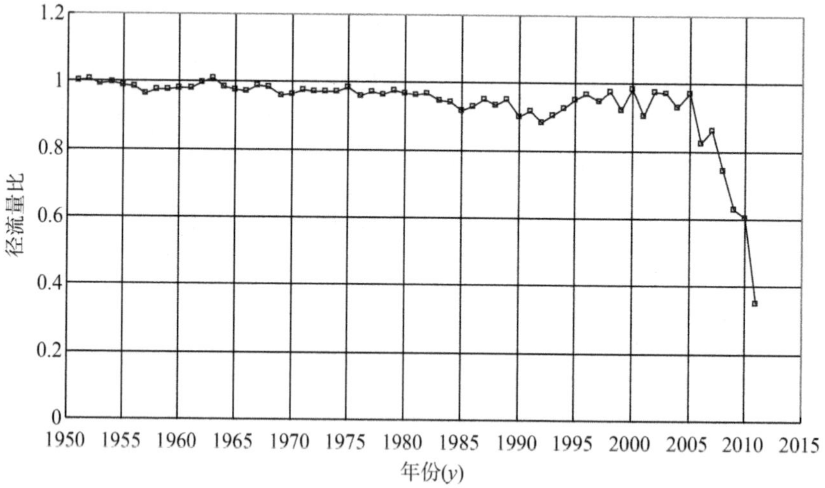

图 2.2-3　出山店水库天然年径流量累积平均过程曲线图

通过对出山店水库坝址天然年径流量系列的丰、枯变化规律和差积曲线、累积平均过程线的分析,得出如下结论:

a) 淮河干流出山店水库坝址 61 年天然年径流系列中,有两个丰-枯变化段,平均历时约 15.5 年;一个丰-平变化段,历时约 16 年;一个丰-平-枯变化段,历时约 14 年;平均变化周期约 16 年。

b) 天然年径流量年际变化较大,丰、枯绝对变幅较大,为 23 亿 m^3,相对变幅为 2.08。

c) 出山店水库年径流量累积平均过程线表明,本径流系列具有一定的代表性和稳定性。

出山店水库坝址天然年径流量系列较长,且具有丰-平或丰-枯的变化规律;年径流量丰、枯变化时段较长,变幅较大,故认为水库坝址天然年径流量系列具有一定的代表性。

2.1.3　年径流频率计算

对 1951—2012 年 61 个水文年的实测年径流和天然年径流分别进行频率计算,经验频率采用数学期望公式 $P_m=m/(n+1)$ 计算,频率曲线线型采用 P-Ⅲ型,均值采用计算值,变差系数 C_v 和偏差系数 C_s 根据适线选定。适线时,在照顾多数点据的基础上,侧重考虑平、枯年的点群趋势定线。年径流统计参数和设计成果见表 2.2-2。

表 2.2-2　坝址年径流量统计成果表

项目	采用参数			各种频率						
	均值(亿 m^3)	C_v	C_s/C_v	5%	20%	50%	75%	90%	95%	99%
实测	10.532	0.65	2	23.708	15.455	9.092	5.498	3.248	2.278	1.067
天然	11.134	0.60	2	23.893	16.028	9.830	6.223	3.879	2.830	1.451

2.2 设计洪水

初设阶段延长系列至2012年进行复核,系列延长以后设计洪水与原成果相比变化不大,从防洪安全考虑,坝址和地区组成设计洪水成果仍采用原报告采用成果,分期洪水采用本次计算成果。

2.2.1 暴雨洪水特征

(1) 暴雨特征

本区域暴雨主要是由天气系统产生的,地形也是影响本区暴雨的一个重要因素。产生暴雨的天气系统,多数为切变线暴雨,其次为气旋雨,台风倒槽形成的暴雨比较少见。

本流域的天气系统与副热带高压的活动有密切关系,而副热带高压的活动有着显著的季节性变化。夏季,在低层(500毫巴[①],有时甚至700毫巴以下)副热带高压北进与北方冷空气交绥,常易形成东西向的切变线。通常切变线以南的基本气流西南风也相应较强,挟带着大量暖湿气流向北移动,有充沛水汽向北输送。如果东西向切变线徘徊在北纬30~35度,而西南有小低涡自西沿切变线东行,经过本流域上空,再加上地面有气旋波配合,往往产生大暴雨。如1968年7月中旬暴雨,就是在这种天气形势下产生的。

暴雨一般在5—8月出现,历年最大暴雨以7月份出现次数最多,约占65%。特大暴雨多数在7月份出现,其次为6月。暴雨移动方向,一般由西南向东移动,少数由南向北或由北向南移动。暴雨中心,一般多发生在桐柏—月河店—胡家湾一带和平昌关—北尚店一带。根据本区1951年至2012年暴雨资料统计,最大24小时暴雨发生在胡家湾站,该站1968年7月14日24小时暴雨量为351.3 mm,约占年雨量22.0%,占月雨量50%左右。

流域面平均24小时和3天暴雨见表2.2-3,最大值约为最小值的7~10倍,反映了本地区暴雨强度变化大,年际分配不均的特点。

表2.2-3 出山店水库流域暴雨特性表

项目	均值(mm)	最大年份	数值(mm)	最小年份	数值(mm)	最大值/最小值
24小时暴雨	107	1968	241	1999	32.3	7.4
3天暴雨	162	1968	449	1999	45.1	10.0

(2) 洪水特征

淮河干流上游长台关以上流域,汛期一般从5月中旬开始,个别年份有提前至4月的,汛期结束一般为9月。

各年最大洪峰流量出现时间以7月份出现次数最多,约占50%,其次为8月和6月。实测最大的洪峰流量出现在1968年7月15日,次大洪水出现在1960年6月27日。

---

① 1毫巴=100帕(Pa)。

根据长台关站 1951—2012 年实测资料统计，洪峰流量和 24 小时、3 天洪量，最大值与最小值之比在 50～60 之间，见表 2.4.1-2。

表 2.2-4　出山店水库流域洪水特性表

项目	均值	最大年份	数值	最小年份	数值	最大值/最小值
洪峰流量	1 852 m³/s	1968	7 570 m³/s	1961	126 m³/s	60.1
24 小时洪量	1.22 亿 m³	1968	5.62 亿 m³	1961	0.10 亿 m³	56.2
3 天洪量	1.96 亿 m³	1968	9.80 亿 m³	2001	0.17 亿 m³	57.6

由于暴雨特性和地形影响，洪水汇流迅速，峰高势猛，如 1960 年 6 月一次大洪水，本坝址在 9 小时内流量从 80 m³/s 猛涨至 6 340 m³/s，48 小时后，流量又落至 370 m³/s。反映出坝址处洪水陡涨陡落的特点。

坝址洪水一般呈单峰，但也有不少呈复峰形式的，一次洪水历时，一般 3～5 d，多数为 3 d。从实测洪水资料来看，大部分洪水涨水持续时间为 6～12 h，落水持续时间为 50～90 h。

2.2.2　坝址设计洪水

2.2.2.1　洪水系列

(1) 历史洪水

历史洪水数据来源有 1974 年水文水利计算得到的历史洪水调查数据，有《中华人民共和国河南省洪水调查资料》中记载的历史洪水调查数据，本次设计洪水计算其历史洪水仍采用 1987 年 7 月河南省水利厅水文水资源总站正式刊印的《中华人民共和国河南省洪水调查资料》中历史洪水整编成果，1848 年数据采用长台关历史洪水调查整编成果，1898 年数据采用出山店历史洪水调查整编成果。本次设计洪水采用的历史洪水成果见表 2.2-5。

表 2.2-5　历史洪水调查整编采用成果

年份	1848	1898
流量(m³/s)	12 400	8 990

建立长台关站实测 W_{24h}-Q 和 W_{3d}-Q 关系曲线，由此插补 1848、1898 年历史洪水的 24 小时和 3 天洪量，1848 年 24 小时和 3 天洪量为 8.645 亿 m³ 和 13.134 亿 m³，1898 年 24 小时和 3 天洪量为 6.258 亿 m³ 和 9.07 亿 m³，历史洪水洪量插补成果见表 2.2-6。

表 2.2-6　历史洪水洪量插补成果

年份	W_{24h}(亿 m³)	W_{3d}(亿 m³)
1848	8.645	13.134
1898	6.258	9.07

(2) 长台关站洪水系列延长

洪峰流量采用年最大值法，洪量采用固定时段独立选取年最大值法，时段的选用根据本流域汛期洪水过程特点、水库调洪演算及流域防洪规划等方面的要求,仍与原系列时段选取一致,即24小时、3天、7天、15天、30天,将长台关水文站洪水系列延长至2018年。

长台关以上流域内有中小型水库,考虑其洪水调蓄作用较小,不计入其蓄洪影响,同原系列一样直接采用长台关站实测洪水系列。

2.2.2.2 洪水频率分析

(1) 历史洪水定位

根据实地调查情况和水位排列顺序,结合摘录信阳、正阳县志百年以来各次大洪水水情、灾情资料,可以得出1848年洪水洪峰为1848年以来首位洪水,1898年洪水洪峰为1848年以来第2位;洪量根据峰量关系插补,1848年、1898年24小时洪量分别为1848年以来第1、2位;1848年、1968年3天洪量分别为1848年以来第1、2位,1898年插补的3天洪量位于第3位,不参加频率计算。

(2) 洪水频率分析

将历史洪水和1951—2018年系列看作从总体中独立抽出的两个随机样本,各项洪水在各自系列中分别进行排位,其中实测系列洪水按照下式计算:

$$P_m = \frac{m}{n+1} \tag{2.2-8}$$

特大洪水,序位为M,经验频率为:

$$P_M = \frac{M}{N+1} \tag{2.2-9}$$

设计洪水统计参数首先用不连序系列均值与变差系数计算公式计算,而后通过适线确定。

不连序系列均值与变差系数计算公式如下:

$$\overline{x} = \frac{1}{N}\left(\sum_{j=1}^{a} X_j + \frac{N-a}{n-l}\sum_{i=l+1}^{n} X_i\right) \tag{2.2-10}$$

$$C_v = \frac{1}{\overline{x}}\sqrt{\frac{1}{N-1}\left[\sum_{j=1}^{a}(x_j-\overline{x})^2 + \frac{N-a}{n-l}\sum_{i=l+1}^{n}(x_i-\overline{x})^2\right]} \tag{2.2-11}$$

(3) 设计洪水参数

按照公式(2.2-10)、(2.2-11)计算出长台关站洪水统计参数初值,频率曲线线型选用P-Ⅲ型理论频率曲线。适线时变差系数C_v通过适线并考虑参数的地区平衡确定,偏差系数C_s采用本地区的经验关系$C_s=2.5C_v$。长台关站设计洪水统计参数见表2.2-7。

表2.2-7 本次长台关站设计洪水统计参数

项目	洪峰	洪量				
		24小时	3天	7天	15天	30天
均值	1 870 m³/s	1.24 亿 m³	1.96 亿 m³	2.59 亿 m³	3.45 亿 m³	4.59 亿 m³

续表

项目	洪峰	洪量				
		24 小时	3 天	7 天	15 天	30 天
C_v	1.07	1.14	1.04	0.85	0.75	0.75
C_s/C_v	2.5	2.5	2.5	2.5	2.5	2.5

2.2.2.3 设计洪水成果

出山店水库控制流域面积 2 900 km²，长台关水文站控制面积 3 090 km²，出山店水库 C_s 与 C_v 直接采用长台关站的 C_s 与 C_v 的适线值，其均值计算方法为将长台关站的洪峰和时段洪量均值按面积比转换成出山店水库的洪峰和时段洪量均值，洪峰按面积比的 0.75 次方、洪量按面积比的 1 次方转换。本次出山店水库设计洪水统计参数见表 2.2-8，设计洪水成果见表 2.2-9。

表 2.2-8　本次出山店水库设计洪水统计参数

项目	洪峰	洪量				
		24 小时	3 天	7 天	15 天	30 天
均值	1 783 m³/s	1.16 亿 m³	1.84 亿 m³	2.43 亿 m³	3.24 亿 m³	4.31 亿 m³
C_v	1.07	1.14	1.04	0.85	0.75	0.75
C_s/C_v	2.5	2.5	2.5	2.5	2.5	2.5

表 2.2-9　本次出山店水库设计洪水成果表

项目	各重现期设计洪水							
	5 年一遇	10 年一遇	20 年一遇	30 年一遇	50 年一遇	百年一遇	千年一遇	万年一遇
Q_m(m³/s)	2 700	4 120	5 620	6 540	7 670	9 260	14 680	20 230
W_{24h}(亿 m³)	1.760	2.758	3.827	4.492	5.306	6.459	10.415	14.483
W_{3d}(亿 m³)	2.793	4.206	5.688	6.601	7.713	9.278	14.600	20.035
W_{7d}(亿 m³)	3.644	5.098	6.567	7.454	8.523	10.009	14.973	19.961
W_{15d}(亿 m³)	4.770	6.424	8.063	9.041	10.214	11.833	17.189	22.592
W_{30d}(亿 m³)	6.345	8.546	10.726	12.028	13.589	15.743	22.869	30.057

2.2.3 入库设计洪水

水库建成后，库区范围内天然河道及其近旁的坡面被淹没，产流、汇流条件发生了变化，建库前的流域向坝址出口断面的汇流变为建库后干支流与区间沿水库周边向水库同时入流，造成建库后入库洪水较建库前洪峰增高，涨水段洪量增大，峰现时间提前等。由于出山店水库建成后库面较大，建库前后的产汇流会有变化，因此，需分析出山店水库的入库洪水。

2.2.3.1 入库设计洪水计算

出山店水库坝址上游除了主干以外，右岸有一支流——游河，主干上距坝址上游约

65 km 处有大坡岭水文站,控制流域面积 1 640 km²,右岸支流无水文观测资料。计算出山店水库入库设计洪水时,首先确定其入库断面,再用坝址设计洪水反推入库断面的设计洪水,作为出山店水库总的入库设计洪水。

(1) 入库断面确定

水库建成后,入库断面位置与水库蓄水位高低和入库流量大小有关,一般情况下,为简化起见,可选取某水位相应的回水末端作为入库断面,并假定在一次洪水过程中其入库断面位置不变。经分析,将出山店水库初选的兴利水位对应的断面作为入库断面。经量算,入库断面处至坝址河长 30 km,库面面积为 125 km²。

(2) 由坝址洪水反推入库断面洪水

马斯京根分段连续流量演算法(有限差解)以马斯京根法演算原理为基础,联解水量平衡方程和马斯京根槽蓄方程:

$$(I_1+I_2)\frac{\Delta t}{2}-(Q_1+Q_2)\frac{\Delta t}{2}+q\Delta F=\Delta W$$

$$W=K[xI+(1-x)Q]$$

计算中令 $\Delta t=K$,和各等流时段 x 值相等,将演算河段分成 n 个单元河段,假定每个单元河段的 K 及 x 值都相等,由此得简化的水量平衡方程和马斯京根槽蓄方程。

根据河南省水文水资源局作水情预报时分析的大坡岭至长台关的洪水传播时间为 9 h,大坡岭至长台关河长 79 km,洪水波平均每小时运动 8.8 km,入库断面至坝址河长 30 km,传播时间约 3.5 h,考虑下游坡降比上游坡降缓,取传播时间 4 h,马斯京根法河道洪水演算系数见表 2.2-10。

表 2.2-10 入库断面—坝址河道洪水演算系数表

传播时间(h)	计算时段长(h)	时段	K	x
4	4	1	4	0.4

根据简化的水量平衡方程和马斯京根槽蓄方程,编制由坝址洪水过程反推入库洪水过程的程序,将出山店水库的坝址洪水反推得出山店水库入库断面的设计洪水。经计算,出山店水库入库设计洪水成果见表 2.2-11。

表 2.2-11 出山店水库入库设计洪水成果表

项目	各重现期设计洪水						
	5 年一遇	10 年一遇	20 年一遇	50 年一遇	百年一遇	千年一遇	万年一遇
Q_m(m³/s)	3 180	4 780	6 500	8 850	10 670	16 910	25 650
$W_{24\,h}$(亿 m³)	1.846	2.917	4.065	5.658	6.900	11.166	17.113
$W_{3\,d}$(亿 m³)	2.923	4.422	5.997	8.152	9.819	15.494	23.423
$W_{7\,d}$(亿 m³)	3.862	5.614	7.419	9.854	11.722	18.023	26.852
$W_{15\,d}$(亿 m³)	5.111	7.151	9.212	11.955	14.040	21.004	30.802
$W_{30\,d}$(亿 m³)	6.717	9.221	11.724	15.034	17.537	25.854	37.588

2.2.3.2 设计洪水过程

根据《水利水电工程设计洪水计算规范》(SL 44—2006),"设计洪水过程线采用放大典型洪水过程线的方法推求,并应选择能反映洪水特性、对工程防洪运用较不利的大洪水作为典型。"出山店水库设计洪水过程线采用典型洪水过程线放大法,对洪峰及各时段洪量同频率控制放大。

本次在选择典型洪水过程线时,对1951—2012年系列的大洪水都进行了分析、对比,并作了调洪演算。选择的典型年有1968、1975、1977、1989、1998、2002年等,1989年发生了两场大洪水,一场在6月,一场在8月。其中"1968年7月""1975年8月""1989年6月"为单峰,其余为双峰或多峰,"1977年7月"为3峰型,主峰在后却比较尖瘦;"1998年8月"是多峰型,但峰高量大的主峰在前;"2002年6月"为双峰型,也是主峰在前;"1989年8月"是主峰在后的两个较尖瘦的复峰。经过初选以后,最后选择单峰"1968年7月""1989年6月",复峰"1977年7月""1989年8月"进行同频率典型过程线放大,然后用放大的洪水过程线作水库调洪演算,调洪演算结果以1968年为典型过程放大的洪水调算出的水库校核洪水位最高。

1968年洪水为自1951年以来实测系列洪水中的最大一场洪水,其洪峰流量、24小时洪量相当于50年一遇设计值,3天、7天洪量接近百年一遇设计值,将此作为设计洪水的典型,符合"能反映洪水特性、对工程防洪运用较为不利的大洪水"的规范要求。因此,本次设计洪水选择1968年实测洪水过程作为典型过程。

出山店水库坝址设计洪水过程线根据1968年典型洪水过程对洪峰及各时段洪量同频率控制放大。采用马斯京根法由坝址洪水过程反推入库洪水过程,将出山店水库的坝址洪水反推得出山店水库入库断面的设计洪水。

2.2.3.3 干支流断面设计洪水

出山店坝址上游右岸1.8 km处有一支流——游河汇入,其控制流域面积为650 km²,占出山店水库以上流域面积的22.4%。

根据淮河大坡岭、长台关及息县设计洪水成果点绘洪峰流量与面积的双对数关系,对洪峰流量与面积的关系分析,在面积接近时,洪峰面积关系可用面积比的n次方表示,面积指数n在0.75左右。

干流设计入库洪水按控制流域面积比进行分配,设计洪峰流量由出山店入库设计洪水按面积比的0.75次方计算。

游河洪水根据淮干上游大坡岭设计洪水按面积比方法计算。另外,游河上曾设有顺河店水文站,该站设立于1967年5月1日,控制流域面积361 km²,测验任务有降水量、水位、流量,1974年6月1日改设为委托水位站,1990年改设为雨量站。本次根据1967至1990年实测洪水资料进行设计洪水计算,1974年以后流量系列根据1967年至1974年水位流量关系插补延长,统计洪峰流量系列频率分析计算设计洪水,再按面积比方法计算游河洪水。最后综合选定游河设计洪水成果。

出山店坝址以上干、支流设计洪水见表2.2-12。

表 2.2-12　出山店水库干、支流设计洪水成果表

干支流	各重现期设计洪水洪峰流量						
	5年一遇	10年一遇	20年一遇	50年一遇	百年一遇	千年一遇	万年一遇
主干:淮干(m^3/s)	2 630	3 950	5 370	7 320	8 820	13 980	21 200
支流:游河(m^3/s)	1 080	1 660	2 280	3 130	3 800	6 060	8 390

2.3　坝下水位-流量关系

水面曲线计算成果见表 2.5-1,坝轴线处桩号为 0+000,使用时可以根据工程断面与坝轴线的距离,进行内插。

表 2.2-13　出山店水库下游水位流量关系曲线表

断面	0+000	0+200	0+400	断面	0+000	0+200	0+400
河底高程(m)	72.462	73.862	72.869	河底高程(m)	72.462	73.862	72.869
流量(m^3/s)	水位(m)	水位(m)	水位(m)	流量(m^3/s)	水位(m)	水位(m)	水位(m)
5	74.578	74.577	74.577	3 000	78.748	78.519	78.460
10	74.693	74.692	74.690	4 000	79.324	79.063	79.007
15	74.763	74.761	74.758	5 000	79.829	79.542	79.495
20	74.822	74.819	74.815	6 000	80.299	79.983	79.949
25	74.874	74.869	74.864	7 000	80.759	80.410	80.386
30	74.920	74.915	74.908	8 000	81.197	80.797	80.774
50	75.066	75.056	75.043	9 000	81.629	81.166	81.137
100	75.348	75.327	75.292	10 000	82.000	81.531	81.481
150	75.566	75.536	75.492	11 500	82.530	82.061	82.011
200	75.715	75.676	75.624	13 000	83.070	82.601	82.551
500	76.332	76.248	76.162	15 000	83.75	83.281	83.231
1 000	77.047	76.909	76.800	17 000	84.350	83.881	83.831
2 000	78.047	77.870	77.805	20 000	85.250	84.781	84.731

第三节　工程地质

3.1　地形地貌

出山店水库位于桐柏山东麓的低山、丘陵与山前冲积平原的过渡地带,淮河右岸祝

佛寺至出山店一带主要为丘陵,岗顶高程为95～110 m,山脊单薄,沟谷开阔,马鞍山—洋山寺一带为低山,山顶高程在150 m左右。淮河左岸万家山—长里岗一带为丘陵,岗顶宽厚,高程为90～110 m,向西北逐渐抬升。

二级阶地主要分布在左岸,宽2～3 km,右岸仅分布刘家湾—出山店附近河岸,宽50～400 m,阶面较平整,微向淮河倾斜,左岸阶面高程为82～86 m,坡降为1/500～1/750;右岸阶面高程为82～85 m,坡降为1/200;一级阶地主要分布在左岸湾店—袁庄—大孔庄一带,右岸分布在马腾湾及苏家河一带,高程为80～83 m。坝址区河床漫滩界线不明显,河床高程一般为75 m左右,漫滩滩面高程一般为75～79 m,河槽宽400～1 000 m。受淮河内采砂影响,河床及漫滩地形变化较大。坝址下游两岸为山丘岗地,地形平缓。

3.2 地层岩性

区域地层属秦岭地层区,主要发育有古元古界、新元古界、古生界、中生界及新生界。其中以古元古界变质岩系最为普遍,变质岩系以角闪岩相为主,局部为麻粒岩相,混合岩化作用较强,呈北西西向带状分布。古生界、中生界仅有零星的分布,新生界新近系、古近系、第四系主要分布在吴城、平昌关、甘岸一带。区域内有早古生界加里东期酸性侵入岩,多呈岩基状分布在淮河右岸一带。

3.3 区域地质情况

出山店水库位于桐柏山东麓低山丘陵区与山前冲积平原过渡地带,大地构造单元属于秦祁褶皱系(Ⅱ)(见图2.3-1)。秦祁褶皱系为一长期活动的复杂构造带,总体为北西西向的线性褶皱,深大断裂及断陷盆地十分发育,使本区的沉积建造、岩浆活动、变质作用、构造变动及地震活动等都相当复杂。区域地层属秦岭地层区,主要发育有古元古界、新元古界、古生界、中生界及新生界。

库区位于Ⅱ级构造潢川坳陷($Ⅱ_5$)之平昌关—罗山凹陷($Ⅱ_5^2$)的西南部边缘。潢川坳陷($Ⅱ_5$)位于北秦岭褶皱带东部,确山—潢川—固始和西官庄—镇平—龟山—梅山两条深断裂之间。潢川坳陷北部为蓝青店凸起($Ⅱ_5^1$),西北部与横涧—回龙地背斜褶皱束($Ⅱ_1^1$)相接,西部、南部与二郎坪—刘山岩地向斜褶皱束($Ⅱ_1^2$)紧邻,东部为仙居凸起($Ⅱ_5^3$)。坳陷南缘信阳—固始县武庙一带断续分布着古元古界秦岭群(Pt1)、新元古界二郎坪群(Pt3)、石炭系、侏罗系、白垩系,西部信阳市王岗—游河地区零星出露有古近系、新近系,坳陷基底为北秦岭分区石炭系及元古界沉积-变质岩系。内部沉积了新生界陆相碎屑岩-火山岩系。各系之间皆为不整合接触。

库区位于Ⅱ级构造潢川坳陷($Ⅱ_5$)之平昌关—罗山凹陷($Ⅱ_5^2$)的西南部边缘。潢川坳陷构造线为近东西向,由兰青店凸起、平昌关—罗山凹陷、仙居凸起和固始凹陷组成。坳陷内北西西向、北东东向断裂比较发育。平昌关—罗山凹陷整体为近东西向,区内发育有北西西向、北北东向两组断裂,燕山旋回以来,多表现为高角度正断层,其中北北东向

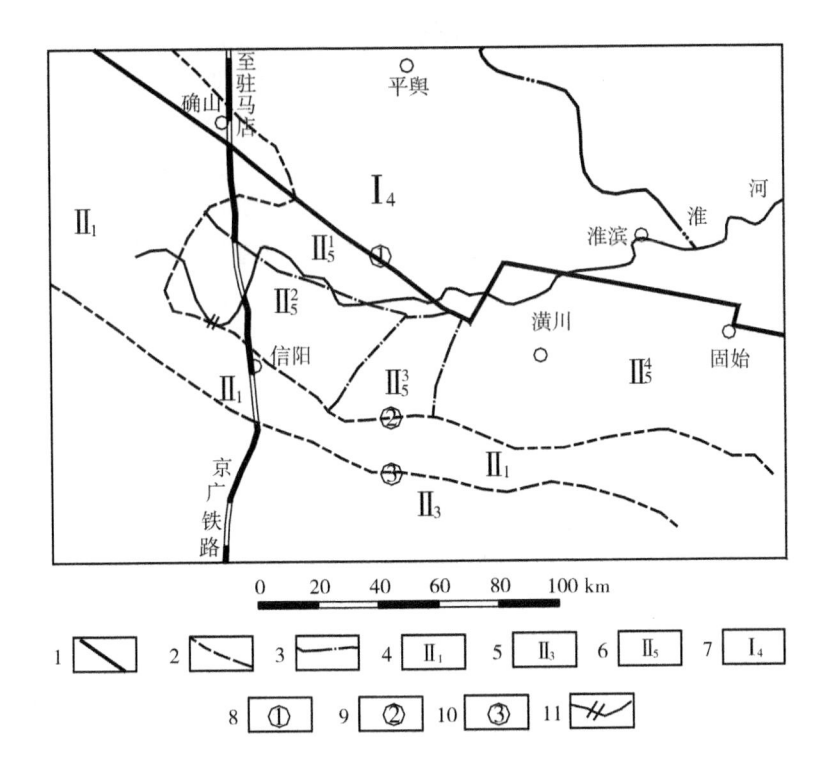

图 2.3-1 构造单元略图

1—一级构造单元　2—二级构造单元　3—三级构造单元　4—北秦岭褶皱带　5—桐柏—大别褶皱带
6—潢川坳陷　7—华北坳陷　8—栾川—确山—固始断裂　9—西官庄—镇平—龟山—梅山断裂
10—木家垭—内乡—桐柏—商城断裂　11—出山店水库坝址

断裂具有平推性质,具有长期活动特点。北西西向断裂有瓦穴子—鸭河口断裂、栾川—确山—固始断裂、明港—息县断裂、西官庄—镇平—龟山—梅山断裂、楠杆断裂;北北东向断裂有邢集断裂、竹竿河、罗山—张陶断裂、肖王断裂等。在上述断裂活动影响下,凹陷内形成北北东向延伸的平昌关、肖王两个次级凹陷和中间过渡区,使凹陷呈现在东西向展布基础上叠加了北北东向两凹陷的构造面貌。

3.4 区域构造稳定性

本区地处秦祁褶皱系潢川坳陷（II_5）之平昌关—罗山凹陷（II_5^2）的西南部边缘与北秦岭褶皱带（II_1）交接部位,新构造分区属大别断块掀起隆起区之大别山—桐柏山弱隆起区与平昌关—罗山凹陷交接部位,工程场地距新构造分区界限较近,区界线较近的垂直差异运动强烈地带属地震多发的场所。栾川—确山—固始断裂、瓦穴子—鸭河口—明港断裂、朱阳关—夏馆—大河断裂具有发生 6.0～6.9 级地震的地质背景。近场区的第四纪活动断裂为明港深断裂（瓦穴子—鸭河口—明港深断裂之东部）,沿断裂有小震活动。

自新第三纪以来,本区总的发展趋势是地壳构造运动的强度逐渐减弱,特别是第四纪以来,以整体性震荡性升降运动为主,其升降幅度逐渐降低。从地貌上分析,河流两岸阶地虽不对称,但阶面高程基本一致,Q_2、Q_3、Q_4[①]构成两级内叠或上叠阶地,升降幅度逐渐减小。在库区下游虽有一些历史地震记录,但都在5级以下。坝区断裂较发育,但断裂规模一般较小,覆盖在剥蚀面上的第四系Q_2、Q_3地层,在断层两侧未出现厚度、岩性或高程上的变化,表明断层在Q_2以来处于稳定状态。从新构造的活动强度分析:地震活动逐渐减弱、地壳升降幅度明显减小、未发现第四纪地层中的断裂等,说明本区地壳运动逐渐趋于缓和。

以上说明Q_2以来,地壳呈整体性、震荡性的升降运动,且日趋稳定,地震活动弱,强度低,场区位于构造相对稳定地段,地震构造环境及区域构造整体稳定性较好,适宜进行水库建设。

3.5 地震活动特征及地震参数

出山店水库库区未发生过有历史记录的地震,在其周边40 km以内也只发生过次数不多的5级Ⅵ度的地震,1973年曾请武汉地震大队做过专门地震评价,确定地震基本烈度为Ⅵ度。

根据2001年国家质量技术监督局颁发的《中国地震动参数区划图》(GB 18306—2001),结合河南省地震局地震工程勘察研究院编制的《淮河出山店水库工程场地地震安全性评价报告》,水库区地震动峰值加速度为0.05 g,相当于地震基本烈度Ⅵ度。根据《水工建筑物抗震设计规范》(SL 203—97),出山店水库工程抗震设防类别为甲类,因此可将出山店水库工程主体建筑物的设计烈度在基本烈度的基础上提高1度,采用Ⅶ度。

3.6 水文地质条件

根据库区地下水赋存情况,在库周基岩区分布有基岩裂隙水,古近系砂砾岩、砂岩中分布有裂隙、孔隙水,在第四系松散层中为孔隙水。

1) 基岩裂隙水

主要分布于库周边基岩地区,岩性为片岩、片麻岩及花岗岩等的岩石裂隙中。这些裂隙水在运动过程中遇相对隔水层或地形条件具备时即出露地表,形成下降泉。出露高程库区西部及南部山区一般在100 m以上,东部将近100 m。基岩透水性一般很小:片岩透水率$q<2$Lu,少数达20Lu,透水性多为微到弱透水;花岗岩透水率一般$q<10$Lu,多为弱透水。

2) 古近系红色岩系孔隙水

古近系红色岩系呈半成岩状,裂隙很少,孔隙水主要存在于砂砾岩、砂岩的孔隙中,砂岩、砂砾岩多含泥质,其透水性也很小,坝区压水试验资料表明其多属弱透水。

3) 第四系松散层孔隙水

第四系地层广布于库区低山丘陵及河谷平原、河流阶地中,由低液限黏土、级配不良砂、含砾级配不良砂及级配良好砾、级配不良砾组成。地下水属孔隙水,主要赋存于砂砾

---

① Q_2:中更新统。Q_3:上更新统。Q_4:全新统。

石层中,部分地段具承压性,上部黏性土含有少量潜水。含水层的富水性及渗透性受地形地貌、地层岩性限制差异较大。

中更新统冲积、洪积物分布于丘陵、岗地之上,上部以低液限黏土组成相对隔水层,下部为含泥级配不良砾层。地下水主要接受大气降水补给,表层的低液限黏土,起隔水作用,入渗条件很差,含泥级配不良砾透水性也很差,很少见有泉水溢出,在含泥级配不良砾层钻孔水文试验的成果表明,渗透系数 $K=3.66\times10^{-5}$ cm/s,属弱透水层。

在Ⅰ、Ⅱ级阶地,含水层主要为上更新统级配不良砂、含砾级配不良砂及级配良好砾、级配不良砾,以及河床、河漫滩的全新统的冲洪积级配不良砂及级配不良砾层,透水层厚度为 5~10 m,富水性及透水性均较好,其渗透系数据抽水试验结果可知,平均值分别为 7.95×10^{-2} cm/s 和 1.35×10^{-1} cm/s,属强透水层。

3.7 混凝土坝段工程地质条件

3.7.1 地层岩性

混凝土坝段基岩为加里东晚期中粗粒黑云母花岗岩,局部夹片岩捕掳体,并有细粒花岗岩脉、长英岩脉、石英岩脉及绿帘石脉穿插。河床表层级配不良砂以粗砂为主,含砾石,下部为级配良好砾,局部夹透镜状或薄层状含砂黏性土层或软土,总厚度为 2~6.4 m,受淮河内采砂影响,河床及漫滩地形变化较大,由于下部 Q_4^{al} 地层中大粒径卵砾石筛除后现场乱堆,严重影响河床及漫滩中砂卵砾石的颗粒组成。南坝头附近山脚下因采砂堆填,上部覆盖采砂筛分后的大粒径卵砾石;南坝头坝顶因附近工地施工,上部覆盖岩性多掺杂开山、施工弃土,成分混杂,有云母片岩、云母变粒岩、角闪片岩、花岗岩、黏土岩、泥质砂岩、砾岩以及砂卵砾石等。

3.7.2 地质构造

1. 断层

这里的花岗岩经受了加里东期、燕山期、喜山期运动。起主导作用的是燕山期北西西向断裂构造,其构造形迹以北西西向和近东西向高角度压扭性、扭性断裂为主,组合型式为"人"字型。在前期开挖的基坑附近,北西西向及近东西向压扭性、扭性断层成群出现。

混凝土溢流坝段内断层以北西西向为主,次为北西向、近东西向、北东向、北东东向以及近南北向。断层统计见表 2.3-1。

1) 北西西向断层,多数为陡倾角,倾向南,且为压扭性断裂,其特点是平行排列,成群出现,如 F_{13}、F_2、F_7、F_{30}、F_{34}、F_{58}、F_{59} 等,向西有收敛趋势,在它们之间还发育有北东东向扭性或压扭性断裂。缓倾角断层亦以此方向为最多。现将主要断层简述如下:

F_{13} 断层:贯穿混凝土坝基上下游,东与 F_2 相连接。

F_2 断层:走向 285°,倾向南西,倾角自东向西、自上而下有变缓趋势,为 81°~42°,断层带由紫红色断层泥、碎粒岩及断层角砾组成,断层破碎带一般宽 0.3~1.0 m,交汇带增大至 2.5~5 m。断层泥厚 0.5~3 cm,沿断壁作条带状分布。花岗岩在强烈的挤压作用下,原岩矿物颗粒已经粉末化,未被搓碎的石英颗粒呈残碎的斑状物出现。在显微镜下可见少量的应力矿物(绿泥石)斑点与糜棱物质呈条带状构造(似流纹状构造),方向性排列,具有扭动形迹。断层泥的矿物成分经鉴定以蒙脱石为主,含少量水云母、拜来石、石英。其黏粒含量为56%,胶粒含量为42%;流限为53.2%,塑限为26.8%,塑性指数为26.4;干密度为1.26g/cm³,含水率为42%;饱和固结快剪内摩擦角为14.1°,黏聚力为14 kPa;压缩系数为0.05 MPa^{-1}。

2) 近东西向断层:主要有F_1、F_{27}。

F_1断层:由五条右型排列的断层组成(F_{1-1}、F_{1-2}、F_{1-3}、F_{1-4}及F_{1-5}),其中以F_{1-2}规模较大。F_{1-1}、F_{1-2}、F_{1-3}、F_{1-4}及F_{1-5}都不越过北西西向断裂面。断层两侧分支断裂发育,但不越过F_1。

F_{27}断层:掩埋于河床左岸漫滩覆盖层下(断层特征详见表2.3-1)。

3) 在F_{13}和F_1之间及F_1南侧尚发育有四组断层。

北东向:走向为30°~40°,多数倾向北西,倾角为70°~80°,呈扭性,宽度一般在5 cm以下。如F_{60}、F_{11}、F_{46}等。

北西向:走向为330°~340°,倾向南西,倾角为60°~70°,呈扭性,宽度一般为数厘米至0.4 m。如F_3、F_4、F_{23}、F_{61}等。

北东东向:走向为80°左右,倾向北西,倾角为60°~70°,呈扭性,宽度为3~10 cm。如F_{43}。

近南北向:走向为340°~25°,近乎直立,断壁凹凸不平,宽度为0.1~0.5 m。延伸不长,呈张性。

4) 北西向断裂,如F_{57}断层掩埋于南坝头以南覆盖层之下,走向为315°~320°,倾向南西,倾角为66°~78°,断层带由断层泥、碎粒岩及断层角砾岩组成,宽度为0.7~1.8 m。

5) 缓倾角断层:多分布在F_1以南地段,有F_{12}、F_{16}等。多数走向为北西西至近东西,倾向南或南西,倾角为10°~30°,呈舒缓波状,断壁光滑,具绿帘石薄膜。断层带宽0.05~0.2 m,由断层泥、角砾岩及糜棱岩组成。呈扭性或压扭性,延伸不长。断层泥矿物成分属伊利水云母,其中黏粒含量为37%~58%,小于0.002 mm颗粒含量为26%~55%。

表2.3-1 断层统计表(部分)

	产状			破碎带宽(m)	性质	特征
	走向	倾向	倾角			
F_1	265°~275°	NW 或 NE	70°~74°	0.3~0.7	扭压	由一系列东西走向的断裂组成,其展布方式为右行尖灭侧现,中部宽,向西端尖灭,在断裂搭接处宽度剧增,在主断层面附着紫红色断层泥,呈1~2 cm薄层状,断层角砾呈棱角状,大小为0.2~0.5 cm,钙质或泥质胶结,还有碎砾斑岩,均呈透镜体状分布。在断层中段,有一条方解石脉和方解石团块、碎块,在方解石脉上见有两组擦痕,一组近水平,一组倾向西,倾角为60°~65°,近水平一组在先

续表

	产状			破碎带宽 (m)	性质	特征
	走向	倾向	倾角			
F_2	285°	SW	50°~78°	0.3~1.0	张扭	走向较稳定,倾角自东向西由大变小,分叉后交于F_{13},两侧岩脉被错断,并有拖拉现象,指示北盘西移。断壁平整、光滑,具绿帘石薄膜,局部略显近水平擦痕,主断面断层泥厚0.5~3 cm,分布稳定,碎粒岩、碎斑岩、角砾岩往往呈透镜状,泥质胶结,疏松、强风化,手捏即成岩粉岩屑,具塑性,还有绿帘石块状岩、碎裂岩等,分布在断层上盘,在构造岩中还夹有粉红色、浅绿色、白色团块状黏土矿物,具腊状光泽,较大的有10余厘米
F_3	340°	SW	63°~73°	0.2~0.4	扭	位于F_1北盘,近F_1由5条宽1~2 cm扭性断层构成2.2 m的碎块岩,向北延伸有尖灭侧现象,断壁平直光滑,构造岩以断层泥碎裂岩为主,夹有角砾岩、碎粒岩透镜体,上盘平行断面的扭节理发育
F_4	335°~340°	SW	62°~68°	0.3~0.5	扭	位于F_1北盘,断壁平直,构造岩以断层泥、钙质泥质胶结的角砾岩透镜体、绿帘石化块状岩、方解石条带和碎裂岩组成,平行断层面的扭节理发育
F_5	80°	NW	50°	0.05	张扭	断壁平直光滑,构造岩为少量断层泥及碎粒岩
F_7	285°~298°	SW	66°~72°	0.5~0.7	压张	断壁光滑、平直,具绿帘石薄膜,构造岩为紫红色断层泥、碎粒岩、片状岩、绿帘石化碎裂岩
F_{11}	30°	NW	84°	0.05~0.2	张	断壁平直光滑,具绿帘石薄膜,构造岩为断层泥及碎粒岩
F_{12}	60°~90°	SE-S	11°~12°	0.05~0.15	张	断壁光滑,构造岩为断层泥和碎粒岩。南盘西移0.6 m
F_{13}	290°~295°	SW	79°~83°	0.5~1.0 交汇处4.5	压扭	走向较稳定,倾角陡,规模自东向西由小变大,倾角变缓,两侧节理裂隙发育,与F_2交汇处构成宽达10余米的破碎带,造成风化深槽。下盘较破碎,断壁平直,具绿帘石薄膜,断层泥呈厚0.5~1 cm的薄层状,角砾岩、碎粒岩、碎斑岩均呈透镜状,最大厚度为10~30 cm,泥质胶结,松软,风化严重,具塑性
F_{16}	280°~300°	SW	23°~40°	0.2~0.3	压扭	断壁光滑,呈舒缓波状,具绿帘石薄膜,构造岩为断层泥及碎裂岩,夹有透镜状碎粒岩、绿帘石化块状岩
F_{23}	335°~360°	SW-W	67°~78°	0.03~0.1	扭	断壁平直,具水平擦痕,构造岩为断层泥及碎裂岩
F_{27}	72°	NW	70°~80°	2.7~3.0	压	埋藏于河床北侧漫滩之下,构造岩成分为片岩及花岗岩,被挤压成断层泥、糜棱岩、岩粉、岩屑及角砾,擦痕明显,擦痕角为60°,此为第三坝线南侧规模最大的断层
F_{30}	285°	SW	53°	0.15	压扭	分布于河床中,为第四系覆盖,构造岩为断层泥、角砾及3~6 cm的碎块,具擦痕

续表

	产状			破碎带宽(m)	性质	特征
	走向	倾向	倾角			
F_{31}	335°~340°	SW	60°~70°	0.4~0.7	扭	分布于河床中,为第四系覆盖,构造岩为断层泥、角砾、钙质胶结角砾岩、方解石碎块及3~8 cm的碎块
F_{32}	340°	SW	70°	0.15~0.3	扭	分布于河床中,仅有一孔揭露,构造岩为角砾岩及碎裂岩,擦痕角为40°
F_{33}	273°	NE	65°~70°	0.3~0.8	扭	分布于河床中,仅有两孔揭露,构造岩为断层泥、角砾岩,角砾呈5 cm左右的碎块,并有绿帘石充填,擦痕角为40°
F_{34}	285°	SW		0.3~0.5	压扭	埋藏于河床北侧漫滩之下,仅两孔揭露,构造岩为断层泥、糜棱岩、方解石薄膜、碎裂岩,多呈3 cm的碎块,擦痕角为60°
F_{45}	45°	NW	83°	0.05~0.10	扭	位于F_1和F_2之间,断壁平直光滑,具绿帘石薄膜,构造岩为断层泥及碎裂岩
F_{46}	30°	NW	82°	0.20~0.60	张扭	与F_{49}形成向南收敛向北散开的张扭带,交于F_1,构造岩为灰白色碎裂岩,张扭带中夹有钙质透镜体,岩石破碎带宽达2 m,北西盘向北东错动15~20 cm
F_{57}	315°~320°	SW	66°~78°	0.7~1.8	压	地表未出露,构造岩为紫红色断层泥、片状岩、岩屑、角砾及2~3 cm的岩块,晶体被压碎,且有绿帘石化和绿泥化现象,有擦痕,规模由东向西由大到小
F_{58}	285°	NE	68°	0.15~0.3	—	分布于基坑南,地表未出露,构造岩为断层泥、角砾岩
F_{59}	330°	SW	78°	0.25~0.45	压扭	分布于基坑南,地表未出露,构造岩为断层泥、碎粒岩(岩屑、岩粉及角砾)无胶结,强风化,性软,有几组擦痕

2. 裂隙

裂隙以陡倾角为主,中倾角及缓倾角较少,具体如下。

1) 陡倾角裂隙7组

近东西向:走向为260°~280°,倾向北,倾角为65°~75°,平直,延伸长度可达30 m左右,充填钙质、铁锰质及绿帘石等。

北西西向:走向为280°~295°,倾向南西,倾角为65°~80°,裂面平直。

北北西向:走向为320°~335°,倾向南西,倾角为65°~75°。

近南北向:走向为340°~30°,倾向西或东,倾角为70°至直立。裂面凹凸不平,显弯曲,充填铁锰质、钙质及泥质;局部密集。

北北东向:走向为30°~40°,倾向北西,倾角为70°~85°,该组裂隙较发育,局部密集。

北东向:走向为40°~65°,倾向北西,倾角为70°至直立。裂面凹凸不平,显弯曲,仅有零星分布。

北东东向:走向为50°~60°,倾向北西,倾角为65°~75°,充填铁锰质、钙质及绿帘石。

2) 中倾角裂隙 1 组

走向为 20°～45°，倾向南东或北西，倾角为 35°～40°，时而弯曲，铁锰质、钙质及绿帘石充填，分布较少。

3) 缓倾角裂隙 2 组

北东向：走向为 30°～90°，倾向南东，少数倾向北西，倾角为 0°～28°，短小，延伸长度一般为 2～6 m，少数小于 1 m，裂隙面弯曲不平，部分呈闭合状。

北西向：走向为 270°～330°，倾向南西，少数北东，倾角为 0°～30°，短小，个别长达 10 m。

缓倾角裂隙一般裂面凹凸不平，弯曲、短小，时而尖灭或为高倾角裂隙限制，连续性差。据地表、钻孔缓倾角裂隙统计和分析，其具有如下特点：

(1) 零星分布，成组出现；

(2) 短小，走向和倾角变幅较大，地表多数统计倾角为 11°～25°居多，钻孔统计多数为 0°～25°；

(3) 裂面凹凸不平；

(4) 充填物多数为铁锰质，钙质和绿帘石次之，均有一定程度胶结，充填泥质限于断层带附近及强风化岩层内，无充填的裂隙极少，裂隙宽度一般为 1～3 mm，少数呈闭合状。

3. 风化

根据该段花岗岩的风化程度，可分为强、弱、微风化带，南山段（3+660 以后）强风化带一般分布在高程 77～83 m 以上，厚 10～20 余米。微弱风化带很少，最厚 5 m 左右，大部分缺失。

河槽段可按风化程度划分为两段。

3+274.9～3+520 段：该段为主河槽段，构造不甚发育，风化带成层规律较明显。受河流下切作用，该段基岩面低，强、弱风化带薄且不连续。大部分微风化顶面高程在 65 m 以上，起伏不大。强、弱风化带总厚度一般为 2～8 m。

3+520～3+660 段：该段属河漫滩，位于南部丘陵和河道的连接部位，基岩面出露高程高，风化带较厚，断裂构造较发育，常沿断裂、裂隙形成深风化槽。强风化带分布在高程 61～66 m 以上，厚度为 2～12 m，断裂带局部增厚。弱风化带厚度一般为 10～17 m，局部受构造影响处可增大至 30 余米。在 F_1、F_2、F_7 及 F_{13} 一带，由于构造影响和地下水的长期作用，形成了深风化槽，其深浅宽窄变化较大。

3.7.3 水文地质条件

该段地下水类型为第四系全新统孔隙潜水及基岩裂隙水，并与河水相连通。

孔隙潜水主要赋存于河槽级配不良砂（中粗砂）及级配良好砾中，据抽水试验资料显示：群孔抽水和单孔抽水渗透系数分别为 3.80×10^{-2}～3.13×10^{-1} cm/s，共四组，为强透水层。

基岩裂隙水主要赋存黑云母花岗岩断层、裂隙中，不同部位钻孔压水试验结果显示，花岗

岩透水率 $q<1$ Lu 的约占 65%，$q=1\sim 10$ Lu 占 32.5%，多属微到弱透水。$q>10$ Lu 仅三组，约占 2.5%，多发生在断层破碎带钻孔压水试验中，最大值为 137 Lu，属强透水。

3.7.4 坝基岩土体工程地质分类

3.7.4.1 连接坝段

连接坝段位于北部Ⅰ级阶地和河道的连接部位，桩号为 3+271~3+351，长 80 m，具土岩双层结构。下伏基岩为古生界加里东晚期（γ_3）中粗粒黑云母花岗岩，发育有 F_{27} 陡倾角推测断层，F_{27} 断层埋藏于河床北侧漫滩之下，构造岩成分为片岩及花岗岩，被挤压成断层泥、糜棱岩、岩粉、岩屑及角砾，擦痕明显，擦痕角为 60°。上覆上更新统级配良好砾（Q_3）、全新统级配不良砂（中粗砂）（Q_4^2）。砂砾石层厚 1~7.5 m，渗透系数平均为 1.35×10^{-1} cm/s，均属强透水层。级配不良砂（中粗砂）（Q_4^2）分布于河漫滩河床上部，标准贯入击数平均值为 12.4 击，呈松散至稍密状态。

3.7.4.2 混凝土坝段

根据室内岩石试验结果，强风化黑云母花岗岩单轴饱和抗压强度（R_b）平均值为 8.0 MPa，介于 5~15 Mpa 之间，为软岩。纵波波速 $V_P=2101$ m/s。岩石质量指标（RQD）值一般为 0~54，平均值为 26，为完整性差岩体。根据《水利水电工程地质勘察规范》（GB 50487—2008）附录 V 综合判别，强风化黑云母花岗岩坝基工程地质分类属 C_V 类。

弱风化黑云母花岗岩单轴饱和抗压强度（R_b）平均值为 37.6 MPa，介于 30~60 MPa 之间，为较坚硬岩；纵波波速 $V_P=2957$ m/s；岩石质量指标（RQD）值一般为 32~90，平均值为 64，为较完整岩体。根据《水利水电工程地质勘察规范》（GB 50487—2008）附录 V 综合判别，弱风化黑云母花岗岩坝基工程地质分类属 B_{IV1} 类。

微风化黑云母花岗岩单轴饱和抗压强度（R_b）平均值为 66.1 MPa，大于 60 MPa，为坚硬岩。纵波波速 $V_P=3215$ m/s。岩石质量指标（RQD）值一般为 80~100，平均值为 91，为完整岩体。根据《水利水电工程地质勘察规范》（GB 50487—2008）附录 V 综合判别，微风化黑云母花岗岩坝基工程地质分类属 $A_{Ⅲ2}$ 类。

第四节 工程任务与规模

4.1 地区发展状况及工程建设的必要性

4.1.1 工程建设的必要性

4.1.1.1 工程的防洪作用

出山店水库防洪任务主要是控制淮河干流上游的山区洪水，不仅有效地削减息县、淮滨站的洪峰流量,而且可减少下游濛洼滞洪区及临淮岗的进洪量,同时也减少了临淮岗以上淹没区的受灾面积,提高了临淮岗以下淮河大堤的防洪标准。

淮河干流上游山区是淮河暴雨的发源地,由于降雨集中,洪水来势迅猛,致使息县到王家坝地区经常发生不同程度的洪涝灾害。防洪保护区主要在淮河干流及支流下游的息县、淮滨、潢川、固始等县的沿淮洼地和安徽省的濛洼蓄洪区。保护土地面积约220万亩,人口约170万人,保护区内土地资源丰富,是重要的商品粮基地。保护区交通发达,京广铁路、京九铁路、京珠高速公路纵贯南北,宁西铁路、大广高速公路、沪陕高速公路、还有信南高速公路横穿东西,纵横交错的公路干线有106、107、312等国道及11条省道和250余条县乡公路。息县、淮滨两县城是淮河干流重要的防洪城市,水库建成后可有效减轻保护区的洪涝灾害。

1) 工程建设对淮河上游防洪的突出作用

在淮河干流上游(简称"淮干上")修建出山店水库,是历次淮河流域规划所采取的治淮工程措施之一。工程建设前,淮滨以上河道的安全泄量为7 000 m³/s,淮河干流上游的防洪标准不足10年一遇。

有了出山店水库以后,可以提高王家坝以上沿淮圩区的防洪标准。如果只考虑出山店水库的作用,通过闭闸错峰等优化调度可以将王家坝以上沿淮圩区不足10年一遇的防洪标准提高到约20年一遇;如果有了出山店水库,再配合淮南支流上的其他工程,可以进一步使王家坝以上沿淮圩区防洪标准提高到20年一遇以上。

从1949年后淮河干流实际发生的1954、1956、1960、1968、1982年五次大洪水来看,出山店水库建成后,除1968年特大洪水以外,可避免1954、1956、1960、1982年四年较大洪水的灾害。

出山店水库正常调度,多年防洪净效益为3.36亿元。其中:王家坝以上淮河干支流多年平均防洪除涝净效益为2.92亿元;王家坝以下多年平均防洪除涝效益为0.44亿元。

出山店水库闭闸错峰调度,多年防洪净效益为5.09亿元。其中:王家坝以上淮河干支流多年平均防洪除涝净效益为4.65亿元;王家坝以下多年平均防洪除涝效益为0.44亿元。

若遭遇1960年洪水,息县站实测洪峰流量为7 850 m³/s,建库后洪峰流量为4 539 m³/s,削峰率为42.2%,减灾面积为21.2万亩,减少洪灾损失15.5亿元;淮滨站实测洪峰流量为9 000 m³/s,建库后洪峰流量为6 376 m³/s,削峰率为29.2%,减灾面积为45万亩,减少洪灾损失26.5亿元。

若遭遇1968年特大洪水,息县站实测洪峰流量为15 000 m³/s,建库后洪峰流量为9 746 m³/s,削峰率为35.0%,减灾面积为8.9万亩,减少洪灾损失8.2亿元。淮滨站实测洪峰流量为16 600 m³/s,建库后洪峰流量为12 283 m³/s,削峰率为26.0%,减灾面积为15.3万亩,减少洪灾损失13.5亿元。

当暴雨中心落在水库的上游时,10~20年一遇洪水,水库的减灾面积为34万亩;当暴雨中心落在水库的下游时,10~20年一遇洪水,水库的减灾面积为12万亩。

2) 出山店水库对淮河中下游的防洪作用

出山店水库是新中国成立以来历次淮河规划均明确需修建的淮河干流上游以防洪为主的大型水库。已通过水利部审查及中国国际工程咨询公司评估的《淮河流域防洪规划》的总体规划布局及淮河洪水总体安排，均是建立在兴建出山店水库的基础之上的。随着治淮19项骨干工程的扫尾并完成，淮河流域主要防洪保护区在防洪标准上得到了较大提高：淮河中游淮北大堤及淮河下游地区的防洪标准已达到百年一遇，沂沭泗水系的总体防洪标准达到50年一遇，淮河主要支流的防洪标准大部分已达到20年一遇。但直到出山店水库建设完成，淮河上游的防洪标准不足10年一遇，严重制约了当地国民经济的发展，这与该地区实际受到洪水威胁的严重程度不相协调，与淮河流域其他地区相比也不相协调。

出山店水库的防洪作用不仅是提高淮河上游地区的防洪标准，而且对淮河中游王家坝以下也有一定的削峰作用，可以减少淮河干流王家坝以下部分行蓄洪区的启用几率，减轻中游的防洪压力。

淮河的防洪工程体系是按照"蓄泄兼筹"的治淮方针规划建设的。淮河治理的总体安排是，上游以蓄为主，中游蓄泄并重，下游以泄为主。淮河上中游已建大型水库18座，但均建在主要支流上，水库控制面积为正阳关以上流域面积的1/5，总库容141亿 m^3，其中防洪库容39亿 m^3。这些水库在历次抗洪中发挥了重要作用。

出山店水库位居淮河干流首部，是治淮初期确定的大型水库，是淮河干流上待建的唯一一座大型控制性水库，总库容12.51亿 m^3，防洪库容6.91亿 m^3。水库具有防洪库容大、控制洪水效果较好、运用灵活等特点。

出山店水库控制洪水效果较好。与其他支流山谷水库相比，出山店水库位于淮河干流上游首部，可以直接控制淮干上游洪水。水库坝址以上又是淮河流域的暴雨中心之一，水库建成后，依托防洪、调洪库容，可以有效控制上游洪水长驱直下的状况，在改善淮河上中游防洪面貌和完善防洪体系方面发挥重要作用。

出山店水库防洪库容大，运用灵活，调节洪水能力较强。出山店水库是淮河已建和拟建水库中为数不多的几个大型水库之一，由于位居淮干首部，又具有11.43亿 m^3 的防洪、调洪库容，这是其他已建和拟建的支流上水库所无法比拟的。1968年淮河上游发生特大洪水，王家坝站最大流量达到17 600 m^3/s，王家坝以上堤防全线漫决，淮河中游最大的蓄洪区——城西湖蓄洪区的堤防溃破。建了出山店水库，淮滨洪峰削减26%，王家坝洪峰削减11%，可以明显缓解王家坝以下淮河的防洪压力。如遭遇1960、1982、1991等年同类型的洪水，可减少王家坝至正阳关河段濛洼、城西湖、邱家湖、姜唐湖等行蓄洪区的进洪机会和进洪量。遇50年一遇以上洪水，出山店水库与临淮岗等骨干防洪工程联合运用，可以使淮河中游的防洪调度更加灵活，防汛更加从容。

修建出山店水库是实现淮河中游河道整治目标的重要条件。淮河干流王家坝以下河道的设计流量为9 000～9 400 m^3/s，正阳关以下为10 000 m^3/s，蚌埠以下为13 000 m^3/s。这些整治目标的确定都是以淮滨下泄7 000 m^3/s 作为前提。而淮滨20年一遇控制下泄7 000 m^3/s，必须有赖于出山店水库的兴建。

4.1.1.2 工程的兴利作用

1) 水库为信阳市提供工业和生活用水

根据信阳市城市水资源供需水量平衡分析预测,2030年设计水平年,信阳市城市总需水量为25 490万 m^3,南湾水库、其他地表水、浅层地下水及污水回用共计可供水量为18 290万 m^3,缺水量为7 200万 m^3。

从信阳市水资源分布来看,出山店水库建成前南湾水库是信阳市城区主要水源,随着城区人口增加和工业发展,信阳市远期城区缺水量已无其他水源可补给,这部分缺水量必须由出山店水库供给。

由于水库规模限制,2030年设计水平年,水库每年能向信阳市区提供工业及生活用水8 000万 m^3,其中向明港镇年供水2 950万 m^3,向老城区年供水780万 m^3,向工业区和羊山新区供水4 270万 m^3。

2) 水库为淮河两岸耕地提供灌溉用水

出山店水库的下游可灌面积较大,包括淮河两岸在内需要灌溉的耕地约有250万亩。其中,淮南山丘垄岗地区的土地面积有40万亩,土地肥沃,气候温和,该地多为适宜水稻、小麦、玉米、棉花等多种作物生长的耕地,约有34.74万亩耕地需引水灌溉。淮北信阳市的平桥区、息县、淮滨和驻马店市的确山、正阳等县,现有水利工程设施较少,水资源匮乏,主要以种植旱作物为主,约有210万亩耕地需引水灌溉。

出山店水库灌区总体上分为淮北、淮南两片区,淮北灌区涉及信阳明港、长台两乡镇及驻马店确山县的双河镇、正阳县的熊寨镇、兰青乡,土地面积为51万亩,规划灌溉面积为30.6万亩。淮南灌区涉及彭家湾、洋河、龙井、九店、胡店、肖王等乡镇,土地面积为40万亩,规划灌溉面积为20万亩。

4.1.2 工程任务

出山店水库工程开发任务是:以防洪为主,结合供水、灌溉,兼顾发电等综合利用。

4.2 综合利用要求

4.2.1 防洪

出山店水库是淮河干流上游以防洪为主的综合利用的大型水利工程,防洪保护范围主要是淮河干流淮滨以上至坝址约230 km两岸滩区、圩区及息县、淮滨等城镇,其中淮滨市防洪标准为20年一遇。保护区内有耕地面积约220万亩,人口约170万人。

出山店水库的防洪任务是,控制淮河干流上游的山区洪水,与拟建的竹竿河张湾水库、潢河袁湾水库、晏家河晏河水库等南岸支流水库联合运用,将控制断面淮滨站20年一遇设计流量9 650 m^3/s控制在7 000 m^3/s以内,使淮滨以上圩区及淮滨至谷堆、王岗圩区的防洪标准达20年一遇以上。

出山店水库防洪任务符合《淮河流域防洪规划》的总体安排,防洪保护区范围及防洪标准基本合适。

出山店水库下游的息县、淮滨两县城是淮河干流重要的防洪城市,沿淮圩区、滩地、洼地居民及其耕地、生产生活资料等是重点防洪保护对象。

保护区内有纵贯南北的交通枢纽京广铁路干线、京九铁路、京珠高速公路和106、107国道,横穿东西的宁西铁路和正在建设的内蒙古阿荣旗至深圳的阿深高速公路、上武高速公路、信南高速,312国道,以及11条省道和250余条县乡公路。

4.2.2 供水

4.2.2.1 需水量预测

信阳市城区2012年总用水量为13 850 m³,生活、工业、环境所占比例分别为35.3%、60.9%、3.8%。

现状2012年,生活总用水量为4 885万 m³,其中老城区、明港镇、工业及羊山新区生活需水量分别为3 419万 m³、766万 m³、700万 m³;工业需水量为8 436万 m³,其中老城区、明港镇、工业及羊山新区工业需水量分别为4 386万 m³、1 406万 m³、2 644万 m³;环境需水量为529万 m³,其中老城区、明港镇、工业及羊山新区工业需水量分别为365万 m³、84万 m³、80万 m³。

2030年总需水量为25 490万 m³,生活、工业、环境所占比例分别占42.4%、53.5%、4.1%。

规划水平年2030年,生活需水量为10 809万 m³,其中老城区、明港镇、工业及羊山新区生活需水量分别为4 727万 m³、2 355万 m³、3 727万 m³;工业需水量13 628万 m³,其中老城区、明港镇、工业及羊山新区工业需水量分别为4 107万 m³、2 485万 m³、7 036万 m³;环境需水量为1 053万 m³,其中老城区、明港镇、工业及羊山新区工业需水量分别为453万 m³、230万 m³、370万 m³。

4.2.2.2 供需平衡分析

根据信阳市城区现状年及设计水平年的供水量与需水量,计算信阳市城区不同规划水平年的缺水量,确定出山店水库的供水量。

4.2.2.3 水库供水量

根据信阳市城市水资源供需水量平衡分析预测,2030年设计水平年,信阳市城市总需水量为25 490万 m³,南湾水库、其他地表水、地下水及再生水量共计可供水量为18 290万 m³,缺水量为7 200万 m³,考虑出山店水库至水厂输水损失10%,需要水库补水量为8 000万 m³。

从信阳市水资源分布来看,目前南湾水库是信阳市城区主要水源,随着城区人口增加和工业发展,设计水平年信阳市城区缺水量,已无其他水源可补给,这部分缺水量必须由出山店水库供给。

出山店水库距信阳市约15 km,输水管道水量利用系数采用0.9,因此2030年设计水平年,水库每年向信阳市区提供工业及生活用水8 000万 m³,保证率达95%。

4.2.3 灌溉

4.2.3.1 灌区需水量

灌区总控制土地面积为606.67 km²,涉及信阳市平桥区的洋河、胡店、肖王、龙井、九店、甘岸、长台、明港、肖店、城阳城等10个乡镇及驻马店确山县的双河镇,正阳县的熊寨镇、兰青乡,耕地面积为50.6万亩。灌区需水量预测成果见表2.4-1。

表 2.4-1 灌区需水量预测成果表

项目		现状年(2012)		规划年(2030年)	
		淮北灌区	淮南灌区	淮北灌区	淮南灌区
城镇	人口(万人)	3.98	2.4	8.06	4.86
	需水定额(L/人·日)	80	80	115	115
	需水量(万 m³)	116.2	70.1	338.3	204.0
农村	人口(万人)	17.33	10.46	18.96	11.44
	需水定额(L/人·日)	50	50	80	80
	需水量(万 m³)	316.3	190.9	553.6	334.0
乡镇企业	产值(亿元)	14.63	8.83	49.44	29.83
	万元产值用水量(m³)	50	50	30	30
	需水量(万 m³)	731.5	441.5	1 483.2	894.9
大牲畜	数量(万头)	4.81	2.9	13.73	8.29
	需水定额(L/头·日)	47	47	50	50
	需水量(万 m³)	82.5	49.7	250.6	151.3
小牲畜	数量(万头)	22.76	13.73	64.96	39.19
	需水定额(L/头·日)	20	20	20	20
	需水量(万 m³)	166.1	100.2	474.2	286.1
农业灌溉	灌溉面积(万亩)	30.6	20	30.6	20
	综合净灌溉定额(m³/亩)	236.0	316.0	163.77	189.97
	净需水量(万 m³)	7 221.6	6 320.0	5 011.4	3 799.4
合计		8 634.3	7 172.4	8 111.3	5 669.7

4.2.3.2 灌溉流量

根据灌溉供水过程,选择满足70%保证率年份,依据供水最不利年供水过程,确定灌溉引水流量。选择水文年1976—1977年为典型年,淮北灌区年灌溉供水量为6 090万 m³,利用出山店水库北灌溉洞自流进入灌区,淮北灌区渠首灌溉设计引水流量为12.55 m³/s,加大引水流量为15.06 m³/s。

出山店水库为淮南灌区年灌溉供水量为4 420万 m³,利用出山店水库南灌溉洞自流进入灌区,淮南灌区渠首灌溉设计引水流量为9.2 m³/s,加大引水流量为11.04 m³/s。

根据灌溉制度分析,出山店淮北灌区设计灌水率为0.35 m³/(s·万亩),淮南灌区设计灌水率为0.39 m³/(s·万亩)。当地径流直接由斗、农渠进入田间,因此支、斗、农渠流量按水库供水灌溉面积进行计算。按照《灌溉与排水工程设计规范》(GB 50288—99),渠道流量按下式计算:

$$Q = \frac{q \cdot A}{\eta}$$

式中：Q——设计引水流量，m^3/s；

q——设计净灌水率，$m^3/(s\cdot 万亩)$；

A——灌溉面积，万亩；

η——灌溉水利用系数（$\eta_s=0.65$）。

出山店水库至淮南支流浉河口淮河干流长约 40 km，该段河道没有支流汇入，水库最小下泄流量能否维持河道生态或净化河道水质的基本水量要求，应尽可能予以考虑。

浉河口以下淮河干流长约 230 km，淮河南岸有竹竿河、寨河、潢河、白鹭河五大支流汇入。淮河北岸有清水河、澺河、泥河、闾河、马集河、大洪河等五条支流汇入。

王家坝水文站以上控制流域面积为 3.06 万 km^2。王家坝断面的全年入境水量，多年平均为 89 亿 m^3，枯水年也有 20～30 亿 m^3。

出山店水库城市供水和灌溉用水量年均为 1.659 1 亿 m^3，仅占王家坝站多年平均实测径流量 89 亿 m^3 的 1.86%，占枯水年份王家坝全年入境水量的 6.38%（以大旱年 1978 年作为代表年，当年的入境水量为 26 亿 m^3）。

出山店水库入库径流量为 9.86 亿 m^3，扣除蒸发渗漏损失水量后，净入库径流量 9.74 亿 m^3，供水和灌溉年均供水量为 1.659 1 亿 m^3，仅占净入库径流量 17%。

因此，修建出山店水库，枯水期对浉河口以上淮河干流生态流量有一定影响，对王家坝入境水量影响甚小，对王家坝以下河段水资源利用产生的影响很有限。

根据统计分析，即使上游不建出山店水库，水库下游长台关和王家坝站也会发生断流现象。长台关站 1951—2012 年实测流量系列中，洪峰流量大于 300 m^3/s 仅有 11 次。1999 年 7 月 25 日至 8 月 27 日，日平均流量只有 0.2 m^3/s；2000 年 5 月的月均流量只有 0.39 m^3/s；2001 年 6—7 月有 25 天断流。

王家坝水文站 1978 年水量为 26 亿 m^3，1961 和 1999 年仅为 18 亿 m^3。按日平均流量小于 2 个流量为断流计算，王家坝站 1959 年断流 97 天，1966 年有 42 天，1977 年有 8 天，1978 年有 7 天，1999 年有 4 天。

因此，修建出山店水库可以调节枯水年河道水量，对王家坝来水量十分有利。

出山店水库下泄基流为 3.5 m^3/s，仅占枯水年份王家坝全年入境水量的 4.2%（以大旱年 1978 年作为代表年，当年的入境水量为 26 亿 m^3），对王家坝枯水年径流影响很小。

4.3 兴利调节计算

4.3.1 兴利计算原则和条件

4.3.1.1 兴利计算原则

出山店水库联合南湾水库、城区地下水资源及中水为信阳市城区供水；出山店水库联合灌区内的水利设施及地下水资源为出山店灌区 50.6 万亩农田灌溉供水。

出山店水库调节采用 1951—2012 年长系列时历法进行多年调节，计算中计及蒸发渗漏损失。

1) 当入库流量大于 3.5 m³/s 时,河道基流按 3.5 m³/s 均匀下泄;当入库流量小于 3.5 m³/s 时,河道基流按入库流量下泄。

2) 水库主汛期 6 月 15 日—8 月 20 日,当库水位超过汛期限制水位时,水库弃水。

3) 其他时间库水位超过兴利水位时,水库弃水。

4) 当库水位低于死水位时,停止城市供水。

5) 供水次序:先河道基流和城市供水,后农业灌溉供水。城市工业生活用水,供水旬保证率达 95%,农业灌溉年保证率达到 70%。

4.3.1.2 来水过程

根据出山店水库实测径流系列 1951 年 5 月—2012 年 4 月,水文年共计 61 年,计算多年平均年实测年径流量 10.53 亿 m³,还原上游中小型水利工程多年平均影响水量 0.43 亿 m³,还原上游生活工业等多年平均耗水量 0.17 亿 m³,求得坝址以上多年平均天然年径流量 11.13 亿 m³。

考虑上游远期发展用水增长需求,分析入库径流。农业灌溉考虑水利工程及灌区建设规模,结合上游地形及土地利用规划情况,灌区发展空间有限,规划水平年灌区规模变化不大,同时考虑节水因素,农业灌溉工程及灌区基本维持现状规模,采用现状规模计算的农业耗水量为 0.92 亿 m³。其他用水考虑主要为乡镇生活及工业用水,上游用水基本由地下水和地表水组成,现状年上游乡镇用水人口约 39.25 万人,工业增加值为 145.1 亿元,生活工业耗水量为 0.28 亿 m³。规划无大型用水户,乡镇用水人口按增长率 3% 计算,2030 年 66.82 万人,用水量为 0.293 亿 m³,加上乡村用水 0.001 亿 m³,总生活用水量为 0.294 亿 m³;工业按增长率 5% 计算,2030 年 349.2 亿元,用水量为 0.873 亿 m³。耗水率按 0.3 计算,规划水平年生活工业耗水约 0.35 亿 m³。

规划水平年天然径流 11.13 亿 m³ 扣除上游农业灌溉耗水 0.92 亿 m³、生活工业耗水量 0.35 亿 m³,求得入库径流量为 9.86 亿 m³。

4.3.2 特征水位确定

4.3.2.1 特征水位

1) 死水位

(1) 根据大坡岭站 1957—2012 年输沙资料及出山店水库流域面积,推算出山店水库坝址以上多年平均输沙量为 87.4 万 t,其中:悬移质输沙量为 72.8 万 t,推移质输沙量为 14.6 万 t。泥沙干容重取 1.3 t/m³,则 50 年输沙量为 3 362 万 m³。根据泥沙冲淤分析,水库淤积年限按 50 年计算,淤积库容为 3 030 万 m³,坝前淤沙高程在 80.00 m 以下。

(2) 灌溉取水口高程:出山店水库灌区 50.6 万亩,分为淮南、淮北灌区,均位于水库下游淮河两岸,规划自流灌溉,地面高程在 60~81 m,南、北干渠纵坡按 1/10 000,反推灌溉取水口渠底高程约 81.5 m。

(3) 城市供水取水口高程:两大供水片区淮南信阳市、淮北明港区水厂高程为 77.0 m,规划供水与灌溉取水洞合用,取水口渠底亦为 81.5 m。

按取水口底高程为 81.5 m,考虑洞径和满足取水需要的运行水头等因素,采用死水位84.0 m,取水口布置在大坝附近,不受泥沙淤积影响,可满足灌区和城市取水要求。

2) 正常蓄水位及汛限水位

权衡工程投资、水库淹没、征地与移民、水利经济指标、工程效益等方案,本阶段推荐出山店水库正常蓄水位采用88 m,汛限水位采用86.0 m,死水位84 m,死库容0.389亿 m³,兴利库容1.45亿 m³。

3) 农业限制水位

出山店水库为城市生活生产和灌区农业灌溉供水,且城市供水旬保证率为95%,为了满足城市供水保证率的要求,需要设置农业限制水位,当库水位低于农业限制水位时停止农业灌溉供水。

经调算,出山店水库农业限制水位为84.75 m时,可以满足城市供水旬保证率达95%以及农业灌溉年保证率达70%的要求。

4.3.3 兴利调节计算成果

根据特征水位方案比选,确定正常蓄水位为88.0 m,死水位为84.0 m,农限水位为84.75 m,进行兴利调节计算,确定兴利库容为1.45亿 m³。出山店水库兴利调节成果见表2.4-2。出山店灌区当地塘堰坝、客水以及地下水资源与出山店水库联合调度为出山店灌区50.6万亩农田灌溉供水。

根据分析,规划水平年2030年,出山店水库与当地水利设施联合调度,可以满足信阳市城区8 000万 m³供水要求以及出山店灌区50.6万亩农田灌溉需水要求。城市供水旬保证率为95%,农业灌溉供水年保证率为70%。

表2.4-2 出山店水库兴利调节成果表

项目	面积(万亩)	水量			水资源系数	库容系数	水位(m)				兴利库容(亿 m³)	保证率(%)	
		城市供水(亿 m³)	河道基流(m³/s)	农业供水(亿 m³)			死水位	汛限水位	正常蓄水位	农限水位		城市供水	农业
数值	50.6	0.8	3.5	0.859 1	0.27	0.15	84.00	86.00	88.00	84.75	1.45	95	70

分析可知,遇到枯水年,灌溉缺水量较大,为保证淮北灌区灌溉供水,需加大当地地下水开采量,由于增加地下水供水量,可减少灌区灌溉缺水量。1959年增加地下水开采量1 400万 m³,灌溉毛缺水量由7 162万 m³减为5 223万 m³,农业灌溉破坏深度按净水量计算,可由51%降低为37%;1961年增加地下水开采量2 800万 m³,毛缺水量由7 453万 m³减为3 579万 m³,农业灌溉破坏深度由72%降低为35%;1986年增加地下水开采量1 100万 m³,毛缺水量由7144万 m³减为5 621万 m³,农业灌溉破坏深度由48%降低为37%;1999年增加地下水开采量1 100万 m³,毛缺水量由5 737万 m³减为4 214万 m³,农业灌溉破坏深度由50%降低为37%。

分析可知,遇到枯水年,灌溉缺水量较大,为保证淮南灌区灌溉供水,需加大当地地下水开采量。由于增加地下水供水量,可减少灌区灌溉缺水量。1959年增加地下水开采量1 100万 m³,毛缺水量由5 359万 m³减为3 836万 m³,农业灌溉破坏深度按净水量计算,农业灌溉破坏深度由 51% 降低为 37%;1961 年增加地下水开采量 2 150 万 m³,毛缺水量由 5 628 万 m³ 减为 2 651 万 m³,农业灌溉破坏深度由 72% 降低为 34%;1986 年增加地下水开采量 750 万 m³,毛缺水量由 4 669 万 m³ 减为 3 631 万 m³,农业灌溉破坏深度由 48% 降低为 37%;1999 年增加地下水开采量 800 万 m³,毛缺水量由 4 263 万 m³ 减为 3 155 万 m³,农业灌溉破坏深度由 48% 降低为 37%。

4.4 洪水调节

4.4.1 防洪标准

出山店水库总库容大于 10 亿 m³。按中华人民共和国《防洪标准》(GB 50201—94)属大(1)型水库,其工程等别为Ⅰ等。主要建筑物拦河坝、溢洪道、泄洪洞为 1 级建筑物,防洪标准采用 1 级建筑物山区、丘陵区的上限值,即设计防洪标准采用千年一遇,校核防洪标准采用土坝、堆石坝的上限万年一遇,据此标准确定水库设计和校核洪水位。

4.4.2 20 年以下防洪运用方式

4.4.2.1 制定防洪运用方式的依据

出山店水库是淮河主干上游以防洪为主的大型水利枢纽工程,其水库调度运用方式取决于下游河道的防洪标准和区间洪水。根据 2004 年 9 月水利部淮河水利委员会《淮河流域防洪规划简要报告》,"近期出山店水库的兴建可使淮河干流王家坝以上的防洪标准从现状不足 10 年一遇提高到 10 年一遇以上;远期淮河干流上游竹竿河兴建张湾水库、潢河修建袁湾水库、晏家河修建晏河水库、白露河修建白雀园水库可使王家坝以上圩区防洪标准达 20 年一遇以上,淮滨 20 年一遇设计流量控制在 7 000 m³/s 以内。"

河南省水利勘测设计院 1999 年制定了《河南省淮河干流防洪规划报告》,并上报了淮河水利委员会。其中对张湾、袁湾、晏河水库的工程规划如下:

张湾水库位于罗山县莽张镇东南天湖村淮河支流竹竿河上,距罗山县城 26 km,水库控制面积 1 360 km²,占竹竿河流域面积的 52%,多年平均径流量 6.96 亿 m³。水库开发任务以防洪为主,兼有灌溉、发电、供水、养殖等。水库按百年一遇洪水设计,万年一遇洪水校核,总库容 16.71 亿 m³,兴利库容 6.26 亿 m³。水库控制运用方式为:5 年一遇以下控泄 250 m³/s,5~百年一遇时控泄 500 m³/s;库水位低于百年一遇时,当流量超过 800 m³/s,闸门关闭 3 天不泄流,超过百年一遇库水位时敞泄。最大坝高 30 m,为黏土心墙砂壳坝。

袁湾水库位于潢河干流上,潢河流域面积为 2 400 km²,上游为三干型河流,除主干外,东支有泼陂河、西支有晏家河两条支流汇入,在泼陂河上已于 1970 年建成泼河水库,控制流域面积 222 km²;袁湾水库控制流域面积 475 km²,水库为百年一遇洪水设计,万年一遇洪水校核,总库容为 5.43 亿 m³,水库控制运用方式为:20 年一遇洪水以下控泄 300 m³/s,20 年一遇来水遇主峰大于 400 m³/s 时,水库控制为下游区间让路,闸门关闭 3

天,大于20年一遇洪水敞泄。

晏河水库位于晏家河上,控制流域面积217 km²,水库为百年一遇洪水设计,万年一遇洪水校核,总库容为2.80亿m³,水库控制运用方式为:20年一遇洪水以下控泄200 m³/s,20～百年一遇时控泄350 m³/s,百年一遇以上洪水时闸门全开敞泄。泼河、袁湾、晏河为3座并联水库。

4.4.2.2 水库运行方式

对淮滨以上的洪水特性进行了分析,考虑各种判别条件,初拟水库运行方式,用频率法、典型年法和历史洪水重演法进行调算、试算,最终确定用防洪控制断面淮滨当前时刻的流量为判别条件,对水库20年一遇洪水进行调度,确定的运行方式如下:

(1) 当淮滨面临时刻流量小于5 000 m³/s,水库控泄1 200 m³/s;

(2) 当淮滨面临时刻流量大于5 000 m³/s、小于6 000 m³/s时,水库控泄600 m³/s;

(3) 当淮滨面临时刻流量大于6 000 m³/s时,水库闭闸错峰。

4.4.3 20年一遇防洪库容

根据本阶段确定的20年一遇以下水库运行方式,根据淮滨以上实际发生的洪水,选择典型年用同频率法和典型年法进行调算,并用历史洪水亦即已发生的实际洪水进行防洪计算。

本次用同频率法和典型年法分别进行了调算。

同频率法采用了两种洪水组合方式,一种是水库与淮滨站同频率,区间相应;一种是区间与淮滨站同频率,水库相应。根据拟定的运行方式进行水库调度,出库过程演进至淮滨与区间过程和规划的淮南支流三库出库过程叠加,得到淮滨站20年一遇洪峰流量,水库入库洪水与出库洪水的洪量差即为水库拦蓄的洪水,也就是水库的防洪库容。

第一种洪水组合方式水库与淮滨同频率、区间相应,通过水库调度均可使淮滨站洪峰流量控制在7 000 m³/s,5场洪水平均防洪库容为3.762亿m³,最大防洪库容为1960年3.886亿m³;第二种洪水组合方式区间与淮滨同频率水库相应,通过水库调度两场洪水可使淮滨站洪峰流量控制在7 000 m³/s,只有区间超频的1968年洪水不能满足淮滨控制流量7 000 m³/s,该种组合防洪库容较小,最大的是1956年需要防洪库容2.25亿m³。

典型年法根据出山店水库20年一遇洪水调算需要拦蓄洪水的时间,基本均在3 d左右,因此,用淮滨站20年一遇3天设计洪量为20.556亿m³,与各典型年3天洪量之比为放大系数,对水库和区间洪水进行缩放,再根据拟定的水库运行方式进行防洪调算。

1954、1956年洪水,区间超频比较大,1954年区间洪峰流量7 467 m³/s,1956年区间洪峰流量7 123 m³/s,水库无论如何调度均不能满足淮滨流量7 000 m³/s;1971、2002年典型年也是属于区间超频洪水,区间洪峰流量6 648 m³/s、6 235 m³/s,经水库调度后淮滨洪峰流量由9 480 m³/s、9 510 m³/s削减至7 441 m³/s、7 428 m³/s,不能满足淮滨流量7 000 m³/s。其余4个典型年1960、1968、1982、1991年均能满足淮滨安全泄量7 000 m³/s。

8场洪水平均需要防洪库容2.87亿m³,最大防洪库容为2002年的3.813亿m³。

同频率法水库设计区间相应1960年典型年调算过程线见图2.4-1,典型年法1968

年调算过程线见图 2.4-2。

根据同频率法和典型年法的调算成果,选取两种方法中最大的防洪库容——同频率法水库设计区间相应组合 1960 年的防洪库容 3.886 亿 m^3。

根据确定的水库运行方式,用已发生的实际洪水进行重演,验证淮滨洪水是否能控制在 7 000 m^3/s,选取的防洪库容是否满足需要。

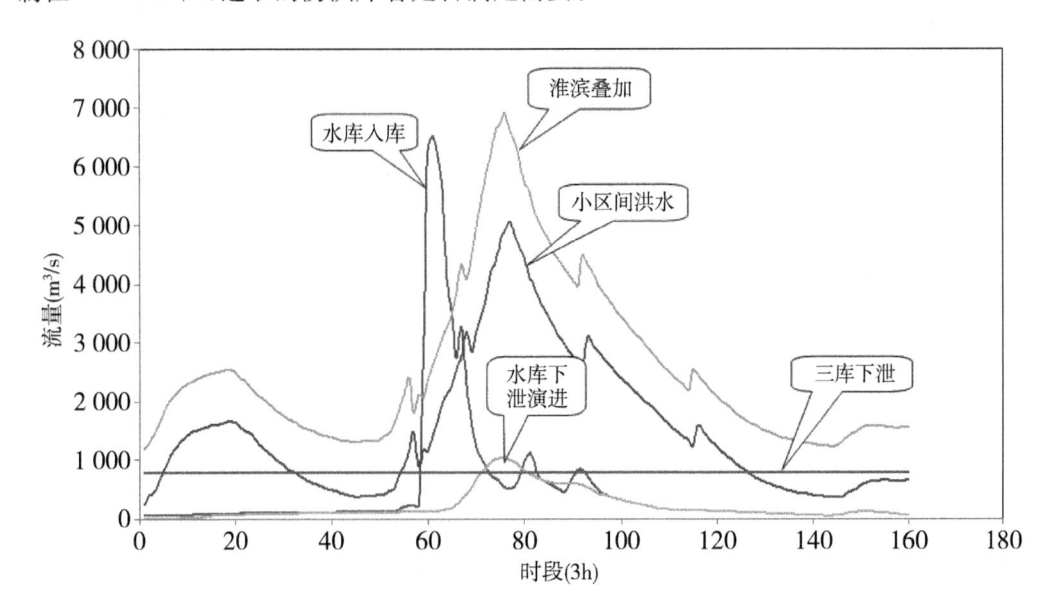

图 2.4-1　同频率法水库设计 1960 年洪水调节过程线

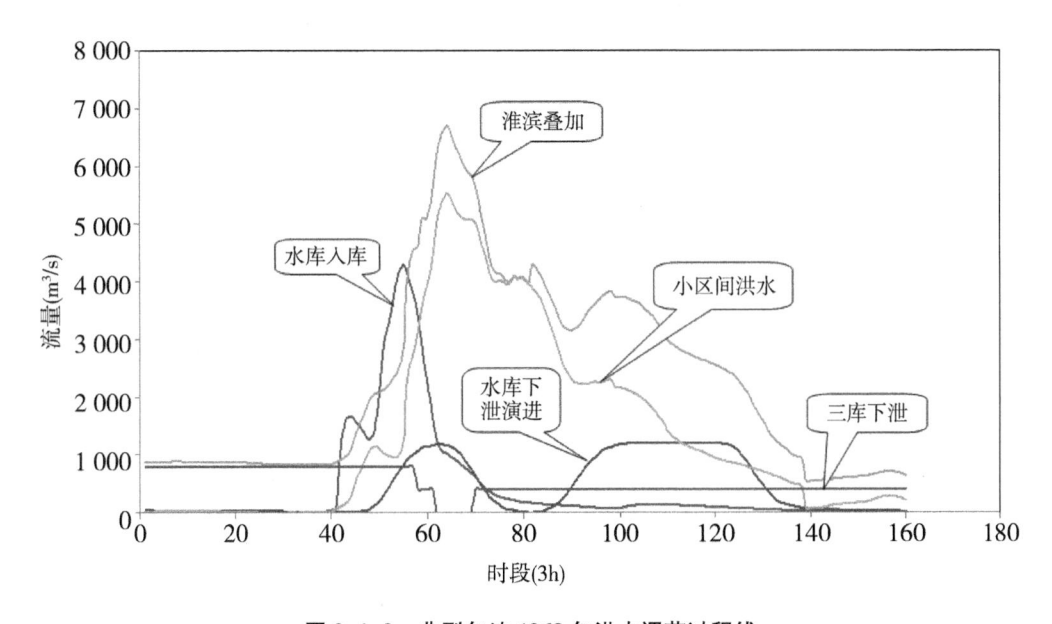

图 2.4-2　典型年法 1968 年洪水调节过程线

从淮滨站 1954—2012 年 58 年洪水系列中,选取 1960 年洪水进行实际演算,1960 年洪水淮滨洪峰流量为 9 000 m³/s，接近 20 年一遇，出山店坝址洪峰流量为 6 270 m³/s，相当于出山店水库 20 年一遇设计洪峰流量，出、张、袁、晏—淮区间洪峰流量为 4 376 m³/s，该年洪水暴雨中心在水库以上，相当于水库设计区间相应的组合，将水库洪水过程根据淮滨站洪水过程按拟定的水库调度运行方式进行调度，调算成果见表 2.4-3。

表 2.4-3　出山店水库实际年洪水调算表

典型年	无水库			有水库		
	出山店坝址最大入流 (m³/s)	淮滨最大流量 (m³/s)	出、张、袁、晏—淮最大流量 (m³/s)	出山店水库		淮滨最大流量 (m³/s)
				最大出流 (m³/s)	防洪库容 (亿 m³)	
1960	6 270	9 000	4 376	1 200	3.22	6 376

从调算结果看出，1960 年洪水经过水库调控以后，使淮滨流量由 9 000 m³/s 削减为 6 376 m³/s，满足淮滨安全泄量 7 000 m³/s，水库防洪库容 3.22 亿 m³，小于 3.886 亿 m³。

通过本节计算，确定水库运行方式如下：

1) 汛限水位为 86.0 m；
2) 库水位为 86.0～92.3 m 时，
(1) 当淮滨面临时刻流量小于 5 000 m³/s，水库控泄 1 200 m³/s；
(2) 当淮滨面临时刻流量大于 5 000 m³/s、小于 6 000 m³/s 时，水库控泄 600 m³/s；
(3) 当淮滨面临时刻流量大于 6 000 m³/s 时，水库闭闸错峰。

4.4.4　20 年一遇以上运行方式及防洪库容

本节对于出山店水库 20 年一遇洪水以上是否应该预留防洪库容，进行了计算和论证。淮河的防洪工程体系是按照"蓄泄兼筹"的治淮方针规划建设的。淮河治理的总体安排是，上游以蓄为主，中游蓄泄并重，下游以泄为主。出山店水库的防洪作用不仅是提高淮河上游地区的防洪标准，而且对淮河中游王家坝以下也有一定的削峰作用，可以减少淮河干流王家坝以下部分行蓄洪区的启用几率，减轻中游的防洪压力。

通过长系列有、无出山店水库对下游王家坝及其以下地区的影响进行分析，结果表明，最突出的是 1960 年，如果兴建出山店水库以后，按百年一遇控泄，濛洼可以不进洪。

因此，出山店水库有必要为淮滨以下 20～百年一遇洪水预留防洪库容。防洪库容通过分析 20 年至 100 年水位之间控泄流量不同及敞泄对工程规模的影响确定，本阶段用选定的特征水位：死水位 84.0 m，汛限水位 86.0 m 和水库运用方式，结合初选的泄洪设施，对不同控泄流量 A、B、C 三个方案进行调洪演算。

方案 A：20～百年一遇水位控泄 1 500 m³/s，超过百年一遇水位敞泄；
方案 B：20～百年一遇水位控泄 2 000 m³/s，超过百年一遇水位敞泄；
方案 C：20～百年一遇水位控泄 3 000 m³/s，超过百年一遇水位敞泄；
以上方案的调算结果见表 2.4-4。

表 2.4-4 出山店水库 20 年一遇以上防洪库容方案比较

方案	20~100 年控泄 (m³/s)	重现期 (a)	入流 (m³/s)	出流 (m³/s)	水位 (m)	库容 (亿 m³)	防洪或调洪库容 (亿 m³)
A	1 500	100	10 670	1 500	94.80	7.86	6.91
		10 000	25 650	17 167	98.12	12.51	11.57
B	2 000	100	10 670	2 000	94.43	7.35	6.40
		10 000	25 650	16 878	97.98	12.28	11.34
C	3 000	100	10 670	3 000	93.90	6.75	5.80
		10 000	25 650	16 651	97.79	12.00	11.06

从表 2.4-4 可看出：若 20~100 年控泄 1 500 m³/s，防洪库容 6.91 亿 m³；20~100 年控泄 2 000 m³/s，防洪库容 6.40 亿 m³；20~100 年控泄 3 000 m³/s，防洪库容 5.80 亿 m³。

三个方案比较其校核洪水位在 98.12~97.79 m 之间变化，相差 0.33 m；总库容在 12.51~12.00 亿 m³ 之间变化，相差 0.51 亿 m³。由此可知，20 年至百年一遇之间控泄流量大小对总库容影响较小，而防洪库容相差较大，因此，为使水库有稍大的防洪库容以减少淮河干流行蓄洪区的启用几率、减轻中游的防洪压力，选择 20~100 年控泄 1 500 m³/s，超过百年一遇水位敞泄，其防洪库容为 6.91 亿 m³，水位为 94.80 m。

4.4.5 泄洪设施

水库工程其规模大小受诸多因素制约、影响，汛限水位、运行方式、泄洪建筑物布置等均是影响工程规模的主要因素。但如果兴利库容、防洪库容确定以后，总规模则由泄洪建筑物所确定。

本节主要选择泄水建筑物尺寸及调洪库容作为主要因素。

主坝采用混合坝方案，溢流坝段设 8 孔泄洪闸，堰顶高程为 83.0 m，每孔净宽 15.0 m，总净宽 120.0 m，底孔为 3 孔 7×7 m 泄洪洞，其校核洪水位 98.03 m，总库容为 12.37 亿 m³。

本阶段仍采用混合坝方案及规模，即堰顶高程为 83.0 m，溢流坝净宽为 8×15 m 的表孔及 3 孔 7×7 m（宽×高）底孔，泄流能力见表 2.4-5。

表 2.4-5 出山店水库溢流表孔及泄流底孔泄流能力表

水位(m)	泄洪洞泄量(m³/s) 底高 75 m，3 孔 7×7 m	溢流坝泄量(m³/s) 堰顶 83 m，8 孔×15 m=120 m	总泄量(m³/s)
75.00	0	—	0
75.50	13	—	13
76.00	37	—	37
76.50	68	—	68
77.00	104	—	104

续表

水位(m)	泄洪洞泄量(m³/s) 底高 75 m,3 孔 7×7 m	溢流坝泄量(m³/s) 堰顶 83 m,8 孔×15 m=120 m	总泄量(m³/s)
77.50	146	—	146
78.00	191	—	191
78.50	241	—	241
79.00	295	—	295
79.50	352	—	352
80.00	412	—	412
80.50	475	—	475
81.00	541	—	541
81.50	610	—	610
82.00	682	—	682
82.50	756	—	756
83.00	833	0	833
83.50	1 238	75	1 313
84.00	1 298	213	1 511
84.50	1 356	392	1 747
85.00	1 411	603	2 014
85.50	1 464	843	2 307
86.00	1 516	1 108	2 624
86.50	1 565	1 396	2 961
87.00	1 614	1 706	3 319
87.50	1 660	2 035	3 696
88.00	1 706	2 397	4 103
88.50	1 750	2 805	4 555
89.00	1 793	3 241	5 035
89.50	1 836	3 699	5 534
90.00	1 877	4 183	6 060
90.50	1 917	4 691	6 608
91.00	1 957	5 223	7 179
91.50	1 996	5 778	7 774
92.00	2 034	6 351	8 384
92.50	2 071	6 947	9 018
93.00	2 108	7 557	9 664
93.50	2 144	8 186	10 329
94.00	2 179	8 834	11 013

续表

水位(m)	泄洪洞泄量(m³/s) 底高 75 m,3 孔 7×7 m	溢流坝泄量(m³/s) 堰顶 83 m,8 孔×15 m=120 m	总泄量(m³/s)
94.50	2 214	9 499	11 713
95.00	2 248	10 184	12 432
95.50	2 282	10 881	13 163
96.00	2 315	11 598	13 913
96.50	2 348	12 316	14 664
97.00	2 381	13 039	15 419
97.50	2 412	13 777	16 189
98.00	2 444	14 531	16 975
98.50	2 475	15 301	17 776

注:由于修改位数,表中总泄量数据与前两项数据相加之和有微小差距。

4.4.6 设计、校核洪水位

调洪演算基本资料根据出山店水库入库设计洪水、库容曲线及选定的泄水建筑物泄流曲线,以及水库运行方式进行调洪演算。其中,表孔:溢流堰顶高程为 83.0 m,8 孔×15 m,总净宽 120 m;底孔:底高程为 75.0 m,3 孔 7.0 m×7.0 m(宽×高)。

三种起调水位的运行方式如下。

1. 起调水位 86.0 m

(1) 库水位 86.0~92.30 m：

①当淮滨流量小于 5 000 m³/s,水库控泄 1 200 m³/s;

②当淮滨流量大于 5 000 m³/s、小于 6 000 m³/s 时,水库控泄 600 m³/s;

当淮滨流量大于 6 000 m³/s 时,水库闭闸错峰。

(2) 库水位 92.3~94.80 m:控泄 1 500 m³/s;

(3) 库水位超过 94.80 m:敞泄。

2. 起调水位 92.30 m

(1) 库水位 92.3~94.80 m:控泄 1 500 m³/s;

(2) 库水位超过 94.80 m:敞泄。

3. 起调水位 94.80 m

库水位超过 94.80 m:敞泄。

各种起调水位调算成果见表 2.4-6。

表 2.4-6 出山店水库不同的起调水位设计、校核洪水位

起调水位(m)	重现期(a)	入流(m³/s)	出流(m³/s)	水位(m)	库容亿(m³)
86.0	1 000	16 910	13 347	95.62	8.878 3
	10 000	25 650	16 766	97.87	12.111 3

续表

起调水位(m)	重现期(年)	入流(m³/s)	出流(m³/s)	水位(m)	库容(亿 m³)
92.3	1 000	16 910	13 593	95.78	9.085 4
	10 000	25 650	17 167	98.12	12.513 6
94.8	1 000	16 910	13 593	95.78	9.085 4
	10 000	25 650	17 167	98.12	12.513 6

从表2.4-6调算成果看,起调,水位从汛限水位86.0 m起调,其设计、校核洪水位比从92.30 m和94.80 m起调略低;起调水位从20年一遇水位92.30 m起调,与从百年一遇防洪高水位94.80 m起调,其设计、校核洪水位相同,比从汛限水位起调略高,设计洪水位高0.15 m,校核洪水位高0.25 m。

从安全考虑,出山店水库选择从防洪高水位94.80 m起调调洪演算成果:水库千年一遇设计洪水位95.78 m,相应库容9.09亿 m³,万年一遇校核洪水位98.12 m,总库容12.51亿 m³。

出山店水库调洪演算采用成果如表2.4-7。

表 2.4-7 出山店水库调洪演算采用成果表

重现期(a)	入流(m³/s)	出流(m³/s)	水位(m)	库容(亿 m³)
1 000	16 910	13 593	95.78	9.085 4
10 000	25 650	17 167	98.12	12.513 6

4.5 装机容量选择

4.5.1 规划原则

根据水库总体规划确定的水库任务,决定了电站的特点是以季节性发电为主,在水能规划上遵循以下几条原则:

(1) 不设专用发电库容,利用河道基流和部分弃水发电;
(2) 水能计算遵循水轮机在高效区运行的原则,合理确定发电最高最低水头及电站调度运行范围;
(3) 由于电站容量占电网比重较小,不担负电网调峰任务;
(4) 遵循投资少,回收年限短,水能最优利用率相结合原则进行装机容量的选择。

4.5.2 水能计算

根据水库任务并结合建筑物布置,利用河道基流及弃水发电。

根据时历法长系列兴利调节计算成果,按水能计算公式 $N=A \cdot Q \cdot H$(N——出力,A——出力系数,Q——流量,H——水头)计算历年发电出力及出力历时曲线,并统计装机容量与多年平均发电量。出力系数采用8.0。

出山店水库正常蓄水位为 88.0 m,死水位为 84.0 m,灌溉限制水位为 84.75 m。城市供水最高水位为 88.0 m,最低水位为 84 m;灌溉水位在 88.0 m~84.75 m 之间变化。利用河道基流及弃水发电,经过水能计算,电站发电平均水头为 11.13 m,最大水头为 12.72 m,最小水头为 8.72 m,最低尾水位为 74.08 m。

出山店水电站多年平均发电量计算结果见表 4.7-2,由表可知,装机容量为 800 kW,年发电量为 392 万 kW·h;当装机容量在 2 600~2 900 kW 时,每增加 300 kW,发电量增加 42 万 kW·h,利用小时仅 2 750~2 609 小时,故初选装机容量为 2 900 kW。

根据发电机的机型选择要求,电站共装 3 台,装机总容量为 2 900 kW。其中:2 台,每台装机容量为 1 250 kW;1 台装机容量为 400 kW,多年平均发电量为 757 万 kW·h,平均利用 2 609 h。

第五节 工程布置及建筑物设计

5.1 设计依据

5.1.1 基本资料

5.1.1.1 有关报告及批复文件

a) 2012 年 12 月河南省水利勘测设计研究有限公司和中水淮河规划设计研究有限公司编制的《淮河出山店水库工程可行性研究报告》

b) 2014 年 1 月河南省水利勘测设计研究有限公司和中水淮河规划设计研究有限公司编制的《淮河出山店水库工程可行性研究补充报告》

c) 2014 年 2 月河南省水利勘测设计研究有限公司和中水淮河规划设计研究有限公司编制的《淮河出山店水库工程可行性研究报告补充材料》

d) 2014 年 10 月河南省水利勘测有限公司编制的《河南省淮河干流出山店水库初步设计阶段工程地质勘察报告》

e) 水利部文件——《水利部关于报送淮河出山店水库工程可行性研究报告审查意见的函》(水规计〔2012〕491 号)

f) 水利部水利水电规划设计总院文件——《淮河出山店水库工程可行性研究报告审查意见的报告》(水总设〔2012〕887 号)

g) 中国国际工程咨询公司文件——《淮河出山店水库工程可行性研究报告的咨询评估报告》(咨农发〔2014〕1151 号)

h) 国家发展和改革委员会文件——《国家发展改革委关于河南省出山店水库工程可行性研究报告的批复》(发改农经〔2014〕2169 号)

5.1.1.2 特征水位及流量

水库特征水位和主要建筑物控制运用方式见表 2.5-1。

表 2.5-1 出山店水库特征水位及主要建筑物控制运用方式

项目	水位(m)	相应库容(亿 m³)	溢流坝(m³/s)	泄洪底孔(m³/s)
死水位	84.00	0.389	—	—
兴利水位	88.00	1.838	—	—
汛限水位	86.00	0.944	—	—
5 年一遇洪水位	88.00	1.838	—	—
20 年一遇洪水位	92.30	5.09	—	—
百年一遇洪水位	94.80	7.855	—	—
设计洪水位(1000 年一遇)	95.78	9.09	11 280.3	2 300.7
校核洪水位(万年一遇)	98.12	12.51	14 714.5	2 451.5

5.1.1.3 水文气象数据

本区气候属华中副热带气候区,受季风影响显著。水库流域多年平均气温为 15 ℃,平均相对湿度为 70~80%,多年平均降雨量为 1 026 mm,多年平均水面蒸发量约 753.5 mm,全年多北风及东北风,汛期多为南风及西南风。

5.1.1.4 地基特性及设计参数

坝址长里岗丘陵段上部为第四系低液限黏土,下伏第三系地层;北岸一、二级阶地段上部为第四系低液限黏土、砂层、砾石层,下伏第三系地层,长里岗丘陵段及北岸一、二级阶地段适宜建土坝,该段主要存在斑脱岩、低液限黏土(Q_2)具膨胀性、坝基软土、坝基渗漏及渗透变形、坝基地震液化、地基不均匀(沉陷)等地质问题。河槽段表层为上更新统级配良好砾(Q_3)、全新统级配不良砂(中粗砂)(Q_4^2),下伏黑云母花岗岩。且沿 F_{13}、F_2、F_7 诸断层形成了一条水平及垂向宽窄变化较大的深风化槽。工程地质条件较差,需进行处理。F_{13}、F_7 等断层破碎带渗透性相对较大,断层破碎带的渗漏会引起坝基扬压力的升高和构造岩的渗透变形等问题,故应考虑做防渗处理。溢流坝段存在基坑开挖、支护与排水问题、右岸边坡稳定性问题。

电站建基面主要位于弱~微风化花岗岩上,局部位于强风化花岗岩,其中电站进口段及尾水段位于强风化花岗岩。边坡岩性主要为 γ_3 强风化花岗岩、级配良好砾(Q_3^{alp})、级配不良砂(Q_4^{2al})、淤泥质土,存在临时边坡稳定问题,需清除上部第四系地层或采取保护加固措施。河槽中级配不良砂及级配良好砾层为强透水层,并与河水相通,排水问题较突出,需综合考虑临时边坡支护和基坑截排水措施。级配不良砂、级配良好砾及卵砾杂填土的岩土开挖等级为Ⅳ级硬土,强风化花岗岩的岩土开挖等级为Ⅸ级坚石,弱风化花岗岩的岩土开挖等级为Ⅺ级坚石。

5.1.1.5 建筑材料及设计参数

1）土料

前期勘察的坝址区土料场，主要分布于淮河左岸坝址上游 3.0 km 至下游 3.5 km 范围内的Ⅰ、Ⅱ级阶地，选定坝址区一个土料场，其分为坝前、坝后两个土料区，料区多为稻田、坑塘、洼地较多，常年积水，因此土料含水率较高。本阶段选定坝前土料场为坝址主体工程选用料场。

坝址区土料场距离坝轴线 0.5～3.5 km，交通方便，运距近。

坝前土料区Ⅰ级阶地有用层储量 533 万 m^3，Ⅱ级阶地有用层储量 454 万 m^3，勘察储量满足设计要求。

2）砂料

砂料场选在坝址上游至平昌关约 15 km 范围内淮河河槽内，较大的砂滩共有 13 个，砂料的储量采用平均厚度法计算，砂料储量共计 2 088 万 m^3，满足用量要求。

3）石料

石料场有黄家大山石料场和卧虎石料场，黄家大山石料场位于坝下游淮河右岸出山店村以东，距坝址直线距离约 8 km。卧虎石料场位于坝下游淮河右岸卧虎村南边，距坝址南坝头距离约 12 km。黄家大山的花岗片麻岩中硫酸盐及硫化物含量高，具有潜在危害性反应的碱活性，总储量为 906 万 m^3，该石料场石料可作为对碱活性无要求的反滤料及坝壳填筑料使用。作为混凝土骨料使用时需采用低碱水泥、掺合料及外加剂以抑制对混凝土的破坏。卧虎石料场山体浑厚，初步估算储量巨大，可以满足工程需要，可作为本工程人工骨料料源。

5.1.2 主要技术标准

a)《工程建设标准强制性条文》(2010 年版，水利工程部分)；

b)《水利水电工程初步设计报告编制规程》(SL 619—2013)；

c)《水利水电工程等级划分及洪水标准》(SL 252—2000)；

d)《防洪标准》(GB 50201—94)；

e)《碾压式土石坝设计规范》(SL 274—2001)；

f)《水工混凝土结构设计规范》(SL 191—2008)；

g)《溢洪道设计规范》(SL 253—2000)；

h)《混凝土重力坝设计规范》(SL 319—2005)；

i)《水工隧洞设计规范》(SL 279—2002)；

j)《水利水电工程进水口设计规范》(SL 285—2003)；

k)《水工建筑物荷载设计规范》(DL 5077—1997)；

l)《中国地震动参数区划图》(GB 18306—2001)；

m)《水工建筑物抗震设计规范》(DL 5073—2000)；

n)《水利水电工程设计工程量计算规定》(SL 328—2005)；

o)《水力计算手册》(武汉水利电力学院水力学教研室编)；

p）其他有关规范、规程及参考资料。

5.2 工程等级和标准

5.2.1 建筑物级别和相应洪水标准

出山店水库工程总库容 12.51 亿 m³，按照《防洪标准》(GB 50201—94)和《水利水电工程等级划分及洪水标准》(SL 252—2000)的规定，出山店水库工程规模为大(1)型，工程等别为 1 等，其主要建筑物级别为 1 级，次要建筑物级别为 3 级。枢纽工程由主坝土坝段、混凝土坝段(包括土坝与混凝土坝之间的连接坝段、溢流坝段、泄流底孔坝段、电站坝段、非溢流坝段)、副坝、南灌溉洞、北灌溉洞、电站厂房及消能防冲建筑物等组成。其中，主坝土坝段、混凝土坝段、副坝为主要建筑物，工程级别为 1 级；南灌溉洞位于右岸非溢流坝段内，北灌溉洞位于主坝北坝头与 1# 副坝之间，一旦失事将影响主、副坝安全和工程效益，因此南灌溉洞与北灌溉洞洞身级别也为 1 级；溢流坝段上游左岸挡墙直接保护主坝，为 1 级建筑物，其余溢流坝段和泄流底孔坝段后挡墙及导水墙(简称"导墙")均为 3 级建筑物；消力池后尾水渠护坡、护底为次要建筑物，工程级别为 3 级；水电站为坝后式电站，电站装机容量 2 900 kW，属小(2)型电站，工程等别为 V 等，电站厂房为 5 级建筑物；混凝土坝段下游右岸为岩石边坡，若边坡破坏，将对左岸消力池挡墙和导水墙造成严重的破坏，根据《水利水电工程边坡设计规范》(SL 386—2007)，影响 3 级水工建筑物安全，边坡级别定为 3 级；临时建筑物施工围堰、导流明渠使用期为 7 个月，围堰最大高度为 9.3 m，保护着 1 级永久性水工建筑物，根据《水利水电工程等级划分及洪水标准》(SL 252—2000)，该临时性水工建筑物级别为 4 级。

出山店水库位于丘陵区，根据《水利水电工程等级划分及洪水标准》(SL 252—2000)规定：1 级建筑物设计标准为 1000—500 年一遇，校核标准土石坝采用 10 000—5 000 年一遇，混凝土坝采用 5 000—2 000 年一遇；对土石坝，如失事下游将造成特别重大灾害，1 级建筑物的校核洪水标准应取可能最大洪水(PMF)或重现期 10 000 年标准；对混凝土坝、浆砌石坝，如洪水漫顶将造成极严重的损失时，1 级建筑物的校核洪水标准经过专门论证并报主管部门批准，可取可能最大洪水(PMF)或重现期 10 000 年标准。出山店水库大坝下游有京广铁路、京九铁路、西宁铁路、京珠高速等重要交通枢纽及广阔的淮河冲积平原，人口稠密，是河南省重要的农业区，因此，主坝(包括土坝段和混凝土坝段)、副坝的防洪标准采用 1 级建筑物的上限值，设计洪水标准采用 1000 年一遇，相应洪水位为 95.78 m，校核洪水标准土坝段采用万年一遇，因混凝土坝段直接与土坝段相连，如果混凝土坝段洪水漫顶，将危及土坝段的安全，因此，混凝土坝段校核洪水标准取与土坝段相同，均为万年一遇，相应洪水位为 98.12 m。

电站为坝后式电站，电站厂房级别为 5 级，设计洪水标准采用 30 年一遇，校核洪水标准采用 50 年一遇；临时建筑物的设计洪水标准采用 20 年一遇。根据《混凝土重力坝设计规范》(SL 319—2005)和《溢洪道设计规范》(SL 253—2000)规定：消能防冲建筑物设计的洪水标准,可低于大坝的泄洪标准,1级建筑物消能防冲设计标准按百年一遇。因此,混凝土溢流坝段、泄流底孔的消能防冲采用百年一遇洪水设计。

5.2.2 地震动参数设计采用值及相应设计烈度

出山店水库库区未发生过有历史记录的地震,在其周边40 km以内也只发生过次数不多的5级Ⅵ度的地震,1973年曾请武汉地震大队做过专门地震评价,确定地震基本烈度为Ⅵ度。

根据2001年国家质量技术监督局颁发的《中国地震动参数区划图》(GB 18306—2001),水库区地震动峰值加速度为0.05 g,相当于地震基本烈度Ⅵ度。根据《水工建筑物抗震设计规范》(DL5073—2000),出山店水库工程大坝抗震设防类别为甲类,因此可将出山店水库工程大坝的设计烈度在基本烈度的基础上提高1度,采用Ⅶ度,相应地震动峰值加速度为0.1 g。

5.2.3 技术标准规定的主要设计允许值

土坝坝坡稳定计算采用的坝坡抗滑稳定最小安全系数根据《碾压式土石坝设计规范》(SL 274—2001),按1级建筑物要求确定。不同条件下的最小安全系数取值:正常运用条件时为1.5,非常运用条件Ⅰ时为1.3,非常运用条件Ⅱ(正常运用条件遇地震)时为1.2。

大坝竣工后的坝顶沉降量控制在坝高的1‰以下。

其他建筑物的安全系数、允许应力等见各有关章节。

5.3 主要建筑物轴线选择

5.3.1 坝线比较和选定

上坝址北起长里岗,南至二石窝,初步选定的坝轴线总长3 690.57 m,0+000～0+010段为山体(0+000桩号位置与勘测桩号位置相对应),坝体从0+010开始,0+010～3+029.4段为南偏西22.326°方向,3+029.4～3+256.5为半径400 m、中心角32.525°的弧线,坝轴线折向下游。桩号3+271～3+700.57为混凝土坝段,总长429.57 m(包括连接段)。混凝土坝段从左岸至右岸分别为:连接坝段、溢流坝段、底孔坝段、电站坝段和右岸非溢流坝段。左端通过连接段与黏土心墙砂壳坝连接,右端坝体与南坝头山体相接,为便于泄洪水流与下游河道顺接,轴线基本与现状河流中心线垂直。

根据上坝址淮河南北两岸的地形条件,坝线只能布置在长里岗和二石窝之间东西向约80 m长的范围内,在推荐坝线的上下游各布置一条坝线进行比较,从上游向下游依次为坝线1、坝线2、坝线3,其中坝线2为初定的坝线,坝线1位于坝线2上游约35 m处,坝线3北坝头位于坝线2北坝头下游30 m处,其南坝头位于坝线2南坝头下游10 m处。

受地形条件限制,三条坝线北侧均起于上李庙村东侧的岗地上,向南偏西22.326°方向至淮河主河槽左岸,向东折32.525°后横穿淮河主河槽,至右岸二石窝结束。

坝线1总长3 729.95 m,其中土坝段长3 300.04 m,混凝土坝段长429.91 m;坝线2总长3 690.57 m,其中土坝段长3 261 m,混凝土坝段长429.57 m;坝线3总长3 680.80 m,其中土坝段长3 251.95 m,混凝土坝段长428.85 m。

5.3.1.1 各坝线地形地质条件

由于三条坝线相距不远,穿越地貌单元相同,地形地貌、地层岩性、水文地质、地质构造和天然建材等方面基本相同,都存在坝基软土、饱和砂土地震液化、渗漏及渗透稳定等工程地质问题,上述问题采取相应工程处理措施均可得到解决,均不存在大的制约因素。

5.3.1.2 各坝线工程布置概述

1) 坝线1工程布置概述

坝轴线总长3 729.95 m,北起上李庙村东侧的岗地上,南至二石窝,坝体从0－010开始,0－010～3＋049.28段坝轴线为南偏西22.326°,3＋039.3～3＋276.4为半径400 m、中心角32.525°的弧线,坝轴线折向下游。主坝在0－010～3＋300.04段为土坝,坝顶高程为100.40 m,防浪墙顶高程为101.5 m,防浪墙高1.2 m。桩号3＋300.04～3＋729.95为混凝土坝段,总长429.91 m(包括连接段),从左岸至右岸分别为:连接坝段、溢流坝段、底孔坝段、电站坝段和右岸非溢流坝段。左端通过连接段与黏土心墙砂壳坝连接,右端坝体与南坝头山体相接,为便于泄洪水流与下游河道顺接,轴线基本与现状河流中心线垂直。具体布置为:桩号3＋300.04～3＋380.04段为土坝、混凝土坝连接段,长80.0 m;桩号3＋380.04～3＋530.54段为混凝土溢流表孔坝段,长150.5 m,共分9个坝段;桩号3＋530.54～3＋570.54段为泄流底孔坝段,长40.0 m,共分2个坝段;桩号3＋570.54～3＋595.54段为电站坝段,长25.0 m,1个坝段;桩号3＋595.54～3＋729.95段为右岸非溢流坝段,长134.41 m,共分7个坝段。

2) 坝线2和坝线3工程布置概述

坝线2和坝线3工程布置与坝线1基本相同,只是土坝段和混凝土坝段长度、分界位置有差异;坝线2土坝段为桩号0＋010～3＋271,长3 261 m,混凝土坝段为桩号3＋271～3＋700.57,长429.57 m;坝线3土坝段为桩号0＋005～3＋256.95,长3 251.95 m,混凝土坝段为桩号3＋256.95～3＋685.80,长428.85 m。

5.3.1.3 坝线比较与选定

1) 地质方面

本阶段选择的三条坝线地形条件基本相同,土坝段和混凝土坝段及其他建筑物总体布置基本相同,泄水建筑物及水流流态差别不大,地质情况稍有差别。

2) 工程量方面

三条坝线的长度差别主要在土坝段,混凝土坝段长度差别并不大,则三条坝线的投资比较主要取决于土坝段。

第二章 建筑物设计

表 2.5-2　各坝线土坝段地质情况比较表

项目	坝线 1	坝线 2	坝线 3	坝线对比	结论
北坝头工程地质条件	位于北坝头岗地南坡,地层岩性为第四系中更新统低液限黏土	位于北坝头岗地岗顶,地层岩性为第四系中更新统低液限黏土	位于北坝头岗地北坡,地层岩性为第四系中更新统低液限黏土	坝线 2 北坝头地形宽厚	坝线 2 优越
左岸阶地截渗处理地质条件	第三系软岩平均埋深 14.7 m;透水层平均厚度为 7.5 m	第三系软岩平均埋深 13.8 m;透水层平均厚度为 7.6 m	第三系软岩平均埋深 14.6 m;透水层平均厚度为 7.3 m	三条坝线透水层平均厚度相当;坝线 2 第三系软岩埋深较浅,可节约工程量	坝线 2 优越
坝基软土分布	坝基软土分布长度约为 1 051 m,深度一般为 4~6 m,最深达 11 m	坝基软土分布长度约为 997 m,深度一般为 4~6 m,最深达 11 m	坝基软土分布长度为 688 m,深度一般为 6~8 m,其中 2+116~2+270 段软土深度达 11 m	在软土分布长度上,坝线 3 优越;深度上,坝线 1、坝线 2 优越	三条坝线基本相当
南坝头工程地质条件	南坝头边坡岩性中粗粒黑云母花岗岩出露高程 96 m 左右,强风化下限高程为 78.6~84.0 m,弱风化下限 75.3~80.1 m	南坝头边坡岩性中粗粒黑云母花岗岩出露高程 100 m 左右,强风化下限高程为 81.6~91.5 m,弱风化下限 78.2~88.8 m	南坝头边坡岩性中粗粒黑云母花岗岩出露高程 100 m 左右,强风化下限高程为 80.5~90.8 m,弱风化下限 75.0~83.3 m	坝线 1、坝线 3 风化层厚度大。坝线 2 风化层厚度较小,微风化岩层出露高,坝肩稳定性较好	坝线 2 优越

注:三条坝线工程地质条件差别不大,仅在两坝头和左岸阶地的地质条件等方面,坝线 2 条件较优越。

表 5.3-2　各坝线混凝土坝段地质情况比较表

坝线	主要影响断层		坝基下强风化基岩情况	强风化基岩挖除工程量(m³)
坝线 1	F_{13}	走向 290°~295°,倾向 SW,倾角 79°~83°,破碎带宽度 0.5~1.0 m,交汇处 4.5 m	强风化基岩宽 32.0 m,下切至 53.5 m 高程,坝基下深 11.5 m,	15 120
坝线 2	F_{13}	走向 290°~295°,倾向 SW,倾角 79°~83°,破碎带宽度 0.5~1.0 m,交汇处 4.5 m	强风化基岩宽 33.4 m,下切至 60.8 m 高程,坝基下深 4.2 m	10 180
坝线 3	F_7	走向 285°~298°,倾向 SW,倾角 66°~72°,破碎带宽度 0.5~0.7 m	强风化基岩宽 38.0 m,下切至 61.4 m 高程,坝基下深 3.6 m,	10 050
	F_{13}	走向 290°~295°,倾向 SW,倾角 79°~83°,破碎带宽度 0.5~1.0 m,交汇处 4.5 m		

注:坝线 2 和坝线 3 基岩下切深度及分布宽度差别较小,均比坝线 1 小,则基岩开挖及基础回填量均比坝线 1 小,且对于坝线 2,在 20 世纪 70 年代,右岸基坑已局部完成开挖。则坝线 2 地基处理工程量进一步减小,地质条件有一定的优势。

3) 库容方面

三条坝线对应正常蓄水位时库容、防洪库容及校核水位时总库容对比情况见表2.5-4，由表中对比情况可知，从坝线1至坝线3，库容依次增加，但增加数量有限，故三条坝线在库容方面差别不大。

表 2.5-4　各坝线库容对比表

项目	坝线1	坝线2	坝线3
正常蓄水位时库容（亿 m^3）	1.831	1.839	1.846
防洪库容（亿 m^3）	6.898	6.910	6.921
校核水位时总库容（亿 m^3）	12.489	12.510	12.528

4) 淹没耕地方面

淹没耕地方面（含坝址区和库区），坝线2比坝线1多166亩，坝线3比坝线2多183亩，该区域耕地主要为旱地，补偿投资综合单价为2.64万元/亩。坝线1淹没耕地投资补偿增加按"0"计，坝线2和坝线3按淹没耕地增加数量计算淹没耕地投资补偿，土坝段建筑工程部分投资和淹没耕地补偿投资对比见表2.5-5。

表 2.5-5　各坝线综合投资对比表

项目	投资（万元）		
	坝线1	坝线2	坝线3
土坝段建筑工程投资	35 692.08	35 130.00	34 989.48
淹没耕地增加补偿投资	0	438.24	921.36
合计	35 692.08	35 568.24	35 910.84

5) 地形和施工方面

三条坝线的地形差别不大，土坝段和混凝土坝段及其他建筑物总体布置基本相同，则施工条件和施工工艺差别不大。

综上所述，地质方面，三条坝线中软基处理和断层处理的难度和工作量均基本相当，但坝线2北坝头地形宽厚、土坝段左岸阶地软岩埋深较浅、混凝土坝段基岩开挖和基岩回填量较小、南坝头坝肩稳定性好；综合投资方面，坝线2土坝段建筑工程投资和淹没耕地补偿投资较少。

从地质条件及土坝段综合投资比较来看，坝线2工程地质条件较好、综合投资较少，且坝线2在上世纪70年代右岸基坑已局部完成开挖，坝线2地基处理工程量相对较小，故推荐坝线2作为初步设计选定坝线。

5.4 建筑物选型

5.4.1 基本坝型比选

根据地勘报告,出山店水库选定坝址(上坝址)北起长里岗,南至二石窝,河谷宽阔,地貌单元特征明显,从左至右分别为土坝段和混凝土坝段。

(1) 土坝段工程地质条件

长里岗丘陵段:下伏基岩属第三系红色岩系,主要为黏土岩与砂质黏土岩互层,夹有薄层砾岩及砾质砂岩层,砂砾岩、砾质砂岩及泥质粉砂岩。上覆第四系中更新统(Q_2)低液限黏土层,坝轴线附近厚度为19.2~27.5 m,具弱膨胀性,其底部有含泥质很多的砂砾石层或含砾低液限黏土,厚度一般不大于2 m,时而缺失,属土岩双层结构。表层局部覆盖有薄层第四系全新统低液限黏土层。

二级阶地段:整体属土、岩双层结构,其中上部第四系地层具河流相二元结构特征。下伏基岩为下第三系红色岩系,其顶部有较薄的松软风化壳存在。上覆第四系上更新统(Q_3)地层,厚度为13~18.7 m,具二元结构;下部由砾石层和砂层组成,厚度为1.5~8 m;砂层由下往上颗粒由粗变细(以粗砂为主,上部近中细砂,最厚可达5 m,下部为含砾粗砂),从北向南逐渐增厚。砂粒以石英为主,其次为长石,暗色矿物较少。砂砾石以石英岩为主,直径为2~5 cm居多,最长可达10 cm。砂、砾石层遍布于整个阶地下部。上部洗个黏性土为低液限黏土,厚7~17 m。

一级阶地段:整体属土、岩双层结构,下伏基岩主要为下第三系红色岩系,主要为黏土岩、砂岩、砾岩,在一级阶地前缘之下第三系与变质岩不整合接触面之上,夹有斑脱岩。上覆上更新统和全新统地层,具二元结构,总厚度为11~16 m;下部透水层由砾石层(Q_3)和砂层(Q_4^1)组成,厚度为6~12 m;砂层、砾石层遍布整个阶地下部,由上往下颗粒由细变粗,上部为中细砂,下部为粗砂、砾质粗砂。上部由低液限黏土组成,多呈黄色,厚2~9 m。

(2) 混凝土坝段工程地质条件

河槽段:具土岩双层结构。下伏基岩为古生界加里东晚期(γ_3)中粗粒黑云母花岗岩,发育陡倾角推测断层和F_{27}断层,F_{27}断层埋藏于河床北侧漫滩之下,构造岩成分为片岩及花岗岩,被挤压成断层泥、糜棱岩、岩粉、岩屑及角砾,擦痕明显,擦痕角为60°。上覆上更新统砾石层(Q_3)、全新统砂层(Q_4^2)。砂、砾石层厚1~7.5 m。

河床、河漫滩及南坝头:基岩为加里东晚期中粗粒黑云母花岗岩,局部夹片岩体,并有细粒花岗岩脉、长英岩脉、石英岩脉及绿帘石脉穿插。河床表层以粗砂为主,含砾石,下部为砾石层,局部夹透镜状或薄层状含砂黏性土层或软土,总厚度为3~8 m;南坝头附近基岩上部覆盖厚0.5~4.8 m残积层及厚2~12 m棕黄色低液限黏土,多处有石渣堆积。

基本坝型采用混合坝方案,即在长里岗及一、二级阶地段采用土坝,河槽段采用混凝土坝。土坝为黏土心墙砂壳坝,混凝土坝设有溢流坝段、底孔坝段、电站坝段和挡水坝段。

5.4.2 坝型比较及选定

5.4.2.1 长里岗及一、二级阶地段坝型比选

由于出山店水库坝址河谷宽阔，达 4 km 左右，除河槽段及南坝头丘陵段（约 500 m 宽）基岩坚硬完整，覆盖层较薄外，一、二级阶地上部覆盖层较厚，下覆基岩岩性较软，不具备全段修筑混凝土坝的地基条件，只有南岸部分地段有修建混凝土坝的条件，出山店水库坝址河谷宽高比远大于修筑拱坝的条件，因此也不适宜修筑拱坝。

出山店水库当地砂、土、石料储量丰富。土料主要分布于淮河左岸上坝址上游 3.0 km 至下游 3.5 km 范围内的一、二阶地，选定坝址区一个土料场分为坝前、坝后两个土料区，料区多为稻田，坑塘、洼地较多，常年积水，因此土料含水率较高。按坝前一级阶地土料场边界向上游扩大至平昌关附近，新选了白场、张寨、李庄三个一级阶地土料场。经统计，坝前土料区和坝后土料区储量丰富，满足防渗体填筑量的需求。初设阶段，根据地勘进一步补充勘探与调查，土料场选用坝前土料场二级阶地土料场，据统计，该料场土料储量达 454 万 m³，满足防渗体量需求。砂料场选在上坝址上游至平昌关约 15 km 范围内淮河河槽内，河水在河槽内呈蛇曲状，转弯内侧形成沙滩，左右呈滩状交错分布，较大的沙滩共有 13 个，砂料储量共计 2 088 万 m³。石料场附近有两处可开采，黄家大山石料场位于坝下游淮河右岸出山店村以东，距坝址直线距离约 8 km。场区附近有山间碎石路与 312 国道相通，沿淮河右岸有乡村土路通往坝址区，运距较近，交通较为便利。黄家大山石料岩性以花岗片麻岩为主，零星见有少量火成岩。采用平均厚度法计算储量，该石料场石料总储量为 1 208 万 m³。有用层储量为 906 万 m³。卧虎石料场位于坝以南淮河右岸卧虎村南边，距上坝址直线距离约 12 km，场区有卧虎村至游河乡公路与 312 国道相通，交通较便利。该石料场岩性以大理岩为主。由于石料开采价格较高，且堆石坝坝型对地基要求相对较高，且该处没有建设面板堆石坝趾板的地质条件。因此，长里岗及一、二级阶地段适宜采用土石坝坝型。

根据该地的建筑材料和施工条件等因素，对长里岗及一、二级阶地段坝型选取均质土坝、斜墙坝、黏土心墙坝三种型式进行比较，基本选定采用黏土心墙坝型，本阶段在此基础上进一步比选如下：

（1）均质土坝

坝顶设防浪墙，防浪墙顶高程为 101.6 m，坝顶高程为 100.4 m，总长 3261 m，坝顶宽度为 8.0 m，上下游均设三级坡，上游坡自上而下坡率为 1∶2.5、1∶2.75、1∶3，下游坡自上而下坡率为 1∶2.5、1∶2.75、1∶3，在高程 95.00 m、87.00 m、80.00 m 处设戗台，戗台一般宽 2.0 m。对地下埋藏较深的软土层在坝脚加平衡台，平衡台的宽度为 7.0~25.0 m。上游坡采用混凝土连锁块护坡，厚 0.28 m，下游坡采用普通混凝土预制块护坡，厚 0.1 m，坡脚设贴坡排水。

根据土料调查结果，可用于作均质土坝的料场有 5 个，主要位于淮河一级阶地的 Q_4 低液限黏土，坝轴线上游有白场、李庄、张寨、坝前 4 个料场，坝轴线下游有坝后土料区。其中白黏场料场储量为 280 万 m³，天然干密度为 1.49 g/cm³，黏粒含量为 24.8%，渗透

系数为 $8.55×10^{-6}$ cm/s,有机质含量为 0.34%,水溶盐含量为 0.05%,天然含水率为 23.9%,最优含水率为 17.7%,运距为 12～15 km;李庄料场储量为 120 万 m³,天然干密度为 1.51g/cm³,黏粒含量为 20.4%,渗透系数为 $1.1×10^{-5}$ cm/s,有机质含量为 0.34%,水溶盐含量为 0.05%,天然含水率为 22.9%,最优含水率为 16.8%,运距为 8～9 km;张寨料场储量为 218 万 m³,天然干密度为 1.46 g/cm³,黏粒含量为 20.8%,渗透系数为 $1.43×10^{-5}$ cm/s,有机质含量为 0.34%,水溶盐含量为 0.05%,天然含水率为 23.5%,最优含水率为 16.9%,运距为 3～6 km;坝前土料区 Q_4 低液限黏土有用层储量为 835 万 m³,坝后土料区 Q_4 低液限黏土储量为 405 万 m³,天然干密度为 1.54 g/cm³,黏粒含量为 20.5%,渗透系数为 $2.6×10^{-6}$ cm/s,有机质含量为 0.34%,水溶盐含量为 0.05%,天然含水率为 25.3%,最优含水率为 16.9%,运距为 0.5～3.5 km。可用于筑均质坝的土料总储量为 1 858 万 m³,而均质土坝共需土料 492 万 m³,满足用量要求。

(2) 斜墙坝

坝顶设防浪墙,防浪墙顶高程为 101.6 m,坝顶高程为 100.40 m,总长为 3 261 m,坝顶宽度为 8.0 m,上下游均设三级坡,上游坡自上而下坡率为 1∶2.75、1∶2.75、1∶3.0,下游坡自上而下坡比为 1∶2.25、1∶2.5、1∶2.75,在高程 95.00 m、87.00 m 处设戗台,上游 95.00 m 高程处戗台宽 7.0 m,其他戗台一般宽 2.0 m。对地下埋藏较深的软土层在坝脚加平衡台,平衡台的宽度为 5.0～25.0 m。黏土斜墙顶宽 5.0 m,斜墙上游侧坡比为1∶2,斜墙下游侧在 0+010～3+208.6 段坡比为 1∶1.25,3+208.6～3+271 段因需和混凝土坝段连接,斜墙断面加大,下游侧坡比变为正坡 1∶0.5。斜墙下游为砂壳回填料,斜墙与砂壳之间设中粗砂过渡层。上游坝坡采用混凝土连锁块护坡,厚 0.28 m,下设 0.6 m 厚的反滤层,下游坝坡采用普通混凝土预制块护坡,厚 0.1 m。坡脚设贴坡排水。

斜墙坝主要建筑材料为砂砾料和黏土。根据地勘资料,坝址上游至平昌关约 15 km 范围内淮河河槽内有胡庄—北河南、西河湾—南园、河口—袁庄三个砂料场,胡庄—北河南料场运距为 11—16 km,储量为 455 万 m³,西河湾—南园料场运距为 7—11 km,储量为 435 万 m³,河口—袁庄料场运距为 1.5—7 km,储量为 1 198 万 m³,本工程共需砂砾料约 365 万 m³,按就近取材的原则,砂料场选用河口—袁庄料场,其储量满足要求。

用于筑造黏土斜墙的土料取自坝轴线上游淮河二级级地 Q_3 低液限黏土,运距为 0.5～3.0 km,天然干密度为 1.59 g/cm³,黏粒含量为 31.5%,渗透系数为 $9.3×10^{-6}$ cm/s,有机质含量为 0.47%,水溶盐含量为 0.03%,天然含水率为 26.9%,最优含水率为 18.0%,总储量为 1 265 万 m³,能够满足需用量约 57 万 m³ 的要求。

(3) 黏土心墙坝

坝顶设防浪墙,防浪墙顶高程为 101.6 m,坝顶高程为 100.4 m,土坝上游坡有 3 级,自上而下坡率为 1∶2.5、1∶2.75、1∶3,下游坡也有 3 级,自上而下坡率为 1∶2.25、1∶2.5、1∶2.75。在高程 95.00 m、87.00 m 处设上、下游戗台,上游 95.00 m 高程处戗台宽7.0 m,其他戗台宽度为 2.0 m。局部坝基有软土层段采取压重平台进行处理。坝体内设黏土心墙,心墙顶宽 4.0 m,0+010～3+208.6 段心墙上下游坡率为 1∶0.5,3+208.6～3+248 段心墙上下游坡率由 1∶0.5 渐变到 1∶1,3+248～混凝土连接坝段心墙上下游坡率为1∶1,以便心墙与混凝土坝段的刺墙连接。上游坝坡采用混凝土连锁块护坡,厚0.28 m,下设200 mm厚20～40 mm反滤层、200 mm厚2～20 mm反滤层、200 mm中粗砂;下游坝坡长里岗丘陵段现状地面高程相对较高,97.5 m高程以下为贴坡排水,面层为100 mm厚预制块(留排水孔),下设反滤层,自上而下分别为200 mm厚20～40 mm反滤层、200 mm厚2～20 mm反滤层。根据地勘资料,坝壳砂砾料主要取自坝址区上游,砂料场选在上坝址上游淮河河槽内的河口—袁庄砂料场,运距为1.5～7 km,总储量为1 198万 m³,满足用量要求。黏土心墙用的土料取自坝轴线上游淮河二级阶地 Q_3 低液限黏土,运距为0.5～3.0 km,储量及各项指标均满足要求。

现从以下几个方面对三种坝型进行比较。

(1) 工程布置和坝体断面

均质土坝主要是采用淮河一级阶地低液限黏土(重粉质壤土)作为筑坝土料。在工程布置上该坝型便于与混凝土坝段相接,因坝体填料渗透系数相对较小,库水位变化较大时,水位迅速涨落对坝坡稳定不利,因此上、下游坝坡较缓,结构断面大,工程量大,所需筑坝材料多;斜墙坝的斜墙防渗体在工程布置上不利于与混凝土坝段连接,斜墙抗震能力差,容易产生塌滑或裂缝,危及坝体安全,且由于斜墙坝的防渗土体位于坝的上游,使斜墙反滤层之间的接触面上和斜墙的内部形成滑动的有利条件,因此,上游坡的坡度一般比心墙坝平缓,结构断面相对较大,从而增大了工程量和造价;黏土心墙坝在工程布置上便于与岸边、混凝土坝段刺墙连接,因心墙在坝体内部,不易破坏,抵抗地震能力强,当水库水位迅速降落和变幅很大时,因坝壳是透水性大的砂料,对稳定有利,因此上、下游坝坡比均质坝和斜墙坝陡,结构断面小,工程量小。

(2) 建筑材料

均质坝土料优先采用坝前土料场 Q_3 低液限黏土,运距较近,为0.5～3.5 km,因土料场现状多为稻田,局部分布有坑塘,加之信阳地区降雨较丰富,土层含水量很高,天然含水率为25.3%,最优含水率为16.9%,天然含水率大于最优含水率8.4%,因此,上料前需翻晒处理,以降低土料含水量;斜墙坝主要建筑材料为砂砾料和黏土,坝体砂料场选用河口—袁庄料场,运距为1.5～7 km,黏土斜墙用的土料取自坝轴线上游淮河二级阶地 Q_3 低液限黏土,运距为0.5～3.0 km,天然含水率为26.9%,最优含水率为18.0%,天然含水率大于最优含水率为8.9%,上料前土料也需进行翻晒处理;黏土心墙坝坝壳砂料场也选用河口—袁庄料场,黏土心墙料取自坝轴线上游淮河二级级地 Q_3 低液限黏土,天然含水率大于最优含水率为8.9%,上料前土料需进行翻晒处理。从建筑材料方面看,三种坝型所需材料均能就地取材,料场材料储量及物理力学指标均能满足要求,相比之下,砂料运距较远,黏土运距较近,但黏土含水率均较大,上料前需进行翻晒处理。

(3) 施工条件和工期

均质坝土料单一,施工干扰少,施工简单,便于大规模施工,但均质坝施工受天气影响大,雨天及雨后土料含水量大时无法施工,因此施工工期难以保证;斜墙坝斜墙黏土用量少,坝体砂砾料可较斜墙先施工,施工干扰少,且砂砾料施工受天气影响小,坝体上升速度快,施工工期有保障;黏土心墙坝施工时必须使心墙与坝体同时填筑,或填土高度差不能大于 0.5 m,相互牵制,工作面小,干扰较大。

(4) 移民占地

以上三种坝型所需建筑材料料场均位于坝址区上游淮河一、二级阶地,属于水库永久征地范围之内,但匀质坝坝坡比黏土心墙坝相对缓一些,坝址区工程占地范围与黏土心墙坝相比,工程占地多 9.7 亩。

(5) 环境影响

从坝体结构断面上看,均质坝结构断面相对最大,斜墙坝次之,黏土心墙坝结构断面最小,因此,黏土心墙坝材料用量最小,对地表扰动面积较少,扰动时间较短,水土流失量相对较少,施工机械数量少,对环境的影响小。

(6) 工程量和投资

均质坝、斜墙坝、黏土心墙坝三种坝型工程量及投资见表 2.5-6。

表 2.5-6 各种坝型(土坝段)主要工程量及投资比较表

序号	项目名称	单位	均质土坝	斜墙坝	黏土心墙坝
壹	工程量				
(一)	上游护坡工程				
	C20 混凝土连锁块护砌	m³	65 207	66 222	65 211
	反滤垫层	m³	139 987	142 163	139 739
	坝脚浆砌石挡墙	m³	3 424	3 424	3 424
(二)	下游护坡工程				
	C20 混凝土预制块护砌	m³	23 167	21 736	21 721
	垫层	m³	63 369	59 342	59 307
	M7.5 浆砌石排水沟	m³	4 424	4 424	4 424
	堆石体	m³	1 505	1 020	999
	土方开挖	m³	35 213	35 213	35 629
(三)	坝体填筑工程				
	砂料填筑	m³		3 505 158	2 937 353
	黏土填筑	m³	5 043 786	503 767	854 385
	心墙与砂壳料之间反滤层	m³		281 857	510 894
	碎石排水带			274 338	262 488
	坝基清除	m³	527 286	537 968	514 281
(四)	排水				
	C20 混凝土坝坡排水沟	m³	3 565	3 565	3 665
	平面模板	m²	17 808	17 808	18 811
(五)	塑性混凝土防渗墙	m²	67 266	67 266	67 266
(六)	砂基砂桩处理	m	233 062	232 954	232 838
贰	建筑工程投资	万元	32 961	35 150	32 422

综上所述，从工程布置和坝体断面方面看，斜墙坝不便于与泄水建筑物连接，均质坝和黏土心墙坝便于与泄水建筑物连接，但均质坝坝体结构断面尺寸大，黏土心墙坝结构断面尺寸小，因此从工程布置和坝体断面方面看，黏土心墙坝最优；从建筑材料方面看，均质坝主要材料为低液限黏土，斜墙坝和心墙坝主要材料为部分低液限黏土和砂砾料，低液限黏土和砂砾料场均位于坝址区上游淮河一、二级阶地，储量均能满足要求；从施工条件和工期方面看，斜墙坝施工最为方便，而均质坝施工受天气影响大，计划工期难以保证；从移民占地方面看，三种坝型的建筑材料场均位于坝址上游淮河一、二级阶地，属于水库淹没区，但坝址区均质坝工程占地最大，斜墙坝次之，心墙坝工程占地最小；从环境影响和水土保持方面看，黏土心墙坝最优；从工程量及投资方面看，黏土心墙坝工程量最省，投资最少，因此，本工程长里岗及一、二级阶地段采用黏土心墙坝。

5.4.2.2 主河槽及南山段坝型比选

主河槽及南山段（桩号3+271~3+700.57，总长429.57 m），下伏基岩为古生界加里东晚期（γ_3）中粗粒黑云母花岗岩，上部覆盖层较薄，根据河槽段的地质条件，选用土坝、混凝土坝两种坝型进行比较。

(1) 土坝方案

土坝方案挡水建筑物为黏土心墙砂壳坝，需另设泄水建筑物溢洪道和泄洪洞，由于地形上无明显垭口，需另开挖溢洪道。

土坝：采用黏土心墙砂壳坝，坝顶设防浪墙，墙顶高程为101.6 m，坝顶高程为100.40 m，坝顶宽度为8.0 m，上下游均设三级坡，上游坡自上而下坡率为1:2.5、1:2.75、1:3，下游坡自上而下坡率为1:2.25、1:2.5、1:2.75，上下游坡在高程94.00 m、87.00 m、80.00 m处设戗台，94.00 m高程处设戗台宽7.0 m，其他戗台宽2.0 m。上游坡采用混凝土连锁块护坡，厚0.28 m，下游坡采用普通混凝土预制块护坡，厚0.1 m。黏土心墙顶宽4.0 m，顶部高程为100.0 m，上下游坡率为1:0.5。

因河槽段坝基具土岩双层结构，下伏基岩为古生界加里东晚期（γ_3）中粗粒黑云母花岗岩，有断层分布。上覆上更新统砾石层（Q_3）、全新统砂层（Q_4^2），砂、砾石层厚1~7.5 m。该段采用土坝方案时，可将靠近南坝头附近埋深小的砂、砾石层清除，对埋深较大的采用和一级阶地段坝基处相同的处理方式，用塑性混凝土防渗墙截断砂砾石层，深入基岩内1.0 m，防渗墙厚度为0.4 m。然后，对下伏基岩进行帷幕灌浆处理。

溢洪道：根据地形、地质条件，溢洪道选在南坝头南侧300 m左右的蔡家庙附近，地貌形态为低山，起伏不平，无明显垭口，溢洪道堰顶高程为82.00 m，共建10孔开敞式泄洪闸，每孔15.0 m宽。闸墩厚3.0 m，墩顶高程同坝顶高程，为100.40 m，采用弧型工作门控制，液压启闭机起吊，工作门前设检修门。进口引渠长400余米，出口采用底流消能，消力池长70.0 m，尾水渠从苏家河村附近入苏家河，然后进入淮河主河道。

泄洪洞：位于右坝头下的岩体中，断面为圆形，洞径为7.0 m，为压力洞。进口位于坝前右岸160 m，出口位于右岸坝后约100 m，洞总长为326 m，平面上为圆弧状绕过右坝头。进口设平板事故检修门，出口为弧型工作门，出口采用底流消能，消力池长60.0 m。施工期作为导流洞，以后作为泄洪发电洞，从泄洪洞右侧设发电支洞，发电支洞后接电站，电站尾水入苏家河后进入淮河。

为满足灌溉和城市供水的需要，水库需设南、北两座灌溉洞，南灌溉洞布置于 4# 副坝下，按涵洞的引水流量和设计水位，该涵洞设计为 1 孔，洞身采用钢筋混凝土箱涵结构，孔口尺寸为 2.5 m×2.5 m（宽×高，下同），涵洞水流流态为有压流，涵洞进口设拦污栅，进口防洪闸采用平面滑动钢闸门，出口工作闸门采用弧形钢闸门，启闭设备均选用固定卷扬式启闭机。工程主要由洞身、进出口控制段、上下游连接段和下游消能防冲设施等部分组成。

北灌溉洞土坝方案与混凝土坝方案布置相同，这里不作比较。

（2）混凝土坝方案

桩号 3+271～3+700.57 段为混凝土坝，总长 429.57 m（包括连接段），从左岸至右岸分别为：连接坝段、溢流坝段、底孔坝段、电站坝段和右岸非溢流坝段。左端通过连接段与黏土心墙砂壳坝连接，右端坝体与南坝头山体相接，为便于泄洪水流与下游河道顺接，轴线基本与现状河流中心线垂直。具体布置为：桩号 3+271～3+351 段为土坝、混凝土坝连接段，长 80.0 m；桩号 3+351～3+501.5 段为混凝土溢流表孔坝段，长 150.5 m，共分 9 个坝段；桩号 3+501.5～3+541.5 段为泄流底孔坝段，长 40.0 m，共分 2 个坝段；桩号 3+541.5～3+566.5 段为电站坝段，长 25.0 m，1 个坝段；桩号 3+566.5～3+700.57 段为右岸非溢流坝段，长 134.07 m，共分 7 个坝段。南灌溉洞位于右岸非溢流坝 17# 坝段。混凝土坝方案坝基开挖至 65.0 m 后，覆盖层全部清除，然后对坝基进行固结灌浆和帷幕灌浆。

因混凝土坝设有溢流坝段和泄流底孔，因此不需另设溢洪道和泄洪洞，南灌溉洞设在混凝土非溢流坝段下。

两种枢纽布置方案均能实现水库防洪及兴利功能，满足水库规划要求。下面从工程布置、水力条件、工程施工及工期、建筑材料、运行管理、工程投资等方面进行综合比选。

（1）工程布置特点

土坝方案因需另建溢洪道和泄洪洞，溢洪道开挖量较大，进出口均有较长引渠，出山店水库坝址区两岸均为低山丘陵，覆盖层厚，不具备布置大型泄洪洞条件，泄洪洞布置较为困难。经比较，泄洪洞只能布置在右坝头附近，施工难度大，施工期泄洪洞作为导流洞使用；混凝土坝方案设溢流坝段和底孔坝段，溢流坝泄量较大，为主泄洪通道，泄流底孔数量达到 3 个，能够满足导流要求。土坝方案需另设南灌溉洞，而混凝土坝方案南灌溉洞设在混凝土非溢流坝段中，减少了灌溉洞的开挖和衬砌工程量，节约了投资。根据两方案的工程布置情况，土坝方案建筑物布置分散，溢洪道、泄洪洞的设计存在较大难度，混凝土坝方案建筑物布置紧凑，更为合理。

（2）水力条件

土坝方案中溢洪道位置无明显垭口，在平面图上溢洪道轴线基本为一条圆弧绕过右坝头，进出口水流条件均不理想。而混凝土坝方案的溢流坝位于主河槽，流势顺畅。

从水力条件比较，混凝土坝方案占有明显优势。

(3) 工程施工及工期

土坝方案由于要开挖泄洪洞,难度较大,溢洪道亦有较大规模的岩石开挖需求。土坝方案一期采用原河槽导流,二期采用建成后的溢洪道、泄洪洞导流,由于溢洪道堰顶高程较高,为83.00 m,而泄洪洞泄量较小,因此二期临时围堰较高,高度达21.0 m,施工难度较大。土坝方案工期为48个月(包括岗地段及一、二级阶地段施工)。

混凝土坝方案只需对混凝土坝基进行清基开挖,除此无大规模的岩石开挖,但混凝土坝为大体积混凝土浇筑,施工难度较大。混凝土坝方案一期采用明渠导流,明渠开挖与回填的工程量较大,一期围堰最高为9.3 m,二期溢流坝已建成,3个底孔同时导流,发电洞也可以参与导流,二期围堰最高为3.3 m。混凝土坝方案工期为48个月(包括岗地段及一、二级阶地段施工)。

总体看来,两个方案施工难度、工期相同,混凝土坝方案施工导流较土坝方案简单。

(4) 建筑材料

两方案均需大量的土方填筑和砂砾料填筑,当地土料、砂料、石料储量丰富,均可满足两个方案所需的建筑材料要求,且土坝方案需另开挖溢洪道和泄洪洞,其中土方开挖74万 m^3,石方开挖302万 m^3,因该处多为花岗岩,石方开挖料块径较大,不宜作坝壳料使用,所以能用于筑坝的开挖料约104万 m^3,因此可以减少坝壳料的开采量,节约了坝体填筑投资。但混凝土坝方案中混凝土方量较大,所需水泥用量较多,水泥需从外地购买。

从建筑材料的使用情况看,土坝方案优于混凝土坝方案。

(5) 移民占地

土坝方案需加建溢洪道和泄洪洞,与混凝土坝方案相比需增加征地240亩。

(6) 环境影响及水土保持

土坝方案需新开挖溢洪道,土石方开挖量大,扰动地面面积和损坏植被数量大,水土流失量大,大量的石方爆破施工和弃渣量影响周围环境,同时,土坝方案溢泄道尾水渠较长,泄洪时容易被冲刷,对下游河床造成影响,从环境影响和水土保持方面看,混凝土坝方案优于土坝方案。

(7) 运行管理

混凝土坝方案溢流堰、泄流底孔、南灌溉洞均位于混凝土坝段内,且相距较近,运行期检修时会相互影响,而土坝方案,溢洪道、泄洪洞、南灌溉洞相互独立,运行管理方便。

(8) 工程量与投资

两个方案的主体工程量见表2.5-7,主体工程投资概算见表2.5-8。土坝+溢洪道+泄洪洞方案主要工程部分工程投资为54 958万元(建筑工程、机电设备及安装、金属结构设备及安装、临时工程四项合计)。混凝土坝方案主要工程部分总投资为39 639万元,土坝+溢洪道+泄洪洞方案较混凝土坝方案投资多15 319万元。

表 2.5-7　主河槽段及南山段土坝与混凝土坝方案主要工程量表

土坝＋溢洪道＋泄洪洞方案			混凝土坝方案		
序号	项目	数量	序号	项目	数量
一	主坝工程		一	混凝土坝	
1	土方开挖(m³)	107 902	1	土方开挖(m³)	671 130
2	土方填筑(m³)	353 480	2	石方开挖(m³)	481 803
3	砂方填筑(m³)	493 295	3	土方填筑(m³)	47 445
4	垫层料填筑(m³)	100 857	4	坝壳砂料填筑(m³)	495 084
5	砌石(m³)	15 732	5	反滤层、垫层(m³)	34 842
6	混凝土预制块(m³)	13 202	6	混凝土工程(m³)	452 686
7	混凝土防浪墙(m³)	675	7	砌石工程(m³)	9 683
8	混凝土防渗墙(m²)	4 802	8	钢筋制作(t)	13 769
9	坝顶沥青路面(m³)	3 555	9	帷幕灌浆(m)	5 269
二	溢洪道工程		10	固结灌浆(m)	12 352
1	土方开挖(m³)	630 106			
2	石方开挖(m³)	3 280 426	二	南灌溉洞	
3	石渣回填(m³)	37 254	1	反滤层、垫层(m³)	62
4	浆砌石(m³)	89 856	2	混凝土(m³)	346
5	混凝土(m³)	121 953	3	钢筋制作(t)	47
6	钢筋(t)	7 255			
7	固结灌浆(m)	7 488			
8	帷幕灌浆(m)	2 388			
三	泄洪洞工程				
1	明挖石方(m³)	223 826			
2	洞挖石方(m³)	8 112			
3	石渣回填(m³)	4 036			
4	浆砌石(m³)	10 317			
5	进出口混凝土(m³)	13 854			
6	洞身混凝土(m³)	3 023			
7	钢筋(t)	937			
8	固结灌浆(m)	1 827			
9	回填灌浆(m²)	1 291			
四	南灌溉洞				
1	土方开挖(m³)	5 797			
2	石方开挖(m³)	11 191			
3	土方回填(m³)	11 669			
4	砌石(m³)	432			

续表

土坝＋溢洪道＋泄洪洞方案			混凝土坝方案		
序号	项目	数量	序号	项目	数量
5	混凝土(m³)	6 054			
6	钢筋(t)	408			

表 2.5-8　主河槽段及南山段土坝方案与混合坝方案可比部分投资表(一～四部分)

单位：万元

项目名称	土坝＋溢洪道＋泄洪洞方案	混凝土坝方案
建筑工程	51 053	34 542
金属结构	6 239	4 463
临时工程	4 619	6 895
合计	61 911	45 900

综上所述，河槽段采用土坝方案和混凝土坝方案各有优缺点，但在工程布置、水力条件、施工导流、移民占地、环境影响及水土保持、运行管理及工程投资等方面混凝土坝方案均优于土坝方案，因此选定河槽段采用混凝土坝方案。

5.5　工程总布置

出山店水库工程以防洪为主，结合供水、灌溉，兼顾发电等综合利用。水库灌区灌溉面积为 50.6 万亩，年供水 8 000 万 m³，河道基流为 3.5 m³/s。主要建筑物有挡水及泄水建筑物(包括主坝土坝段、混凝土坝段、副坝)、电站厂房、引水建筑物(南灌溉洞、北灌溉洞)、水库管理局、交通道路等。各建筑物布置如下。

1. 挡水及泄水建筑物

1) 主坝

根据坝址区地质条件，分长里岗及一、二级阶地段和主河槽及南山段两个坝段。长里岗及一、二级阶地段通过对均质土坝、斜墙坝、心墙坝三种坝型进行比选，选定采用黏土心墙坝；主河槽及南山段通过对土坝和混凝土坝两个方案进行比较，确定采用混凝土坝方案。

坝轴线总长 3 690.57 m，北起长里岗，南至二石窝，0＋000～0＋010 段为山体(0＋000 桩号位置与勘测桩号位置相对应)，坝体从 0＋010 开始，0＋010～3＋029.4 段为南偏西 22.326°方向，3＋029.4～3＋256.5 为半径 400 m、中心角 32.525°的弧线，坝轴线折向下游。桩号 3＋271～3＋700.57 为混凝土坝段，总长 429.57 m(包括连接段)。

(1) 土坝段坝体总布置

土坝段坝轴线总长 3 261 m，共分为三段，从北至南依次为分别为长里岗丘陵坝段、二级阶地坝段和一级阶地坝段。北坝头控制点桩号为 0－030，控制点坐标为 $X=3572519.2337,Y=497233.328$，桩号 0－030～0＋010 段为原状山体，桩号 0＋010～

0+138段长128 m,为长里岗丘陵坝段;桩号0+138~2+140.3段长2002.3 m,为二级阶地坝段;桩号2+140.3~3+271段长1130.7 m,为一级阶地坝段。

土坝段坝顶高程为100.40 m,防浪墙顶高程为101.6 m,防浪墙高1.2 m,坝顶宽度为8 m,该坝段为沥青混凝土路面。土坝上游坡坡率为1:2.5、1:2.7和1:3.0,上游护坡采用0.28 m厚的混凝土连锁块护砌,砌块下铺设粒径$d=20\sim40$ mm厚度为0.2 m的碎石垫层、粒径$d=2\sim20$ mm厚度为0.2 m的碎石垫层和0.2 m厚的中粗砂。黏土心墙顶宽为4.0 m,心墙上下游边坡坡率均为1:0.5,心墙与上游坝壳料之间铺设水平宽度为3.0 m的反滤料,心墙下游铺设水平宽度为3.0 m的反滤层、水平宽度为2.0 m的排水带和水平宽度为1.0 m的反滤层。下游坡坡率为1:2.25、1:2.5和1:2.75,下游护坡采用混凝土预制块护砌,砌块下铺设0.2 m厚中粗砂垫层,坝脚设贴坡排水。坝壳料采用砂料场开采的砂料及混凝土坝段开挖料回填。其中桩号1+010~1+250的小泥河段、桩号2+140~2+170.3段和桩号2+270~3+271坝段坝基存在软土,根据稳定计算,在上下游95.00 m高程处设不同宽度的压重台以确保坝体边坡稳定。为解决坝基渗漏和渗透变形问题,沿坝轴线上游5.0 m处建造0.4 m厚的塑性混凝土防渗墙;坝基采用桩径0.8 m,边长为3.0 m等边三角形的挤密砂桩解决一级阶地砂层地震液化及坝基软土问题。

(2) 混凝土坝段坝体总布置

为满足泄洪和施工导流要求,需在混凝土坝段布置溢流表孔、泄流底孔,为满足供水、灌溉,发电要求,需设电站、灌溉洞等建筑物。

由于表孔泄流量较大,根据调洪演算,水库需布设8个表孔,单孔净宽15 m,泄流量较大时,主要依靠表孔泄洪,因此表孔布置在主河槽位置;电站为坝后式,因此电站靠近右岸布设,以便下游有足够的空间布置厂房;泄流底孔紧邻电站布设,主要由于水库死水位为84.00 m,理论计算淤积水位为79.07 m,电站进口底高程为80.0 m,泄流底孔底高程为75.00 m,泄流底孔具有排沙功能,可保证电站进口"门前清"。

根据以上布置原则,混凝土坝段从左岸至右岸分别为:连接坝段、溢流坝段、底孔坝段、电站坝段和右岸非溢流坝段。左端通过连接段与黏土心墙砂壳坝连接,右端坝体与南坝头山体相接,为便于泄洪水流与下游河道顺接,轴线基本与现状河流中心线垂直。具体布置为:桩号3+271~3+351段为土坝与混凝土坝连接段,长80.0 m;桩号3+351~3+501.5段为混凝土溢流表孔坝段,长150.5 m,共分9个坝段,8个表孔,单孔净宽15 m;桩号3+501.5~3+541.5段为泄流底孔坝段,长40.0 m,共分2个坝段,3个泄流底孔,孔口尺寸为7.0 m×7.0 m;桩号3+541.5~3+566.5段为电站坝段,长25.0 m,1个坝段,设3条引水发电洞,洞径分别为2.5 m、2.5 m、1.6 m,在洞径为1.6 m的引水发电洞上设2条直径为0.8 m的岔管,发电时通过电站放基流,不发电时,通过岔管泄放基流,基流量为3.5 m³/s。桩号3+566.5~3+700.57段为右岸非溢流坝段,长134.07 m,共分7个坝段。

2) 副坝

根据地形条件,在主坝左岸有1处洼地、右岸山体有3处山谷,地面高程均低于水库校核洪水位,需布置副坝,其中左岸布置1#副坝,长208 m,坝顶设防浪墙,墙顶高程为101.60 m,坝顶高程为100.40 m;右岸布置2#~4#副坝,其中2#副坝长87.0 m,3#副坝长143.0 m,4#副坝长112.0 m,2#~4#副坝坝顶均不设防浪墙,坝顶高程均为101.60 m。

3) 电站

根据规划资料,电站设计水头为9.92 m,最大水头为12.72 m,最小水头为8.72 m,设计流量为30.0 m³/s,总装机容量为2 900 kW。电站位于河床右侧电站坝段下游,装机容量较小,属于小型电站。

电站厂房由主厂房、副厂房、安装间、开关站等组成,主厂房与副厂房和安装间之间均设沉降缝。主厂房内布置3台水轮发电机组,均为立式轴流机组,水轮机和发电机同轴,机组安装高程均为70.43 m,机组轴线与厂房纵轴线平行。机组从右至左分别为1#机组(1 250 kW)、2#机组(1 250 kW)、3#机组(400 kW),机组中心距为7.5 m。主厂房地面平台高程为84.00 m,下游侧设混凝土挡浪墙,高1.20 m。主厂房上部为11.5 m跨的排架结构,高13.6 m,屋面为钢结构,并在高程93.80 m处设160/32kN型慢速桥式起重机1台。副厂房位于主厂房下游侧尾水平台上,紧邻主厂房布置,平面尺寸为25.0 m×10.2 m(垂直水流×顺水流)。副厂房共分五层,第一层地面高程为71.26 m,主要布置水泵室/空压机室。第二层地面高程为74.78 m,主要布置0.4kV配电室、LCU室及升压变室。第三层地面高程为79.09 m,主要布置10 kV配电室、降压变室。第四层地面高程为84.00 m,主要布置35 kV配电室、直流电源室、柴油发电机室。第五层地面高程为88.20 m,主要布置中控室、办公室等。

安装间位于主厂房右侧,根据机组安装、检修和结构的要求,为单层排架结构,平面尺寸为10.0 m×25.0 m(垂直水流×顺水流)。安装间下部采用混凝土框架柱式基础,柱端高程为65.00 m。

开关站布置在安装间右侧,非溢流坝段下游滩地上。

4) 引水建筑物

出山店水库有供水、灌溉任务,每年向信阳市供水8 000万 m³,其中淮河北岸向明港镇供水2 950万 m³,时段最大供水流量为1.32 m³/s,受水区地面高程在80 m左右;向淮河南岸的信阳市老城区和羊山新区供水5 050万 m³,时段最大供水流量为2.1 m³/s,受水区地面高程在79 m左右。

根据出山店水库灌区布置,灌区总土地面积为607 km²,总耕地面积为50.6万亩,灌区分淮南和淮北两部分,其中淮南灌区土地面积为340 km²,耕地面积为30.6万亩,淮北灌区土地面积为267 km²,耕地面积为20万亩。灌区地面高程在83.0 m以下。

为满足灌溉和供水要求,结合水库的特征水位和受水区的地面高程,确定设南、北两个灌溉洞,渠首水位需不低于83.5 m。

(1) 南灌溉洞

南灌溉洞通过对3#副坝下和混凝土坝非溢流坝段两个位置进行比较,在混凝土非溢流坝段内埋管方案比较经济,因此选定南灌溉洞位于大坝桩号3+580处,洞身中心线与重力坝轴线正交,设计为1孔,孔口尺寸为2.5 m×2.5 m(宽×高),为有压坝身泄水孔,设计流量为 11.3 m³/s,加大流量为 13.14 m³/s,进口事故检修闸门采用平面滑动钢闸门,出口工作闸门采用弧形钢闸门。工程主要由洞身、进出口控制段、下游消能防冲设施等部分组成。

(2) 北灌溉洞

北灌溉洞设计流量为 13.87 m³/s,加大流量为 16.38 m³/s,要求渠首水位为 83.5 m。对混凝土连接坝段、1#副坝下和 1#副坝与主坝之间的山体内三个位置进行比较,若布置在 1#副坝下,采取明挖暗埋的方式,洞壁两侧填土质量难以控制,容易出现接触冲刷,危及坝体安全;若布置在混凝土连接坝段,出口处地面高程在 81.0 m 左右,渠道施工时填方量较大,占地较多。因此北灌溉洞布置在 1#副坝与主坝之间的山体内,该处出口地面高程 91.0 m 左右,位于坡地上,渠道占用耕地较少,且便于与北干渠渠首水位衔接。

5) 生态基流放水设施

为维持坝址下游河道的基本功能,保证最小生态需水,应不间断下泄河道基流 3.5 m³/s,相应年水量为 11 040 万 m³。为保证基流下泄,在电站 400 kW 机组的引水管道(直径为 1.6 m,进水口底高程为 80.0 m)的压力钢管上设两个直径为 0.8 m 的岔管下放基流。在水位达到 82.0 m 高程前,3 个泄流底孔有 1 孔局部开启,利用该泄流底孔下泄基流。其他两孔完全关闭。

6) 水库管理局

出山店水库管理局设前方生产区 40 亩,后方基地 20 亩。

前方生产区选定在 4#副坝附近的山体上(淮河南岸),该处地势相对平坦,视野开阔,距混凝土坝段约 600 m。生产区建设项目有:办公楼、值班室、仓库、油库、等公共设施以及水文观测站管理房等,大部分设在工程管理范围内,本次初步设计阶段前方管理占地面积 7 亩,水库管理单位综合办公大楼 2 472 m²,生产用房,如修配车间、仓库、油库等 127 m²。施工期前方生产区作为施工营地,工程竣工后,营地作为出山店水库管理局的生产办公区。生产区设防汛仓库 1 034 m²,设在水库左岸 1#副坝北侧工程管理范围内,不新增用地。

后方管理区设在郑州市区,用地面积为 20 亩,建筑面积为 3 401 m²。后方管理区主要设防汛调度楼、档案资料室等。

7) 交通工程

为满足水库运行管理和施工要求,结合水库大坝结构型式及长度,需布置右岸进场防汛道路、电站及变电站对外交通道路和管理局对外交通道路。

(1) 右岸进场防汛道路

右岸进场防汛道路位于大坝右岸,道路走向与大坝基本一致,起点位于新游河乡的国道 312 处,设计桩号为 0+000,终点位于大坝溢流坝下游,设计桩号为 1+639,总长为 1 639 m。

(2) 电站及变电站对外交通道路

电站及变电站对外交通道路起点位于迎宾大道最北端,终点位于变电站位置,总长为 381 m,该路为电站及变电站对外的主要交通道路。

(3) 管理局对外交通道路

水库管理局前方生产区选定设在 4# 副坝附近的山体上,需设建管局对外交通道路等,起点位于国道 312 上迎宾大道西北方向 580 m 处,末端位于营地主入口前平台,线路长 544 m,铺设沥青混凝土路面。

5.6 挡水及泄水建筑物

出山店水库挡水及泄水建筑物有主坝、副坝,主坝分土坝和混凝土坝,其中土坝段桩号为 0+010～3+271,总长 3261 m;混凝土坝段桩号为 3+271～3+700.57(包括连接段),总长 429.57 m,混凝土坝段从左到右分别为:连接坝段、溢流坝段、底孔坝段、电站坝段和非溢流坝段。

5.6.1 坝顶高程

5.6.1.1 土坝段坝顶高程计算

出山店水库属大(1)型水库,主坝采用 1000 年一遇洪水设计,万年一遇洪水校核,水库正常蓄水位为 88.00 m,设计洪水位为 95.78 m,校核洪水位为 98.12 m。

按《碾压式土石坝设计规范》(SL 274—2001)规定,坝顶高程等于水库静水位与坝顶超高之和,分别按以下运用情况计算,取其最大值:

① 1 000 年设计洪水位加正常运用条件的坝顶超高。
② 10 000 年校核洪水位加非常运用条件的坝顶超高。
③ 正常蓄水位加非常运用条件的坝顶超高,再加地震安全加高。

1. 主坝坝顶超高计算

按《碾压式土石坝设计规范》(SL 274—2001)的规定,坝顶超高计算公式如下:

$$y = R + e + A$$
$$e = \frac{KW^2 D\cos\beta}{2gH_m}$$

式中:y——坝顶超高,m;
  R——最大波浪在坝坡上的爬高,m;
  e——风壅水面高度,m;
  K——综合摩阻系数,取 3.6×10^{-6};
  D——风区长度,m;
  W——计算风速,m/s;
  β——计算风向与坝轴线法线的夹角,°;
  H_m——水域平均水深,m;
  A——安全加高,m。

1) 风速 W

出山店水库位于信阳市境内,距该水库最近的气象站为南湾气象站,该气象站的隐蔽情况为：在城郊，距独立的建筑物、灌木林或树木 30～40 m 以上，风标高于周围物体较多；该气象站所在地的情况为：在倾斜山岗顶部。根据该气象站从 1958—2010 年 53 年的最大风速统计资料，按照气象站的隐蔽情况和所在地情况，对气象站所测的风速进行修正，得出水库多年平均最大风速值为 19.4 m/s。根据《碾压式土石坝设计规范》(SL 274—2001)，正常运用条件下，1 级建筑物采用多年平均最大风速的 1.5～2.0 倍，本工程若选用多年平均最大风速的 2 倍，则风速为 38.8 m/s，陆地上少见，故不予采用，因此，采用多年平均最大风速的 1.5 倍，则设计风速为 29.1 m/s，非常运用条件下，采用多年平均最大风速值 19.4 m/s。

2）风区长度 D

出山店水库沿风向两侧水域形状不规则，因此采用等效风区长度，计算公式如下：

$$D_e = \frac{\sum_i D_i \cos^2 \alpha_i}{\sum_i \cos \alpha_i}$$

式中：D_e——等效风区长度；

D_i——计算点至水域边界的距离，i 取 0、±1、±2、±3、±4、±5、±6；

α_i——第 i 条射线与主射线的夹角，等于 $i \times 7.5°$。

经计算，各计算水位的吹程详见表 2.5-9。

3）水域平均水深 H_m 和坝迎水面前水深 H

水域平均水深 H_m 和坝迎水面前水深 H 为沿主风向作出库底地形剖面图求得，见表 2.5-9。

4）上游护坡糙率及渗透性系数 k_Δ，经验系数 k_w

上游采用 C25 混凝土连锁块，糙率及渗透性系数 $k_\Delta = 0.8$；

正常蓄水位时，经验系数 $k_w = 1.15$；

设计水位时，经验系数 $k_w = 1.15$；

校核水位时，经验系数 $k_w = 1.019$。

5）上游坡率 m

正常蓄水位 88.00 m 高程时，按 $m = 2.75$ 计算；

设计水位 95.78 m 高程时，按 $m = 2.5$ 计算；

校核水位 98.12 m 高程时，按 $m = 2.5$ 计算。

6）h_e 地震涌浪

根据《水工建筑物抗震设计规范》(SL 203—97)规定，确定地震区土石坝的安全超高时应包括地震涌浪高度，出山店水库大坝地震设计烈度为Ⅶ度，取地震涌浪高度为 1.5 m。

出山店水库坝顶超高计算参数见表 2.5-9。

2. 风浪的平均波高计算

波浪的平均波高和平均波周期按莆田试验站公式计算。按规范规定，1 级坝采用累积频率为 1% 的波浪爬高值 $R_{1\%}$。具体公式如下：

$$\frac{gh_m}{W^2} = 0.13\text{th}\left[0.7\left(\frac{gH_m}{W^2}\right)^{0.7}\right]\text{th}\left\{\frac{0.0018\left(\frac{gD}{W^2}\right)^{0.45}}{0.13\text{th}\left[0.7\left(\frac{gH_m}{W^2}\right)^{0.7}\right]}\right\}$$

$$T_m = 4.438 h_m^{0.5}$$

平均波长 L_m 按下式计算：

$$L_m = \frac{gT_m^2}{2\pi}\text{th}\left(\frac{2\pi H}{L_m}\right)$$

对于深水波,即当 $H \geqslant 0.5L_m$ 时,可简化为：

$$L_m = \frac{gT_m^2}{2\pi}$$

式中：h_m——平均波高,m；
T_m——平均波周期,s；
L_m——平均波长,m；
W——计算风速,m/s；
D——风区长度,m；
H_m——水域平均水深,m；
g——重力加速度,取 9.81 m/s。

3. 计算成果及分析

主坝坝顶超高的计算成果见表 2.5-9。

表 2.5-9　出山店水库主坝坝顶高程计算参数及计算成果表

计算参数	计算工况		
	校核洪水位 98.12 m	设计洪水位 95.78 m	正常蓄水位 88.00 m 加地震
计算风速 W(m/s)	19.4	29.1	19.4
吹程 D(m)	10 700	10 200	8 000
水域平均水深 H_m(m)	7.98	7.80	4.02
坝迎水面前水深 H(m)	16.52	14.14	6.50
上游坡率 m	2.50	2.50	2.75
风向夹角 β(°)	11.93	11.93	11.93
坝坡糙率 k_Δ	0.8	0.8	0.8
平均波长 L_m(m)	22.56	27.10	17.34
平均波高 h_m(m)	0.734	1.051	0.564
波浪爬高 $R_{1\%}$(m)	2.680	4.072	2.304
安全加高 A(m)	0.7	1.5	0.7
风壅高度 e(m)	0.090	0.199	0.134
地震涌浪加高 h_e(m)	0	0	1.5

续表

计算参数	计算工况		
	校核洪水位 98.12 m	设计洪水位 95.78 m	正常蓄水位 88.00 m 加地震
坝顶超高 Y(m)	3.470	5.771	4.639
库水位(m)	98.12	95.78	88.00
计算坝顶高程(m)	101.59	101.55	92.64

从表 2.5-9 可以看出，土坝段坝顶高程由校核洪水工况控制，校核洪水位为 98.12 m，计算坝顶高程为 101.59 m，取 101.60 m。

5.6.1.2 坝顶高程确定

根据计算结果，计算坝顶高程为 101.60 m，现采用以下两个方案进行比较。

方案一：坝顶不设防浪墙，坝顶高程为 101.60 m，坝顶上游设混凝土栏杆防护。

方案二：坝顶设混凝土防浪墙，防浪墙顶高程为 101.60 m，防浪墙高 1.2 m，坝顶高程为 100.4 m。

以上两个方案均能满足水库正常运行要求，方案一坝顶不设防浪墙，但需设防护栏杆，且坝体高度比方案二高 1.2 m，坝体结构断面大，方案二通过在坝顶设防浪墙将坝顶高度降低，减少坝体结构断面，两个方案工程投资比较详见表 2.5-10。

表 2.5-10　坝顶设防浪墙和不设防浪墙两方案主要工程量投资表　　　　单位：万元

项目名称		坝顶设防浪墙方案	坝顶不设防浪墙方案
土坝段	坝体填筑	20 284	21 788
	上下游护坡	4 791	5 027
	坝顶防浪墙	189	
	防护栏杆		60
混凝土坝段	混凝土坝体	34 404	34 542
	坝顶防浪墙	22	
	防护栏杆		15
合计		59 690	61 432

从表中可以看出，坝顶设防浪墙方案投资比坝顶不设防浪墙方案投资金额少，因此，本工程采用坝顶设混凝土防浪墙方案。土坝段计算所需坝顶高程为 101.60 m，防浪墙高 1.2 m(防浪墙底与黏土心墙相连)，则坝顶实际高程为 100.40 m。

5.6.1.3 混凝土坝段坝顶高程计算

根据《混凝土重力坝设计规范》(SL 319—2005)规定，混凝土重力坝坝顶应高于校核洪水位，坝顶上游防浪墙顶的高程应高于波浪顶高程，其与设计洪水位或校核洪水位的高差按下式计算，防浪墙顶高程高的作为选定高程。

$$\Delta h = h_{1\%} + h_z + h_c$$

式中：Δh——防浪墙顶至设计洪水位或校核洪水位的高差，m；

$h_{1\%}$——波高，m；

h_z——波浪中心线至设计或校核洪水位的高差，m；

h_c——安全超高，设计洪水位时取 0.7 m，校核洪水位时取 0.5 m。

校核洪水位为 98.12 m，设计洪水位为 95.78 m。

风速采用信阳市南湾气象站资料，修正后水库多年平均最大风速为 19.4 m/s。设计风速对正常运用条件取多年平均最大风速的 1.5~2.0 倍，设计风速为 29.1 m/s，对非常运用条件取多年平均最大风速。

波浪要素采用莆田公式。

计算结果见表 2.5-11。

表 2.5-11　出山店水库混凝土坝段坝顶高程计算成果表

工况	$h_{1\%}$(m)	h_z(m)	h_c(m)	Δh(m)	水位(m)	计算防浪墙顶高程(m)
设计工况	2.88	1.21	0.7	4.76	95.78	100.57
校核工况	1.96	0.75	0.5	3.18	98.12	101.33

根据以上计算成果可得，计算防浪墙顶高程为 101.33 m，防浪墙高取 1.2 m，计算坝顶高程为 100.13 m，较土坝顶高程低 0.27 m，为交通方便，混凝土坝坝顶高程取与土坝顶高程一致，定为 100.40 m。

5.6.2　主坝坝顶结构

出山店水库土坝段坝顶上游侧设有防浪墙，根据《碾压式土石坝设计规范》(SL 274—2001)，防浪墙顶应高于坝顶 1.0~1.2 m，坝顶高程应不低于最高静水位，本工程取防浪墙顶高于坝顶 1.2 m。坝顶下游侧设有路缘石，路缘石高出坝面 0.2 m，坝顶上游防浪墙采用 C25 钢筋混凝土结构。

坝顶采用 100 mm 厚沥青混凝土路面，土坝段沥青混凝土路面下设 150 mm 厚水泥稳定碎石基层、200 mm 厚三七灰土底基层。混凝土坝段直接在混凝土坝顶上铺设 100 mm 厚沥青混凝土。

5.6.3　混凝土坝

5.6.3.1　混凝土坝段位置确定

地质报告中推荐了三个位置供混凝土坝段布置选择，分别为河槽段（淮河主河槽部位）、基坑段（20 世纪六七十年代开工建设时开挖的基础）和南山段（南坝端山坡段）。河槽段长约 300.0 m，桩号为 3+273~3+573；基坑段长约 120.0 m，桩号为 3+573~3+693；南山段长约 150.0 m，桩号为 3+693~3+843。

河槽段基础岩石较坚硬完整，未发现规模较大的断层破碎带和风化槽，有些陡倾角的小断层（F_{30}、F_{31}、F_{32}、F_{33} 及 F_{34}）易于处理，也仅有零星分布的缓倾角裂隙，大部分胶结较好，且连续性很差，不足以构成基础滑动面。该段坝基宽厚，稳定条件较好，覆盖层和风化层都比较薄(多数地方没有强弱风化带,砂卵石下即是微风化岩石),基础开挖深度较小,一般为7.0~12.0 m。但河槽段下切较深,基础利用岩面高程相对较低,一般为66.0~68.0 m,局部为62.0 m,坝体混凝土工程量相对较大。基础岩石透水性很弱,未发现集中渗漏带。该段位于主河槽内,易于布置泄流和消能防冲设施,进、出水流条件较好。

基坑段地质条件复杂,断层密集,且沿 F_{13}、F_2、F_7 诸断层形成了一条水平及垂向宽窄变化较大的深风化槽,其宽度达 10.0~90.0 m。该段利用岩面高程为 65.0~80.0 m,基础开挖工程量不大(20 世纪六七十年代已开挖完成),混凝土工程量较河槽段小。根据钻孔压水试验资料分析可知,F_{13}、F_1 及 F_7 等断层破碎带渗透性较大,因此需对断层破碎带进行防渗处理,基础防渗工程量大。该段稍偏向山坡,布置泄流和消能防冲设施条件稍差,进、出水流条件不如河槽段。

南山段利用岩面高程为 77.00~83.00 m,基础岩石较坚硬完整,未发现规模较大的断层破碎带和风化槽,仅有 F_{57}、F_{58}、F_{59} 等陡倾角断层,宽度一般不足 1.5 m,易于处理。据钻孔压水试验资料,基础岩石属微至极微透水性,仅在高程 50.00 m 以上局部裂隙渗水性稍大,基础防渗处理工程量较小。但该段覆盖层及强风化带厚度较大,达 15.0~25.0 m,且进出口都要开挖山包,开挖工程量相当大。由于坝体位于山坡上,较难布置消力池和电站坝段,进、出水流条件较差。

经过比选,设计选择河槽段布置连接坝段、溢流坝段、泄流底孔坝段及电站坝段,基坑段布置右岸非溢流坝段。

5.6.3.2 溢流坝段总净宽和堰顶高程确定

1) 溢流坝段总净宽比选

出山店水库防洪高水位为百年一遇洪水位 95.05 m。超过防洪高水位以后即敞泄,对此,泄水建筑物泄流能力大则校核洪水位低,总库容小,若泄水建筑物泄流能力小则校核洪水位高,总库容大。

根据该工程的实际情况,混凝土坝段溢流堰总净宽分别选取以下四种方案进行比选。

方案Ⅰ:7 表孔,单孔净宽 12 m,溢流堰总净宽 84 m,堰顶高程为 83.0 m,3 底孔,孔口尺寸为 7.0 m×7.0 m。

方案Ⅱ:8 表孔,单孔净宽 12.5 m,堰顶高程为 83.0 m,溢流堰总净宽 100 m,3 底孔,孔口尺寸为 7.0 m×7.0 m。

方案Ⅲ:堰顶高程为 83.0 m,8 表孔,单孔净宽 15 m,总净宽 120 m,3 底孔,孔口尺寸为 7.0 m×7.0 m。

方案Ⅳ:堰顶高程为 83.0 m,9 表孔,单孔净宽 15 m,总净宽 135 m,3 底孔,孔口尺寸为 7.0 m×7.0 m。

各方案工程特性见表 2.5-12。

表 2.5-12 溢流堰各方案工程特性比较表

工程特性		方案Ⅰ	方案Ⅱ	方案Ⅲ	方案Ⅳ
堰顶高程(m)		83.00	83.00	83.00	83.00
溢流堰闸孔数量(个)		7	8	8	9
单孔净宽(m)		12.0	12.5	15.0	15.0
溢流堰总净宽(m)		84	100	120	135
泄流底孔数量及孔口尺寸		3孔 7 m×7 m	3孔 7 m×7 m	3孔 7 m×7 m	3孔 7 m×7 m
底孔进口底高程(m)		75.0	75.0	75.0	75.0
千年一遇水位(m)		96.76	96.25	95.65	95.25
万年一遇水位(m)		99.33	98.72	98.03	97.53
总库容(亿 m³)		14.58	13.53	12.37	11.62
坝顶高程(m)		101.60	100.99	100.40	99.80
防浪墙顶高程(m)		102.8	102.19	101.50	101.00
坝轴线长度(m)		3 669.57	3 668.57	3 667.57	3 666.57
其中	土坝段长度(m)	3 240	3 239	3 238	3 237
	混凝土坝段长度(m)	429.57	429.57	429.57	429.57
工程投资(万元)		100 685	100 792	100 084	101 835

以上四个方案堰顶高程均为 83 m，方案Ⅰ溢流堰共 7 孔，7 套闸门和启闭机，方案Ⅱ、方案Ⅲ溢流堰共 8 孔，8 套闸门和启闭机，方案Ⅳ溢流堰共 9 孔，9 套闸门和启闭机。从运行调度方面看，闸门启闭机数量越少，运行调度越方便。从工程布置方面看，方案Ⅰ泄水建筑物总净宽最小，方案Ⅳ总净宽最大，因受地形地质条件限制，混凝土坝段北侧为淮河一级阶地，为第四系低液限黏土，下伏黏土岩，抗冲刷能力差，混凝土坝段左侧为花岗岩，但左侧地势较高，从地形地质条件看，方案Ⅲ工程布置宽度正合适，泄水建筑物正好布置在主河槽段，而方案Ⅳ则需开挖右岸山体，土石方工程量大。

在工程投资方面，方案Ⅰ工程部分投资 100 685 万元，方案Ⅱ工程部分投资 100 792 万元，方案Ⅲ部分工程投资 100 084 万元，方案Ⅳ工程部分工程投资 101 835 万元。

从工程投资方面看方案Ⅲ投资最省，方案Ⅰ次之，方案Ⅳ投资最大，因此，混凝土坝段溢流堰总净宽推荐采用方案Ⅲ，闸孔总净宽 120.0 m，共设 8 孔泄洪闸，单孔宽 15 m。

2）溢流堰堰顶高程比选

根据本阶段规划成果，选定的汛限水位为 86.0 m，溢流堰净宽 120.0 m，选取了 7 个堰顶高程，即 81 m、82 m、84 m、85 m、86 m、87 m、88 m，各方案设计、校核洪水位、总库容及工程部分投资见表 2.5-13。

表 2.5-13　出山店水库溢流堰顶高程一～四部分投资比较表

堰顶高程(m)	重现期(年)	入流(m³/s)	出流(m³/s)	水位(m)	库容(亿 m³)	工程部分投资（万元）
81	1 000	16 910	14 769	94.92	8.01	101 979.05
81	10 000	25 650	18 392	97.20	11.13	101 979.05
82	1 000	16 910	14 019	95.28	8.46	100 769.36
82	10 000	25 650	17 700	97.63	11.76	100 769.36
83	1 000	16 910	13 900	95.65	8.92	100 084.04
83	10 000	25 650	17 029	98.03	13.37	100 084.04
84	1 000	16 910	12 650	96.18	9.62	102 219.06
84	10 000	25 650	16 050	98.42	13.02	102 219.06
86	1 000	16 910	10 684	96.58	10.21	104 075.36
86	10 000	25 650	14 210	99.05	14.09	104 075.36
88	1 000	16 910	8 696	97.03	10.88	109 179.42
88	10 000	25 650	12 271	99.74	15.26	109 179.42

从表 2.5-13 可知,堰顶高程为 83.0 m 时投资最省,当堰顶高程超过 83.0 m 时,堰顶高程越高,工程部分投资越大,当堰顶高程低于 83.0 m 时,堰顶高程越低,投资越大,分析其原因,当堰顶高程为 83.0 m 时,8 个溢流表孔和 3 个泄流底孔的过流能力在汛限水位为 86.0 m 时正好满足 5 年一遇最大洪峰流量的要求,根据水库运行方式,入库洪水小于 5 年一遇,水库不泄洪,因此 5 年一遇洪水不占防洪库;当堰顶高程高于 83.0 m 时,5 年一遇洪水时库水位抬高,相应 1 000 年设计洪水位,万年一遇校核洪水位均抬高,坝顶高程变高,工程投资变大;当堰顶高程低于 83.0 m 时,5 年一遇水位在汛限水位 86.m 以下,堰顶高程继续降低时,5 年一遇洪水位均不占防洪库容,因此对坝顶高程影响小,但闸门加高,启闭设备容量增大,因单宽流量变大,下游消能防护工程量加大,因此投资也变大。从投资角度考虑,选择堰顶高程为 83.0 m 是最优的,因此选定堰顶高程为 83.0 m。

5.6.3.3　泄流底孔规模及孔口尺寸确定

泄流底孔具有施工导流、与表孔联合泄洪、冲砂、放空水库的功能。根据上述功能,其孔口规模主要由施工导流控制,而其孔口尺寸则主要受结构布置、消能防冲设计及工程投资影响。

1) 进口高程确定

本工程正常蓄水位为 88.0 m,天然河床高程为 70～78.0 m,综合考虑泄洪及冲淤要求,初定泄流底孔进口高程为 75.0 m,根据底孔与电站进水口布置距离,按 1∶4 绘制冲砂高程线,见图 2.5-1,由此图可知,电站 2 台 1 250 kW 机组进水口底部高程位于冲砂漏斗线范围内,不会产生淤积,外侧生态基流放水洞进口高程略高于冲砂漏斗线,但生态基流放水洞长年放水,也不会产生淤积。综合考虑,泄流底孔进口高程确定为 75.00 m,满足电站进水口冲砂要求,不会产生淤积。

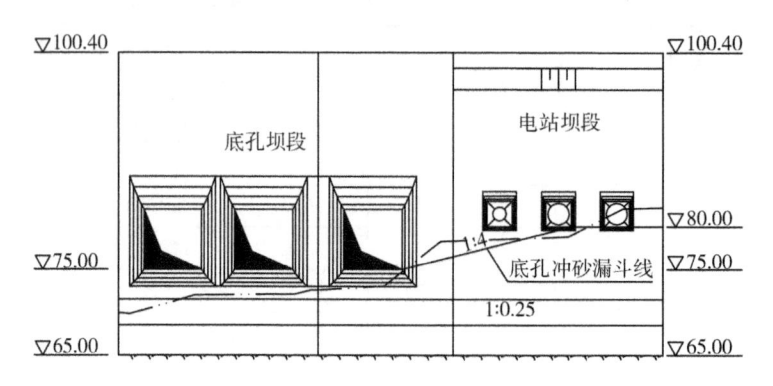

图 2.5-1　底孔冲砂高程图(单位:m)

2) 方案比选

本阶段结合施工期导流及消能防冲设计,对底孔规模及孔口尺寸进行了进一步的方案比选。

方案一:孔口尺寸 7.0 m×7.0 m,共 3 孔。

方案二:孔口尺寸 9.0 m×9.0 m,共 2 孔。

针对上述两种孔径方案,本阶段从施工导流、泄洪能力、闸室结构布置、消能防冲设计及工程投资等方面比较如下:

(1) 施工导流

根据水力计算,在选定的上游施工导流水位下,两种孔径方案泄流时均属无压堰流,在进口底板高程相同的情况下,其泄流能力与孔口总净宽的大小成正比。两种孔径方案施工导流期泄流能力详见表 2.5-14。

表 2.5-14　施工导流期底孔泄流能力比较表

上游水位(m)	过流能力(m^3/s)	
	方案一(3 m×7.0 m×7.0 m)	方案二(2 m×9.0 m×9.0 m)
78.00	191.35	166.18
80.00(滩地高程)	411.73	362.45
82.00	682.03	632.01
83.73(施工导流水位)	978.82	938.16

由上表可知,方案一(3 m×7.0 m×7.0 m)施工导流期过流能力稍大。

(2) 泄流能力

根据水力计算,两种孔径方案的泄流能力详见表 2.5-15。

表 2.5-15　底孔泄流能力比较表

方案	泄流断面面积(m²)	百年一遇 上游水位(m)	百年一遇 泄量(m³/s)	千年一遇 上游水位(m)	千年一遇 泄量(m³/s)	万年一遇 上游水位(m)	万年一遇 泄量(m³/s)
方案一(3 m×7.0 m×7.0 m)	147	94.80	2 234.5	95.78	2 300.7	98.12	2 451.5
方案二(2 m×9.0 m×9.0 m)	162	94.80	2 389	95.78	2 463	98.12	2 631

由上表可见，两种方案泄流能力差别不大，方案二稍大，由于本工程百年一遇（敞泄）、千年一遇、万年一遇工况下表孔及底孔（方案一）泄流总量分别为 12 142 m³/s、13 581 m³/s、17 166 m³/s，因此两方案泄流能力的差别对水库总体泄洪能力的影响不大。而且从泄洪的角度考虑，溢流表孔泄流能力大，闸门开启方便，宣泄同样的流量，溢流表孔造价小于泄流底孔，所以泄流能力的大小不是影响本工程底孔规模的主要因素。

（3）闸室结构布置

根据两种方案的闸孔布置，方案一闸墩顺水流向长度为 31.0 m（不含下游公路桥牛腿部分，下同）。方案二由于孔口较大，因此底孔进口段、压坡段及弧门支臂长度均需根据孔口尺寸相应加长，因此闸墩下部顺水流向长度增加至 36.0 m，方案二闸室顺水流向长度大于方案一。本工程溢流表孔闸墩下部顺水流向长度亦为 31.0 m，从表、底孔闸墩在空间结构布置上协调统一的角度考虑，方案一协调性更好。

（4）消能防冲设计

本阶段对两方案的底流消能防冲进行了详细计算，方案一消能计算成果见表 2.5-16、方案二消能计算成果见表 2.5-17。

表 2.5-16　方案一消能防冲计算成果表

洪水标准	流量(m³/s)	净宽(m)	单宽流量[m³/(s·m)]	收缩断面流速(m/s)	出池平均流速(m/s)	弗劳德数 F_r	池长 L_k (m)	消能率
百年一遇	2 234.5	21	106.40	20.28	7.03	2.80	74.80	21.84%
千年一遇	2 300.7	21	109.56	20.64	6.88	2.70	81.50	20.87%
万年一遇	2 451.5	21	116.74	21.61	6.67	2.61	85.60	18.83%

表 2.5-17　方案二消能防冲计算成果表

洪水标准	流量(m³/s)	净宽(m)	单宽流量[m³/(s·m)]	收缩断面流速(m/s)	出池平均流速(m/s)	弗劳德数 F_r	池长 L_k (m)	消能率
百年一遇	2 389	18	132.72	19.02	10.52	2.34	72.55	13.07%
千年一遇	2 463	18	136.83	19.81	10.33	2.45	76.73	10.58%
万年一遇	2 631	18	146.17	21.09	10.02	2.59	80.14	9.34%

由上述消能计算成果可知，两方案均属大单宽、低弗劳德数消能范畴，方案一出池平均流速、弗劳德数、消能率等各项消能指标均优于方案二，对下游河道的冲刷相对较小，且本工程表孔消能防冲设计（百年一遇敞泄）单宽流量仅为 82.6 m³/s，从表、底孔消能防

冲工程相协调的角度考虑,底孔孔口尺寸及规模也宜选择单宽流量较小的方案一。

(5)工程投资

两方案的可比工程投资见表2.5-18。

由表2.5-18可知,方案一可比工程投资较小,两方案单位流量工程投资相差不大。

根据上述技术经济比较,方案一在施工导流、消能防冲、闸室布置、工程投资等方面均优于方案二,且泄流能力与方案二相差不大,因此底孔规模及孔口尺寸推荐方案一(孔口尺寸7.0 m×7.0 m,共3孔)。

表2.5-18 底孔布置方案可比工程投资比较表

项目	方案一(7.0 m×7.0 m,3孔)		方案二(9.0 m×9.0 m,2孔)	
	工程量	造价(万元)	工程量	造价(万元)
土石方开挖	20.9万 m³	0.04	19.5万 m³	0.04
混凝土及钢筋混凝土	2.71万 m³	0.1	3.06万 m³	0.1
钢筋制安	1 444 t	0.85	1 598 t	0.85
闸门及埋件	260 t	1.5	328 t	1.5
工作门启闭机型号	3台QHSY-1000/200 kN	30	2台QHSY-1600/400 kN	85.0
检修门启闭机型号	2×400 kN单向门机	260	2×400 kN单向门机	260
可比工程投资(万元)		5 436		5 890
单位流量工程投资(万元)		2.43		2.47

3)泄流底孔规模复核

泄流底孔其孔口规模主要由本工程的二期施工导流控制,根据施工组织设计,二期施工导流利用右岸3个泄流底孔和8个表孔泄流,进行混凝土坝段尾工和左岸一期导流明渠缺口及未完工程的施工。根据初拟的泄流底孔规模(3孔,孔口尺寸7 m×7 m)进行施工期调洪演算,施工期洪水调洪演算成果见表2.5-19。

表2.5-19 施工期洪水调洪演算成果表

导流	重现期(a)	入流 $I(m^3/s)$	出流 $D(m^3/s)$		水位 H(m)	库容 V(万 m³)
底孔3×7 m×7 m 8个表孔	10(非汛期)	1 560	1 110		83.73	3 446
			底孔:979	表孔:131		

根据施工期调洪成果,上游设计洪水位为83.73 m,设计水位加风浪高及安全超高,二期上游围堰顶高程确定为85.30 m,围堰长度约374 m,最大堰高为3.3 m(地面以上),满足工程施工需要。

综合分析,经施工期调洪演算,确定的泄流底孔规模满足施工导流的要求。

5.6.3.4 混凝土坝总体布置

混凝土坝段桩号为3+271～3+700.57,总长429.57 m(包括连接段),从左岸至右岸分别为:连接坝段、溢流坝段、底孔坝段、电站坝段和右岸非溢流坝段。左端通过连接段与黏土心墙砂壳坝连接,右端坝体与南坝头山体相接,为便于泄洪水流与下游河道顺

接,轴线基本与现状河流中心线垂直。坝段具体布置为:

(1) 桩号3+271～3+351段为土坝、混凝土坝连接段,长80.0 m,共分4个坝段(1#～4#坝段);

(2) 桩号3+351～3+501.5段为混凝土溢流坝段,长150.5 m,共分9个坝段(5#～13#坝段);

(3) 桩号3+501.5～3+541.5段为泄流底孔坝段,长40.0 m,共分2个坝段(14#～15#坝段);

(4) 桩号3+541.5～3+566.5段为电站坝段,长25.0 m,1个坝段(16#坝段);

(5) 桩号3+566.5～3+700.57段为右岸非溢流坝段,长134.07 m,共分7个坝段(17#～23#坝段)。

5.6.3.5 混凝土坝坝型选择

根据本工程的地形、地质条件,混凝土坝段采用重力坝型,本工程混凝土坝段的主要作用是布置溢流表孔、泄流底孔(泄洪兼导流)和水电站,混凝土工程总量约为41万 m³,混凝土坝最大高度仅为35.4 m,除去闸墩、溢流面、孔洞周边、消能防冲结构、断层处理、连接段坝体、上下游挡土墙、导水墙、电站、上部结构等不宜采用碾压混凝土的工程量外,坝体内可考虑采用碾压混凝土的工程量约为8.8万 m³,如采用碾压混凝土坝方案,节省工程投资作用并不显著,反而增加了一套碾压混凝土施工设备,工程施工干扰大。因此混凝土坝型推荐采用常态混凝土重力坝方案。

5.6.3.6 坝体结构设计

1. 溢流坝段设计

根据混凝土坝段总体布置,5#～13#坝段为溢流坝段,总长为150.5 m,坝顶高程为100.40 m,溢流表孔为开敞式结构,净宽15.0 m,堰顶高程为83.0 m,边墩厚3.0 m,中墩厚3.5 m,墩头采用流线型,考虑过坝水流的底部掺气,防止堰面气蚀,墩尾采用平尾墩,闸墩顺水流向长33.0 m。堰面曲线上游段采用三圆弧曲线,为方便检修闸门布置,中间设置1.46 m宽的水平段,下游采用幂曲线,幂曲线方程为 $y=0.053\ 1x^{1.85}$,幂曲线后接坡比为1:0.8的斜坡,斜坡末端高程为70.96 m,斜坡末端通过半径18.0 m的反弧段与消力池相接。

溢流坝开挖基面高程为65.00 m,最大坝高为35.4 m,溢流坝上游面为垂直面。为满足表孔平顺进流要求,溢流面以上闸墩向上游伸出2.50 m。溢流面平段设检修闸门,检修闸门采用平面滑动钢闸门,尺寸为15.0 m×5.5 m(宽×高),启闭机采用2×400kN单向门机,门机轨道中心距为5.50 m。检修闸门后设工作闸门,采用露顶式斜支臂弧形钢闸门,尺寸为15.0 m×13.2 m—13.18 m(宽×高—水头),支臂长15.5 m,采用液压启闭机控制,一门一机,计8台,选用4套液压站。溢流表孔闸墩采用C35钢筋混凝土结构,牛腿采用C40钢筋混凝土结构,尺寸为3.00 m×4.50 m×1.5 m(长×宽×高)。闸墩顶高程同两侧坝顶高程,为100.40 m。闸墩顶从上游向下游分别设检修桥、门机和交通桥。交通桥连接两侧坝顶公路,采用C40预应力混凝土空心板结构,交通桥面宽度为7+2×0.5 m。

溢流表孔消能方式经论证采用底流式消能、尾坎式消力池,消力池底板顶高程为

65.00 m,池深 5.0 m,坎顶高程为 70.0 m,池长 73.5 m。溢流表孔坝段典型断面见图 2.5-2。

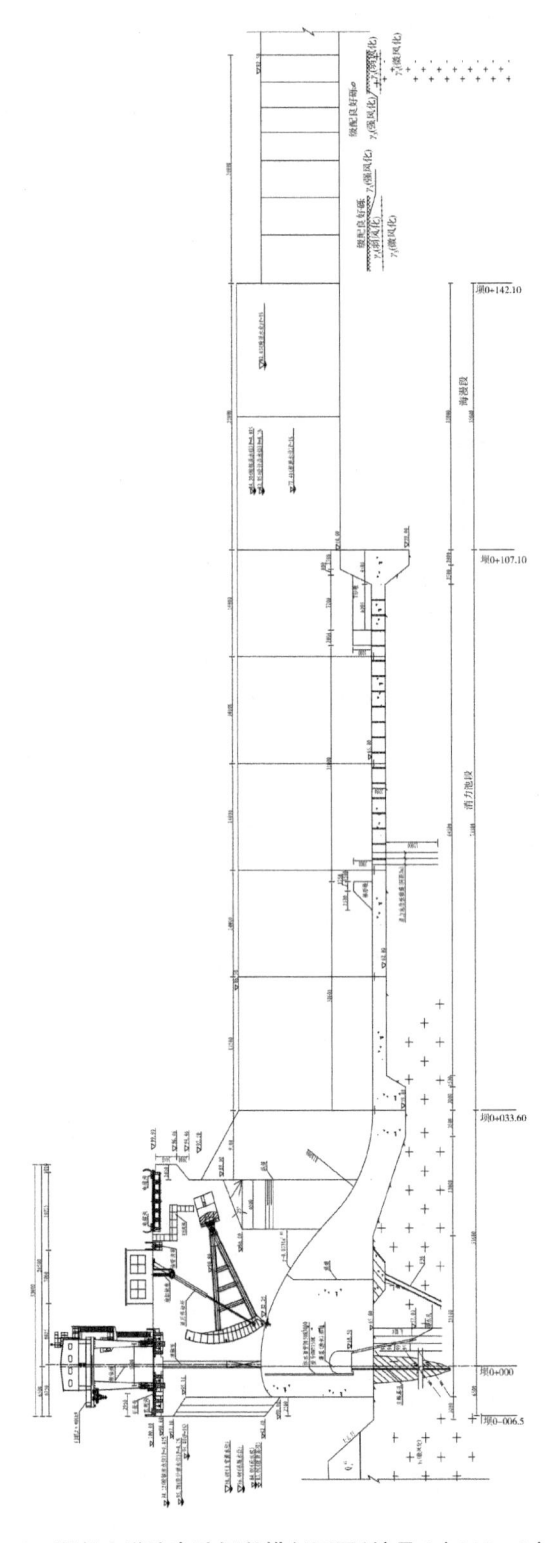

图 2.5-2　混凝土溢流表孔坝段横剖面图(桩号 3+328~3+478.5)

2. 泄流底孔坝段设计

14#~15#坝段为泄流底孔坝段,总长40.00 m,位于溢流表孔坝段右侧,坝顶高程为100.40 m,坝基最大宽度为48.60 m,坝体迎水面为铅直面,底孔底板高程为75.00 m,孔口宽度为7.0 m,高度为7.0 m,共3孔,中墩厚4.0 m,缝墩及左侧边墩厚3.0 m,右侧边墩厚6.0 m。进口采用有压短管,喇叭口型式,进口上缘及两侧均采用椭圆曲线。从上游至下游为进口段、门槽段、压坡段、明流段。进口段长度为5.1 m,上唇为椭圆曲线连斜坡段,曲线方程为$(x/7.2)^2+(y/2.4)^2=1$,斜坡坡度为1:4.5;侧面曲线为1/4椭圆,曲线方程为$(x/5.1)^2+(y/1.7)^2=1$,椭圆与斜坡线相切。门槽段长度为1.5 m,孔口尺寸为7.0 m×8.3 m。压坡段长4.96 m,顶部坡度为1:4,压坡段上部设通气管,向上通至校核水位以上。压坡段后接明流段,明流段底板曲线采用抛物线接直线斜坡段,抛物线方程为$y=0.008\ 16x^2$,直线斜坡段坡度为1:1.9,后接半径24.0 m圆弧段。圆弧后接消力池。

底孔进口设事故检修闸门和工作闸门,事故检修门采用平面定轮钢闸门,孔口尺寸为7.0×8.3 m(宽×高),共3孔,选用门机启闭。工作闸门采用潜孔式直支臂弧形钢闸门,门底高程为74.89 m,弧面半径为12.0 m,一门一机,计3台,3孔共用1套液压站,单扇闸门启闭,采用2套油泵电机组,互为备用。

泄流底孔闸墩顶高程同两侧坝顶高程,为100.40 m。闸墩顶从上游至下游分别设有事故检修闸门门机、工作闸门油泵房和交通桥。油泵房高程为98.0 m,交通桥采用C40预应力钢筋混凝土空心板结构,桥面宽度为7+2×0.5 m。

泄流底孔采用底流消能型式、尾坎式消力池,消力池底板顶高程为65.0 m,池深5.0 m,坎顶高程为70.0 m,池长75.0 m。泄流底孔坝段典型断面见图2.5-3。

3. 电站坝段设计

16#坝段为电站坝段,坝段长度为25.0 m,坝顶高程为100.40 m,基础开挖高程为65.00 m,最大坝高为35.4 m,坝基最大宽度为33.6 m,坝段上游面垂直,坝顶宽12.00 m,向上游伸出2.50 m布置检修便桥,向下游以桥墩型式伸出布置交通桥,下游面以1:0.75斜坡段连接至82.00 m电站主厂房平台,副厂房布置在主厂房下游侧尾水平台上,电站坝段典型断面见图2.5-4。

电站共设3台发电机组,总装机2 900 kW(两台1 250 kW,一台400 kW),相应设置3个引水洞,进口高程均为80.00 m,引水发电流量分别为13.3 m^3/s、13.3 m^3/s、3.5 m^3/s,坝内压力钢管管径分别为2.5 m、2.5 m、1.6 m。电站进水口(1250 kW)分为进口段、渐变段。进口段长7.5 m,渐变段长3.0 m。进口型式采用喇叭型进口,其顶面采用1/4椭圆,方程为$(x/2.7)^2+(y/0.9)^2=1$,侧面曲线为半径为2.7 m的1/4圆弧,下缘曲线为半径为0.4 m的1/4圆弧。进口段设拦污栅、检修闸门及快速闸门,断面尺寸为3.2 m×3.5 m(宽×高),快速闸门后为收缩渐变段,渐变段首段为矩形,断面尺寸为3.2 m×3.3 m(宽×高),末端为半径1.25 m的圆形。收缩渐变段设置通气孔,通气孔断面尺寸为0.8 m×1.2 m。

压力管道采用坝身埋管布置型式,从进水口到坝后厂房,单机单管供水,3条压力管道平行布置,管径分别为2.5 m、2.5 m、1.6 m。为减少钢管安装与坝体混凝土浇筑的矛盾,在下游坝面预留钢管槽。

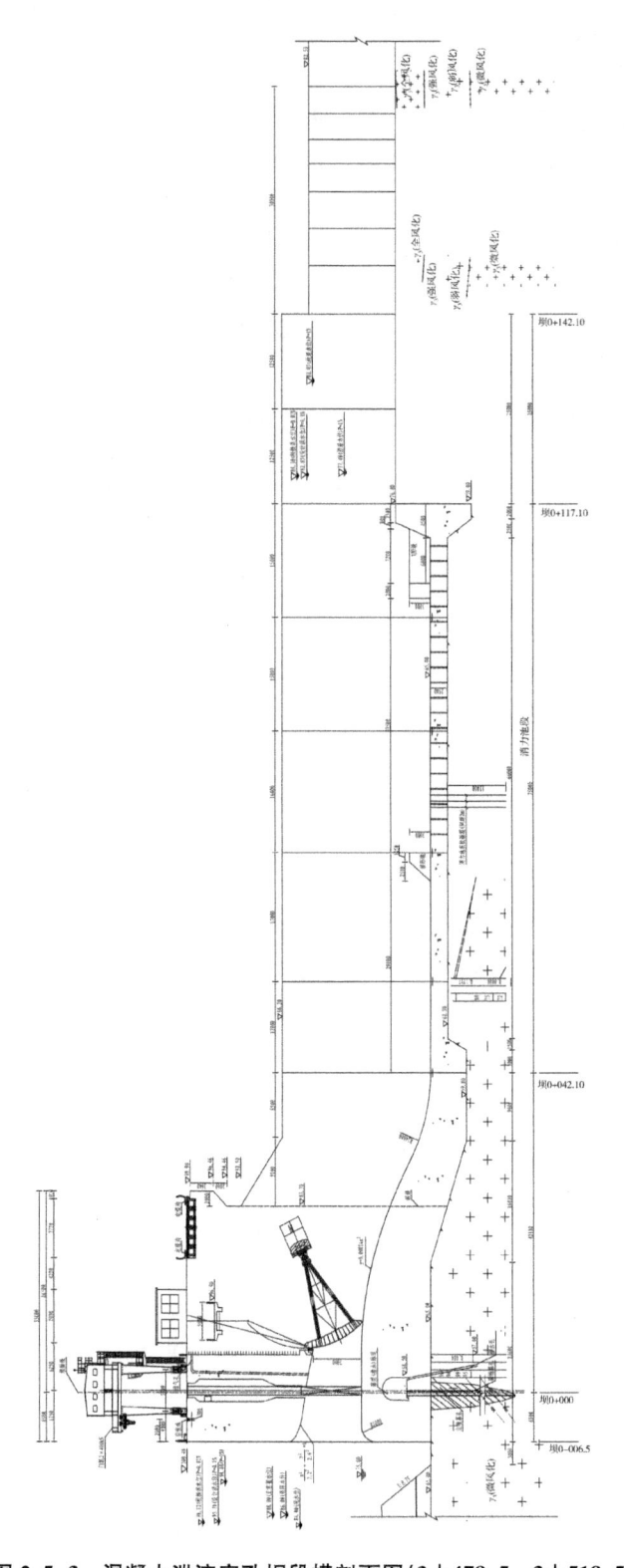

图 2.5-3　混凝土泄流底孔坝段横剖面图(3+478.5~3+518.5)

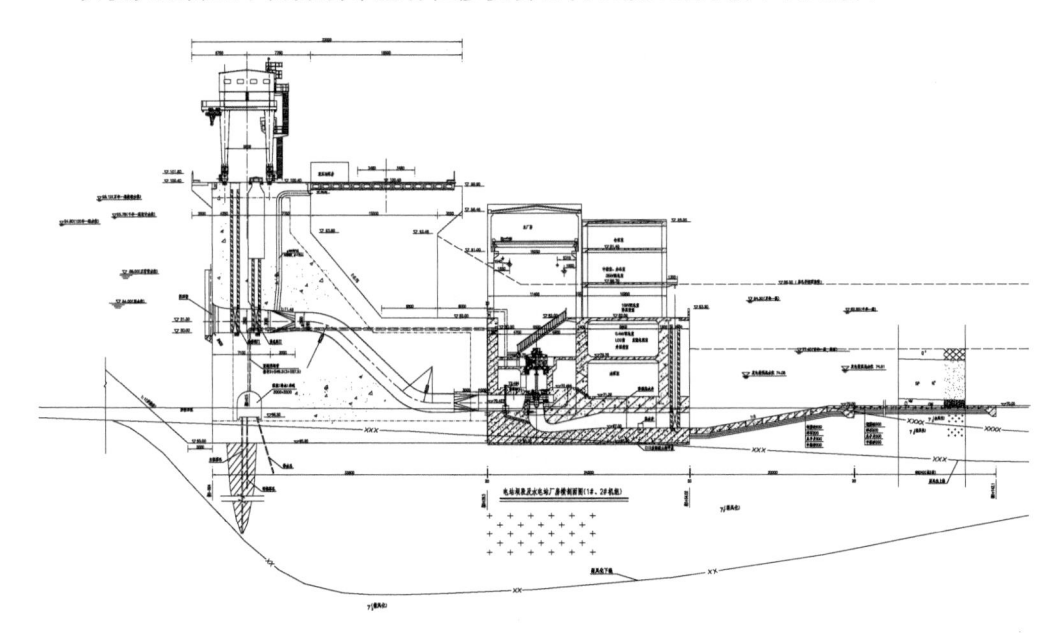

坝顶从上游至下游分别布置有检修便桥、门机、液压油泵房和交通桥。

图 2.5-4　电站坝段横剖面图

4. 生态基流放水洞设计

本工程生态基流放水洞设置在电站坝段的小机组进水管上,采用岔管连接,放水洞采用装机 400 kW 机组发电引水钢管接岔管方式,共设 2 孔,洞径 0.8 m,管道中心线距离为 2.4 m,通过泄流底孔消力池排向下游,放水洞前设置 UF-911 超声波流量计进行大坝下泄生态流量自动监控。

5. 右岸非溢流坝段设计

根据混凝土坝体总体布置,17#~23# 坝段为非溢流坝段,总长为 134.07 m。坝顶高程为 100.40 m,宽 8.0 m。17#~19# 坝段开挖基面高程为 65.0 m,坝基面顺水流向长 27.78 m,上游面垂直,下游面坡度为 1:0.75。20#~23# 坝段开挖基面沿坝轴线方向为台阶状,高程为 70.00~83.50 m,台阶间开挖坡比为 1:0.6。坝顶上游侧设挡浪墙,下游设栏杆,右岸非溢流坝段典型断面见图 2.5-5。

6. 南灌溉洞坝段设计

南灌溉洞布置于重力坝非溢流坝段 18# 坝段处,桩号 3+599.5,洞身中心线与重力坝轴线正交。按引水流量和设计水位,南灌溉洞设计为 1 孔,孔口尺寸为 2.5 m×2.5 m(宽×高),为有压坝身泄水孔,进口伸出坝面布置,设事故检修闸门,采用平面滑动钢闸门,出口工作闸门采用弧形钢闸门。工程主要由进口控制段、洞身、出口控制段、下游消能防冲设施等部分组成。

南灌溉洞坝段典型断面见图 2.5-6。

7. 混凝土坝与土坝连接段设计

混凝土坝与土坝连接方式有三种:侧墙式、刺墙插入式、侧墙与刺墙插入相结合的连

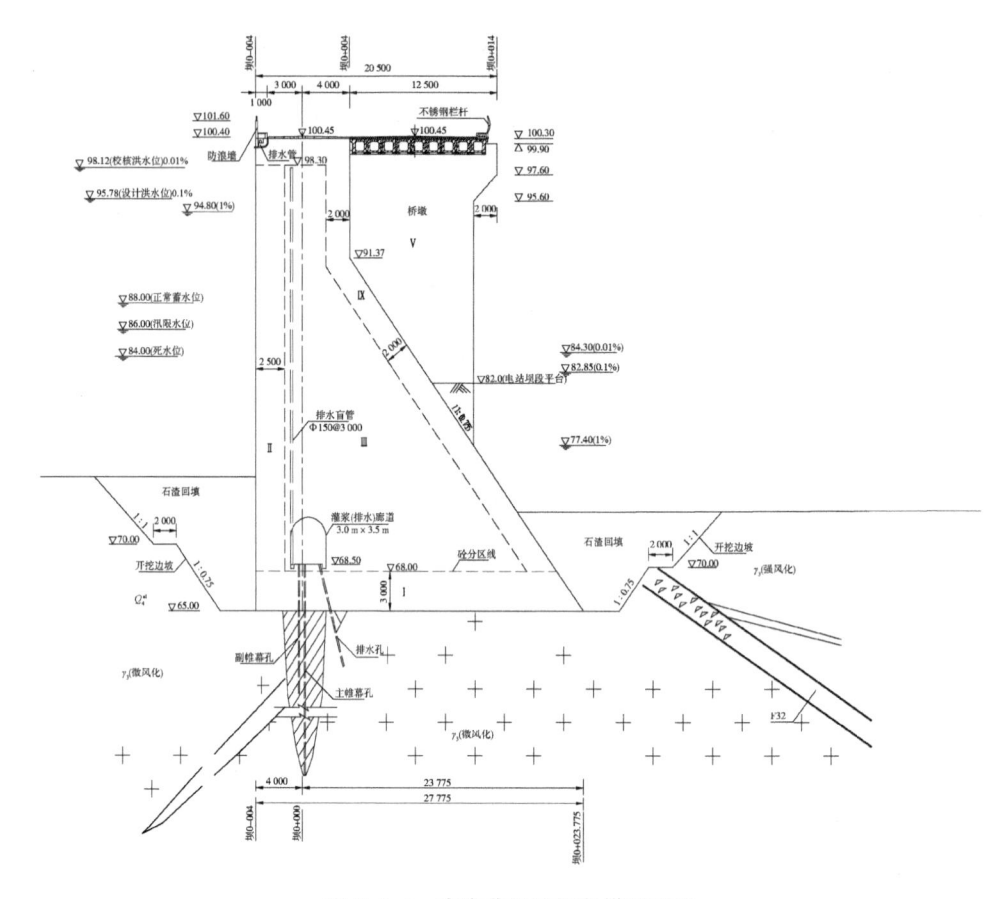

图 2.5-5 右岸非溢流坝段横剖面图

接方式。根据技术经济比较,推荐采用"侧墙低挡墙+长刺墙"连接方案。本阶段维持混凝土坝与土坝连接方式不变,刺墙长度为 80.0 m。

根据混凝土坝体总体布置,1#~4#坝段为连接段,桩号为 3+271~3+351,总长 80.0 m,分为三段,坝顶高程 100.40 m,三段坝顶宽度分别为 12.0 m、10.0 m、8.0 m,长度分别为 20.0 m(4#坝段)、25.0 m(3#坝段)、35.0 m(1#、2#坝段),左侧连接土坝顶,右侧连接溢流坝段,混凝土刺墙上游面下部边坡分别为 1:0.2、1:0.1、1:0.1,下游面边坡分别为 1:0.6、1:0.4、1:0.25。混凝土刺墙外包黏土心墙,黏土心墙与土坝段心墙相连,上下游边坡从滩地至河槽逐渐变缓。心墙外为砂壳,边坡同土坝其他段坝坡,上游坡采用 0.28 m 厚混凝土预制连锁砌块护坡,下游坡采用 0.1 m 厚预制砌块护坡。上游坡在平面上采用圆弧裹头型式,与上游侧墙相接,连接坝段典型断面见图 2.5-7。

上游侧墙为挡土墙,与表孔左岸边墩相接,墙顶高程与墙后挡土高程一致,低于表孔堰面高程,为 78.5 m,采用钢筋混凝土扶壁式结构。本阶段考虑为使表孔泄流时左侧进流平顺,结合水工模型试验结论与建议。挡土墙调整为"直线段+圆弧段"布置,兼顾导水墙作用,墙底高程 65.0 m,墙顶高程从 98.20 渐变为 88.00 m,总长 82.5 m(弧长),分 4 段,采用半重力式结构型式。

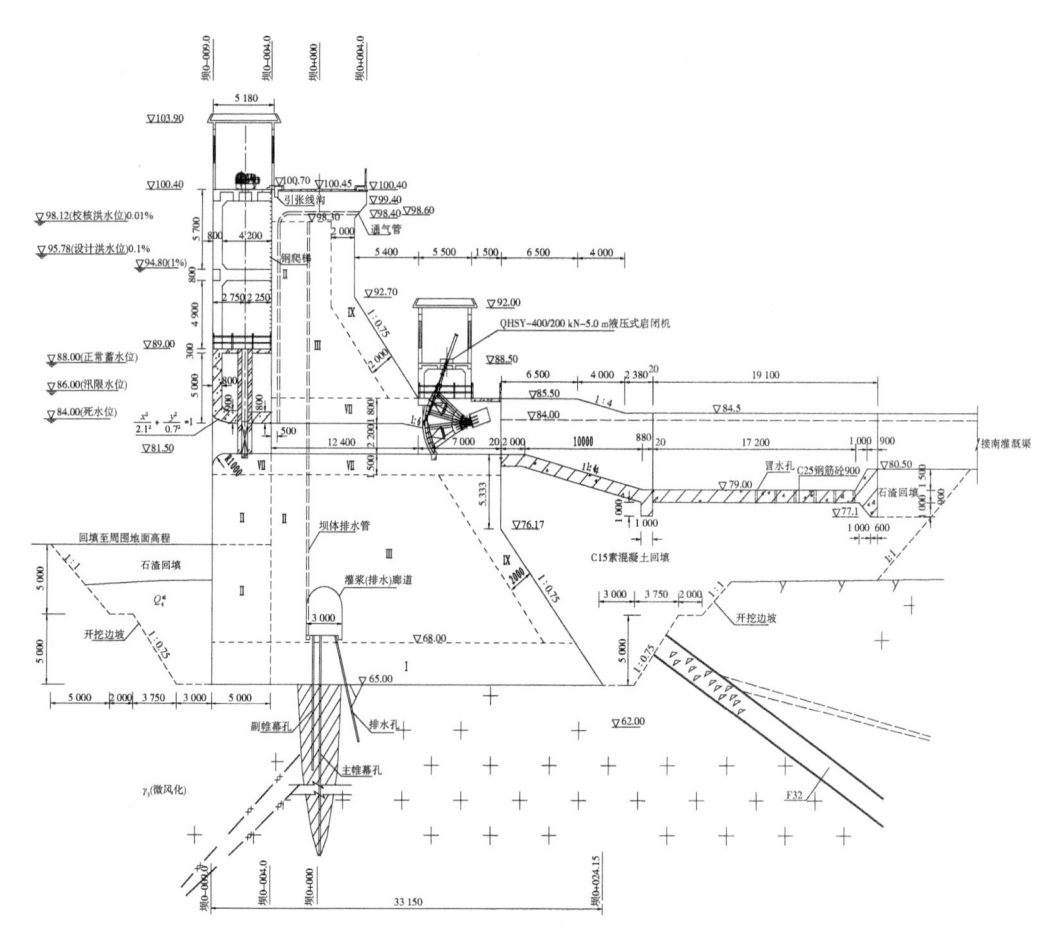

图 2.5-6 南灌溉洞坝段横剖面图

插入刺墙分半插入段与全插入段，半插入段长度根据圆弧裹头长度确定，长 60.0 m，按已建工程经验，为满足侧向绕渗要求，全插入段长度一般取坝高的 1/3~1/2，本工程连接段坝高为 35.3 m，取全插入段长 20.0 m。

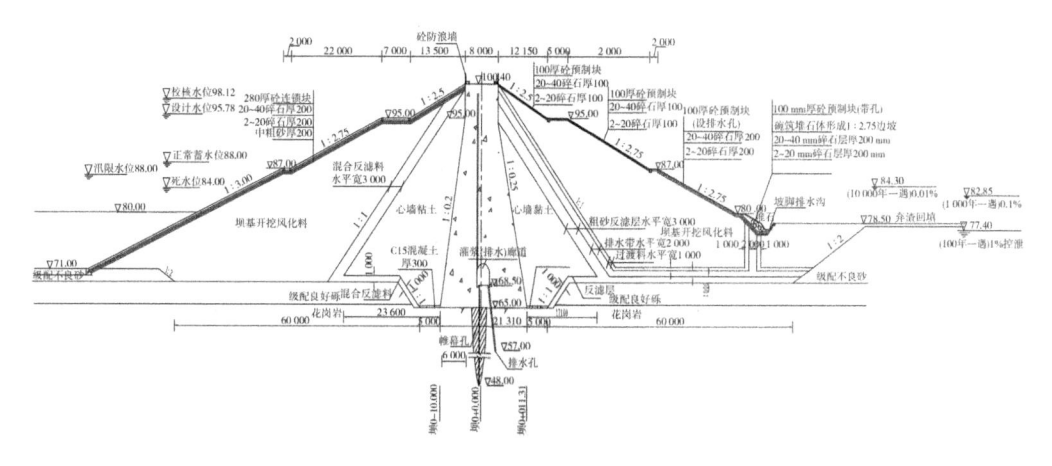

图 2.5-7 连接坝段横剖面图

8. 坝体构造

1) 廊道布置设计

坝内廊道应兼顾基础灌浆、排水、安全监测、检查维修、运行操作、坝内交通的用途。

本工程设置一道沿坝轴线方向的基础灌浆(排水)廊道,宽2.50 m,高3.0 m,采用城门洞型,廊道上游壁距坝体上游面3.0 m,为满足基础灌浆混凝土盖重要求,廊道地面高程1#～17#坝段为68.5 m,18#～23#坝段由68.5 m抬高至84.0 m,混凝土盖重厚为3.5 m,廊道布置范围从连接段至右坝肩。左岸连接坝段、右岸非溢流坝段各设置一条横向交通廊道通往下游坝外地面,廊道地面高程为84.0 m,廊道宽2.50 m,高3.00 m,为城门洞型。非溢流坝段基础灌浆(排水)廊道右侧设置一个集水井位于桩号3+555,通过坝内埋管将集水井中的水抽排往下游。集水井的底高程为64.80 m,其尺寸为3.2×3.0 m(长×宽)。

2) 坝体分缝设计

根据混凝土坝、泄水建筑物等结构设施的布置以及降温散热和施工条件、混凝土温度应力防裂要求等因素,坝体需要分块浇筑。沿坝轴线方向大坝共分为23个坝段,共设置22道横缝。1#～4#坝段为连接段(分别长17.5 m、17.5 m、25.0 m、20.0 m),5#～13#坝段为溢流表孔坝段(长度分别为14.0 m、15.0 m、18.5 m、18.5 m、18.5 m、18.5 m、18.5 m、15.0 m、14.0 m),14#～15#坝段为底孔坝段(长度分别为24.0 m、16.0 m),16#坝段为电站坝段(长25.0 m),17#～23#坝段为右岸非溢流坝段(长度分别为20.0 m、19.0 m、19.0 m、17.0 m、17.0 m、17.0 m、25.07 m)。所有坝段横缝上游侧均设置两道铜片止水,止水间设沥青井,下游侧设置一道铜片止水,铜片止水高度位于校核洪水位以上。

连接段、溢流表孔段、底孔段、非溢流坝段均设置一道纵缝,电站坝段设置两道纵缝,位置见各坝段剖面图,纵缝间设键槽,并进行接缝灌浆。

3) 坝体分区设计

由于大坝各部位混凝土受力状况不同,所处外界环境不同,大坝混凝土需按不同部位和不同的工作条件进行分区,并符合相应的技术要求(主要包括混凝土强度等级、抗渗等级、抗冻等级),满足大坝正常运行的要求。

(1) 大坝混凝土分区抗压强度等级要求

按《混凝土重力坝设计规范》(SL 319—2005)进行强度承载能力极限状态计算,各坝段在不同高程混凝土强度应满足规范要求,同时结合坝体结构应力、应变计算成果,并类比已建工程的经验确定大坝混凝土分区及强度指标。

(2) 混凝土抗渗、抗冻强度要求

根据大坝工作条件及地区气候条件,混凝土应满足耐久性要求。混凝土耐久性指标主要由抗渗、抗冻指标体现。依据《混凝土重力坝设计规范》(SL 319—2005)确定内部混凝土抗渗指标不小于W2,最小抗冻指标不小于F50。上游迎水面防渗混凝土,抗渗指标采用W6,抗冻采用F100。

(3) 抗冲耐磨要求

本工程表、底孔泄洪消能防冲单宽流量较大,为满足溢流坝和消力池过流表面混凝土抗冲耐磨要求,依据规范并参考类似工程,溢流堰面及消力池表层0.6m厚混凝土强度等级取C40,采用抗冲耐磨混凝土。闸墩及导水墙有抗冲耐磨结构的要求,采取提高混凝土强度等级的措施,强度等级分别采用C35及C30。

综合考虑以上要求,并结合坝体构造、力求简化以及施工方便的目的,确定混凝土坝段的混凝土分区。坝体分区详见坝体材料分区表(表2.5-20),具体分区情况详见各坝段剖面图。

表2.5-20 坝体材料分区表

分区号	强度等级	抗渗等级	抗冻等级	浇注部位
Ⅰ	C20	W6	F150	上游面表层混凝土(最高水位以上)
Ⅱ	C25	W6	F150	上下游表层混凝土(水位变幅区)
Ⅲ	C25	W6	F50	上下游表层混凝土(死水位以下)
Ⅳ	C25	W6	F50	坝基面混凝土
Ⅴ	C15	W2	F50	坝内混凝土
Ⅵ	C40	W6	F150	溢流面、导水墙表面抗冲耐磨混凝土
Ⅶ	C35	W6	F150	闸墩混凝土

5.6.3.7 消能防冲设计

1. 消能工段地质条件

消能工段河床表层上部以第四系全新统(Q_4)级配不良粗砂为主,含砾石,厚度为1.7~7.5m,河床左侧局部层底高程为66.5m左右,右侧层底高程为70.0m左右;下部为第四系上更新统(Q_3)冲洪积砾石层,局部夹透镜状或薄层状含砂黏性土层或软土,层厚为1.0~2.8m,局部缺失。河床表层第四系粗砂及砾石层总厚度约为4.0~10.0m,其抗冲刷及抗掏蚀能力差。

河床基岩为加里东晚期中粗粒黑云母花岗岩,局部夹片岩捕掳体,并有细粒花岗岩脉、长英岩脉、石英岩脉及绿帘石脉穿插,岩面高程为65.0~70.0m。基岩整体较为完整,靠近坝体位置北西西向有F_{30}、F_{34}两条断层发育,倾角均较陡。

表孔消能工段微风化花岗岩顶面高程约为65.0m,上部为薄层的弱风化(局部缺失)及强风化花岗岩;底孔坝段下游80.0m左右范围内微风化花岗岩顶面高程约为65.0m,上部为薄层的弱风化(局部缺失)及强风化花岗岩,其后微风化花岗岩顶面下倾至59.0m左右,其上分别为厚约3.1m、3.4m及4.3m的弱、强及全风化花岗岩,其中强风化、全风化花岗岩抗冲刷及抗掏蚀能力均较差。

2. 消能规模及特点

表孔百年一遇(消能工设计工况)、千年一遇设计及万年一遇校核洪水流量分别为9 907.6 m³/s、11 280.3 m³/s、14 714.5 m³/s,单宽流量分别为82.56 m³/(s·m)、94.0 m³/(s·m)、122.6 m³/(s·m),消力池内最大流速约为21.9 m/s;底孔百年一遇(消能工设计工况)、千年一遇设计及万年一遇校核洪水流量分别为2 234.5 m³/s、2 300.7 m³/s、2 451.5 m³/s,单宽流量分别为106.40 m³/(s·m)、109.56 m³/(s·m)、

116.74 m³/(s·m),消力池内最大流速约为 22.2 m/s。泄洪时上下游最大水位差为17.40 m。

本工程消能的技术特点如下：①泄洪水流单宽流量大，弗劳德数低，根据底流消能计算成果，表孔下泄水流的弗劳德数为 2.90～3.45，底孔下泄水流的弗劳德数为 2.61～2.80，均属低水头、大单宽、低弗劳德数消能范畴，消能效率较低；②下游河床水位低且水深变幅较大，遇频率为 5%（控泄 600 m³/s）～0.01%洪水时，算得河床第四系覆盖层顶面的水深变幅在 2.5～9.8 m 之间，算得河床基岩顶面的水深变幅在 12.0～19.3 m 之间。

3. 消能型式选择

泄洪建筑物常用的消能工型式有：挑流消能、面流消能、消力戽消能及底流消能，各消能工型式针对本工程的适用性分析如下。

1）挑流消能

挑流消能适用于坚硬岩石上的高坝、中坝，是利用泄水建筑物出口处的挑流鼻坎，将下泄急流抛向空中，然后落入离建筑物较远的河床，与下游水流相衔接的消能方式。本工程表孔堰顶高程为 83.0 m，泄洪时下游最高水位为 84.3 m，不具备布置挑流鼻坎和形成安全挑距所需的挑流空间，因此挑流消能不适合本工程。

2）面流消能

面流消能适用于下游尾水较深，流量变化范围小，水位变幅不大，河床和两岸在一定范围内有较高抗冲能力的工程。本工程下游河床水位低且水深变幅较大，河床表层第四系覆盖层及两岸抗冲能力差，不具备采用面流消能的条件。

3）消力戽消能

消力戽消能典型流态是"三滚一浪"，适用于下游尾水较深（大于跃后水深）且变幅小、下游河床和两岸有一定抗冲能力的河道。

为论证本工程下游河道是否有采用消力戽消能的水流条件，本阶段对表孔及底孔采用消力戽消能进行了详细布置及水力计算。

（1）消力戽布置方案

戽底高程一般与河床基岩面一致，当下游水深不足时可以适当挖深，使戽底低于河床，根据本工程消能防冲段地质条件及下游水深情况，表孔及底孔均布置了戽底高程为 65.0 m（平河床基岩）及 63.0 m（基岩下挖 2 m）两个方案进行水力计算。根据计算，表孔及底孔的消力戽半径分别取 13.5 m 及 20.0 m。表孔及底孔消力戽布置方案见图 2.5-8 及图 2.5-9。

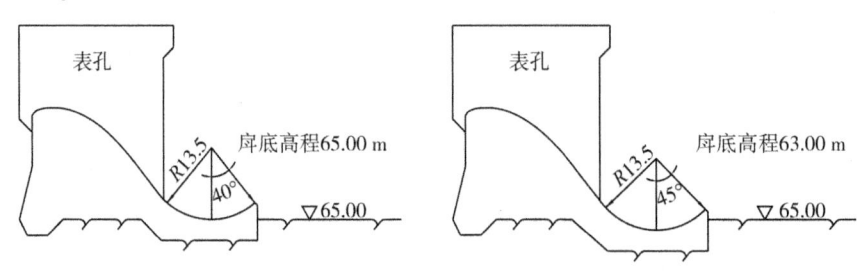

图 2.5-8　表孔消力戽布置图

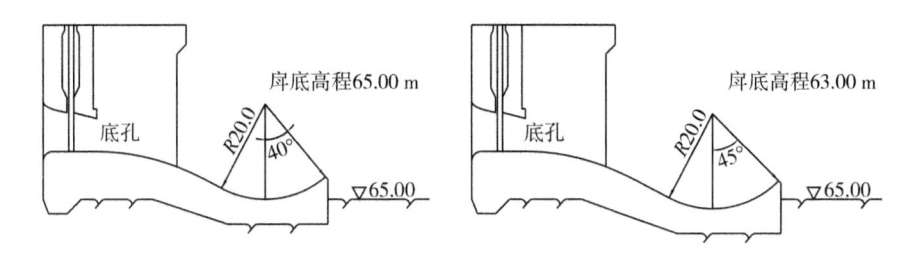

图 2.5-9　底孔消力戽布置图

(2) 消力戽水力计算成果

表孔及底孔各选取3种工况进行消能计算,成果见表2.5-21及2.5-22。

表 2.5-21　表孔消力戽水力计算成果表

序号	工况	上游水位(m)	下泄单宽 [m³/(s·m)]	戽流下限水深 (m)	戽流上限水深 (m)	下游尾水水深 (m)
\multicolumn{7}{c}{戽底高程 65.00 m}
1	百年一遇(敞泄)	94.80	82.6	16.84	21.96	15.30
2	千年一遇	95.78	94.0	19.74	22.35	17.85
3	万年一遇	98.12	122.6	22.23	26.72	19.30
\multicolumn{7}{c}{戽底高程 63.00 m}
1	百年一遇(敞泄)	94.80	82.6	15.97	21.23	15.30
2	千年一遇	95.78	94.0	18.26	23.15	17.85
3	万年一遇	98.12	122.6	21.34	26.17	19.30

表 2.5-22　底孔消力戽水力计算成果表

序号	工况	上游水位(m)	下泄单宽 [m³/(s·m)]	戽流下限水深 (m)	戽流上限水深 (m)	下游尾水水深 (m)
\multicolumn{7}{c}{戽底高程 65.00 m}
1	百年一遇(敞泄)	94.80	106.4	22.47	26.01	15.30
2	千年一遇	95.78	109.6	23.54	27.11	17.85
3	万年一遇	98.12	116.7	24.86	28.71	19.30
\multicolumn{7}{c}{戽底高程 63.00 m}
1	百年一遇(敞泄)	94.80	106.4	21.11	24.68	15.30
2	千年一遇	95.78	109.6	22.11	25.93	17.85
3	万年一遇	98.12	116.7	23.01	27.49	19.30

(3)成果分析

由上述消力戽消能计算可知,表孔及底孔两种戽底方案产生稳定戽流所需的下游水深均大于天然水深,如继续降低戽底高程,基岩的开挖量加大,导致工程不经济,且消力戽消能对河床第四系覆盖层及两岸冲刷大、影响远,因此消力戽消能不适合本工程。

4)底流消能

底流消能适用于中、低坝,是通过水跃,将泄水建筑物泄出的急流变为缓流,以消除多余动能的消能方式,具有流态稳定、对地质条件和尾水位变幅适应性强的特点,由于出池水流为缓流,对河床和两岸的冲刷均较小。本工程下游河道地形、地质及水流条件,适宜采用底流消能。

综上所述,挑流消能、面流消能及消力戽消能均不适合本工程,而底流消能方案从总体上对泄水建筑物的地形、地质及水流条件和枢纽布置较适应,因此本工程推荐底流方案作为下游消能防冲方案。

4. 底流消能防冲设计

表孔及底孔消力池始端分别以半径 18.0 m、24.0 m 的圆弧与堰面相接。根据水力计算,表孔及底孔消力池深均采用 5.0 m,池底高程为 65.0 m,池长分别为 73.5 m 及 75.0 m,消力坎顶高程为 70.0 m。

根据水工模型试验结果,表孔及底孔出池后均形成二次水跃,百年一遇设计洪水工况下,至弱风化基岩面(65.00 m 高程),表孔出池底部流速为 1.89~2.15 m/s、表面流速为 6.21~7.26 m/s,底孔出池底部流速为 2.02~2.26 m/s、表面流速为 5.48~6.21 m/s,表孔及底孔出池底部流速均小于河床弱风化花岗岩的容许抗冲流速,故表孔及底孔消力池后均不考虑设置抗冲护坦,仅在消力池末端设置防淘齿墙,齿墙底高程为 58.0 m。由于表孔及底孔出池流速均大于河床表面第四系覆盖层(级配不良砂层)的抗冲流速,水库泄洪时可能会对坝下河床表层产生一定的冲刷。

表孔及底孔消力池水流流态差异较大,为分隔表孔及底孔消力池水流,其间设置导水分隔墙,墙顶宽 3.0 m,墙顶高程为 86.5 m。

因本工程表孔及底孔消力池弗劳德数 $Fr<4.5$,属低弗劳德数消能范畴,消力池内水流旋滚尚未充分发展,消能效率较低,能量较为集中,对下游冲刷严重,故考虑在消力池内加设辅助消能工,以改善消力池性能,提高消能效率。鉴于辅助消能工设在消力池前段,消能效果虽好,但易于气蚀破坏,而本工程消力池前段计算最大流速约为 22.0 m/s,因此考虑在消力池末端设置 T 形墩,T 形墩尺寸参考类似工程经验取值如下:墩头厚 2.0 m、墩头高 3.0 m、墩头宽 4.0 m、直墙长 6.0 m、两墩中心线间距为 9.0 m。

经水工模型试验验证,表孔及底孔消力池长度、深度基本满足要求。消力池起始断面底部最大流速达到 14.0~18.0 m/s,流速沿程下降,水流出池后流速普遍降低 3 m/s 以上,说明 T 形墩和尾坎产生了较强消能作用。

模型试验中各工况下消力池内消能率均在 30%~40%,池内消能率仍有一定的提升空间。由于池后水流表面流速仍可达到 6~7 m/s,容易对下游河岸产生一定的冲刷作用,所以模型试验研究建议使用"非完全宽尾墩+T 形墩"消力池,在保证溢流堰泄流能力的条件下,进一步提高池内消能率。

5.6.3.8 下游导水墙、挡土墙设计

根据工程布置需要,在混凝土坝下游侧左、右岸设置挡土墙,泄流底孔下游两侧设置导水墙。

1. 挡土墙设计

1) 挡土墙顶高程及主要尺寸确定依据

下游左岸前端直线段挡土墙顶按泄流跃后水深,考虑掺气高度及超高确定;其后圆弧连接段高程按百年一遇(敞泄)下游水位高程加超高确定。

下游右岸挡土墙上游端与水电站厂房边墙相接,首端挡土墙顶高程根据电站厂房地面高程确定,末端挡土墙根据现状地面高程确定。

挡土墙结构尺寸根据稳定计算确定。

2) 总体布置

下游左岸挡土墙上游端与溢流坝段左边墙相接,下游端与原河槽岸坡相接,消力池及其后直线段挡土墙顶高程为 86.50 m,底高程为 63.00 m,其下以圆弧连接段与原河槽岸坡相连,墙顶高程按百年一遇下游水位高程确定为 82.50 m,底高程为 65.00 m,墙后弃渣回填高程为 78.5 m。河槽岸坡采用 0.2 m 厚混凝土预制砌块防护,防护长度为 200.0 m。

下游右岸挡土墙上游端与水电站厂房边墙相接,挡土墙顶高程为 82.50 m,电站出水渠以下采用浆砌石扭墙与下游高边坡相接,扭墙顶高程为 82.50 m,挡土墙、扭墙底高程均为 63.00 m,墙后弃渣回填;在下游右岸挡土墙以下设置长 60.00 m 浆砌石扭墙与下游右岸高边坡防护连接。

3) 结构型式选择

挡土墙型式有重力式、衡重式、扶壁式、悬臂式和空箱式等,一般根据挡土墙高度及地基条件选用,本工程挡土墙及墙后填土均较高,地基为岩基,根据挡土墙高度、地基条件等工程具体情况,本阶段选取重力式和扶壁式两种挡墙进行工程投资比选,具体比较见表 2.5-23。

表 2.5-23 挡土墙结构型式投资比较表

项目	混凝土工程量(m^3)	土石方开挖工程量(m^3)	土石方回填工程量(m^3)	钢筋量(t)	可比投资(万元)
重力式挡土墙	49 465	148 742	181 464	35.4	2 799
扶壁式挡土墙	29 134	154 937	193 894	2 622	3 600

通过投资比较,重力式挡土墙投资相对较少,本阶段下游左、右岸挡土墙均采用重力式挡土墙。

4) 结构设计

下游左岸消力池及海漫段重力式挡土墙,墙顶宽为 2.0 m,墙面坡竖直,墙背坡度为 1∶0.45,墙底宽度为 14.00 m,挡土墙分缝与表孔段消力池及海漫底板一致,消力池段 14.0 m、消力池以下段 17.5 m 及下游左岸消力池以下 35.00 m 以下圆弧接直线连接段重力式挡土墙,墙顶宽为 2.0 m,墙面坡竖直,墙背坡度为 1∶0.50,墙底宽度为 12.00 m,

挡土墙分缝间距为 15.0～21.3 m。

下游右岸挡土墙墙顶宽为 2.0 m,墙面坡竖直,墙背坡度为 1∶0.55,墙底宽度为 14.35 m,挡土墙分缝间距为 13.0～15.0 m,共分 5 段。

挡土墙均设置排水孔,排距为 3.0 m,孔距为 2.0 m,墙后设 D100 第三代排水软管。

重力式挡土墙采用 C20 混凝土,左岸消力池段挡土墙考虑抗冲耐磨要求,表层采用 0.6 m 厚 C40 抗冲耐磨混凝土浇筑。

2. 下游导水墙设计

根据消能计算,表孔及底孔消力池水流流态差异较大,为分隔表孔及底孔下泄水流,其间设置左导水墙;为保证底孔泄洪时不影响水电站发电,底孔与水电站间设置右导水墙,导水墙上游端与坝体表孔、底孔闸墩相连,下游端至出池水流二次水跃末端。

1) 导水墙顶高程及主要尺寸确定

左、右导水墙顶高程按考虑掺气高度的跃后水深加超高确定,顶高程为 86.50 m,墙顶宽度考虑交通及结构要求确定为 3.0 m。

导水墙结构尺寸根据稳定计算确定,墙体两侧计算水位一侧为下游泄洪水位、一侧为消力池跃前收缩段水位。

2) 结构设计

导水墙采用倒 T 形结构,底板宽 17.0 m,厚 4.0 m,立墙为梯形,墙顶宽 3.0 m,墙底宽 9.0 m,底板两侧各悬挑 4.0 m 作为消力池底板的一部分,消力池段导水墙分缝同底孔段消力池底板,间距为 16.0 m,消力池以下段间距为 12.50 m。

考虑到消力池内流速较大,消力池段导水墙需满足抗冲耐磨要求,因此消力池导水墙采用 C30 混凝土,其后水流流速较低,导水墙采用 C25 混凝土。

根据整体水工模型试验和断面水工模型试验结论与建议,各工况出池水流二次水跃末端均位于导水墙内,水位小于设计导水墙的顶部高程 86.5 m。综合水面线分布情况可以认为下游导水墙高度设计基本符合要求,具体分析内容详见本章 5.6.3.9 节。

5.6.3.9　水力计算

1. 泄流能力计算

1) 溢流表孔

溢流表孔堰顶高程为 83.00 m,共 8 孔,单孔净宽 15.0 m,总净宽 120.0 m。泄流量按《混凝土重力坝设计规范》(SL 319—2005)开敞式溢流堰泄流能力计算公式计算,具体公式为:

$$Q = Cm\varepsilon\sigma_s B \sqrt{2g} H_w^{3/2}$$

式中:Q——流量,m^3/s;

　　　B——溢流堰净宽,m;

　　　H_w——堰顶以上作用水头,m;

　　　g——重力加速度,m/s^2;

　　　m——流量系数,按《混凝土重力坝设计规范》(SL 319—2005)取值;

　　　C——上游面坡度影响修正系数,取 1.0;

ε——侧收缩系数,取 0.92;
σ_s——淹没系数。

溢流表孔泄流能力计算成果见表 2.5-24。

表 2.5-24 溢流表孔泄流能力计算成果表

工况	上游水位(m)	下游水位(m)	流量(m³/s)
百年一遇洪水(敞泄)	94.80	82.03	9 907.6
千年一遇洪水设计工况	95.78	82.85	11 280.3
万年一遇洪水校核工况	98.12	84.30	14 714.5

溢流表孔泄流曲线见图 2.5-10。

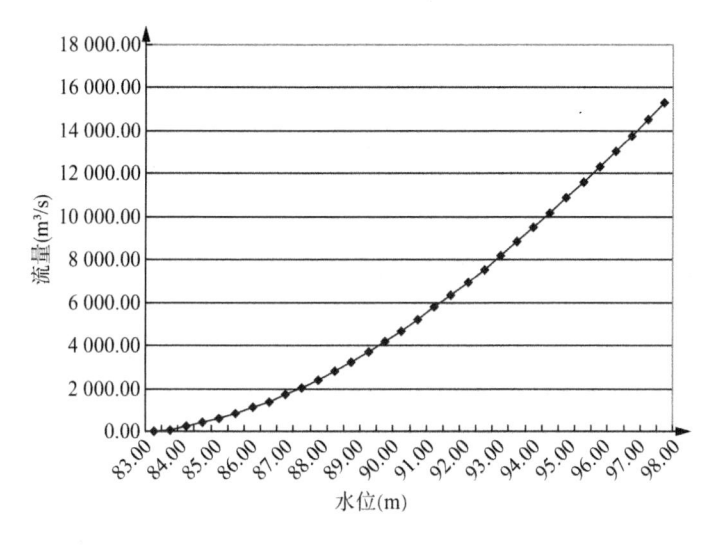

图 2.5-10 溢流表孔泄流曲线

2) 泄流底孔

泄流底孔为无压洞型式,进口为有压短管,堰顶高程为 75.00 m。底孔共 3 孔,单孔断面尺寸 7.0 m×7.0 m,总净宽为 21.0 m。上游水位在 83.00 m 以下时,泄洪孔为自由出流,泄流量计算公式同溢流表孔;上游水位在 83.00 m 以上时,泄洪底孔为孔口出流,其泄流量按《混凝土重力坝设计规范》(SL 319—2005)孔口泄流能力计算公式计算,具体公式为:

$$Q = \mu A_k \sqrt{2gH_w}$$

式中:Q——流量,m³/s;
A_k——出口处的面积,m²;
H_w——自由出流时为孔口中心处的作用水头,淹没泄流时为上、下游水位差,m;
μ——孔口或管道流量系数。

底孔泄流能力计算成果见表2.5-25。

表 2.5-25　泄流底孔泄流能力计算成果表

工况	上游水位(m)	下游水位(m)	流量(m³/s)
百年一遇洪水(敞泄)	94.80	82.03	2 234.5
千年一遇洪水设计工况	95.78	82.85	2 300.7
万年一遇洪水校核工况	98.12	84.30	2 451.5

底孔泄流曲线见图2.5-11。

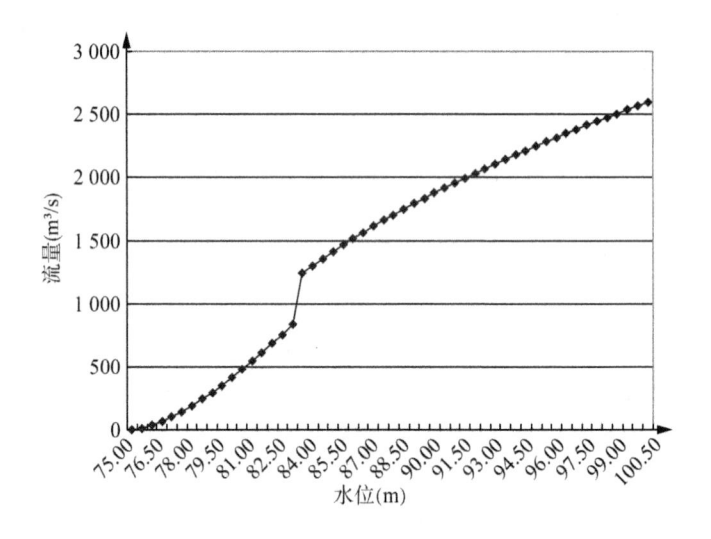

图 2.5-11　底孔泄流曲线

3) 泄流能力模型试验结果

表孔泄流流量计算值与模型试验值对比见表2.5-26。

表 2.5-26　表孔泄流流量计算值与试验值对比

序号	工况	水位(m)	设计值(m³/s)	试验值(m³/s)	差值比率(%)
1	百年一遇水位	94.80	9 907.6	10 641.29	7.41
2	千年一遇设计水位	95.78	11 280.3	11 870.97	5.24
3	万年一遇校核水位	98.12	14 714.5	15 117.18	2.74

底孔泄流流量计算值与模型试验值对比见表2.5-27。

表 2.5-27　底孔泄流流量计算值与试验值对比

序号	工况	水位(m)	设计值(m³/s)	试验值(m³/s)	差值比率(%)
1	百年一遇水位	94.80	2 234.5	2 370.79	6.10
2	千年一遇设计水位	95.78	2 300.7	2 455.95	6.75
3	万年一遇校核水位	98.12	2 451.5	2 643.29	7.82

根据表孔、底孔泄流能力模型试验,表孔、底孔泄流能力大于设计值2.74%～

7.82%,泄水建筑物规模满足设计要求。

2. 消能计算

溢流表孔和泄流底孔均采用底流消能。《水利水电工程等级划分及洪水标准》(SL 252—2000)中规定:消能防冲建筑物设计的洪水标准,可低于大坝的泄洪标准,Ⅰ等工程消能防冲建筑物宜按百年一遇洪水设计。因此,本工程消力池按百年一遇洪水设计,同时选择下游水位较低时的初始泄洪(放水)阶段,按闸门开启 0.5 m、1.0 m、1.5 m 时的泄水过程,选择最不利工况的流量进行消能防冲计算。池长和池深采用《溢洪道设计规范》(DL/T 5166—2002)及《水力计算手册》公式计算:

$$d = \sigma h_2 - h_t - \Delta Z$$

$$\Delta Z = \frac{Q^2}{2gb^2}\left(\frac{1}{\varphi^2 h_t^2} - \frac{1}{\sigma^2 h_2^2}\right)$$

$$L_k = 0.8L$$

式中:d——池深,m;

σ——水跃淹没度,可取 $\sigma=1.05\sim1.10$;

h_2——池中发生临界水跃时的跃后水深,m;

h_t——消力池出口下游水深,m;

ΔZ——消力池尾部出口水面跌落,m;

Q——流量,m³/s;

b——消力池宽度,m;

φ——消力池出口段流速系数,可取 0.95;

L——自由水跃的长度,m。

计算成果见表 2.5-28~2.5-29。

3. 防冲计算

消力池底板厚度应满足抗冲和抗浮要求,其计算公式如下:

抗冲 $$t = k_1 \sqrt{q\sqrt{\Delta H}}$$

抗浮 $$t = k_2 \frac{U - W \pm P_m}{\gamma_b}$$

式中:t——消力池底板厚度,m;

$\Delta H'$——闸孔泄水时的上、下游水位差,m;

k_1——消力池底板计算系数,可采用 0.15~0.20;

k_2——消力池底板安全系数,可采用 1.1~1.3;

U——作用在消力池底板底面的扬压力,kPa;

W——作用在消力池底板顶面的水重,kPa;

P_m——作用在消力池底板上的脉动压力,kPa;

γ_b——消力池底板的饱和重度,kN/m³。

计算成果见表 2.5-28~2.5-29。

经计算,按百年一遇消能防冲设计工况,表孔消力池池长取 73.5 m,池深取 5.0 m;底孔消力池池长取 75.0 m,池深取 5.0 m。根据底板厚度计算成果,为节约工程投资,本阶段表、底孔消力池底板厚度根据抗冲计算结果取值,表孔取 2.5 m,底孔取 3.0 m。考虑其抗浮稳定要求,在底板下面增设 $\varphi 32$ 锚筋,表孔锚筋间距为 2.0 m,锚入地基深度为 12.0 m,底孔锚筋间距为 2.0 m,锚入地基深度为 9.0 m,消力池底板设置锚筋后的抗浮稳定计算详见本章 5.6.3.10 章节。

经水工模型试验验证,表孔、底孔消力池长度及深度满足设计要求。

表 2.5-28　溢流表孔消力池计算成果表

工况	上游水位(m)	下游水位(m)	流量(m^3/s)	消力池长(m)	消力池深(m)	消力池底板厚度(m) 抗冲	消力池底板厚度(m) 抗浮
百年一遇洪水(敞泄)	94.80	82.03	9 907.6	73.3	4.63	2.55	5.49
千年一遇洪水设计工况	95.78	82.85	11 280.3	76.2	4.92	2.75	5.79
万年一遇洪水校核工况	98.12	84.30	14 714.5	85.3	5.30	3.22	6.46

表 2.5-29　泄流底孔消力池计算成果表

工况	上游水位(m)	下游水位(m)	流量(m^3/s)	消力池长(m)	消力池深(m)	消力池底板厚度(m) 抗冲	消力池底板厚度(m) 抗浮
百年一遇洪水	94.80	82.03	2 234.5	74.8	4.74	2.90	5.66
千年一遇洪水设计工况	95.78	82.85	2 300.7	81.5	5.15	2.97	5.90
万年一遇洪水校核工况	98.12	84.30	2 451.5	85.6	5.45	3.14	6.42

5.6.3.10　稳定及应力计算

1. 混凝土坝稳定及应力计算

本阶段对坝体稳定和坝基应力进行计算,以复核坝体断面尺寸。根据《混凝土重力坝设计规范》(SL 319—2005)的规定,计算项目有:坝体与坝基接触面抗滑稳定、坝趾抗压强度承载能力、坝踵垂直应力。计算断面取溢流坝段、泄流底孔坝段、电站坝段及右岸非溢流坝段标准断面。计算工况考虑到正常蓄水位与设计水位相差较大,不再计算正常蓄水位情况,取设计工况(0.1%)及百年一遇控泄工况作为基本组合,校核工况(0.01%)、地震工况(正常蓄水位组合地震)作为偶然组合进行计算。

作用在坝上的荷载分为基本荷载和特殊荷载,基本荷载包括:坝体及其上永久设备自重,设计洪水位时大坝上、下游面的静水压力、扬压力、淤沙压力,正常蓄水位或设计洪水位时的浪压力、土压力,设计洪水位时的动水压力。特殊荷载包括:校核洪水位时大坝上、下游面的静水压力,校核洪水位时的扬压力,校核洪水位时的浪压力,校核洪水位时的动水压力、地震荷载。各计算工况下荷载组合见表 2.5-30。

表 2.5-30　荷载组合表

组合	工况	荷载									
		自重	静水压力	扬压力	淤沙压力	浪压力	冰压力	地震荷载	动水压力	土压力	其它荷载
基本组合	设计洪水	√	√	√	√	√	—	—	√	√	—
	百年一遇控泄	√	√	√	√	√	—	—	√	√	—
特殊组合	校核洪水	√	√	√	√	√	—	—	√	√	—
	正常蓄水+地震	√	√	√	√	√	—	√	—	√	—

根据《混凝土重力坝设计规范》(SL 319—2005),坝基截面的垂直应力按下式计算：

$$\sigma_y = \frac{\sum W}{A} \pm \frac{\sum Mx}{J}$$

式中：σ_y——坝踵、坝趾垂直应力,kPa；

$\sum W$——作用于坝段1.0 m坝长上全部荷载(包括扬压力,下同)在坝基截面上法向力的总和,kN；

$\sum M$——作用于坝段1.0 m坝长上全部荷载对坝基截面形心轴的力矩总和,kN·m；

A——1.0 m坝长的坝基截面积,m^2；

x——坝基截面上计算点到形心轴的距离,m；

J——1.0 m坝长的坝基截面对形心轴的惯性矩,m^4。

计算成果见表2.5-31。

表 2.5-31　坝体强度和承载能力计算成果

部位		设计工况(0.1%)		百年一遇控泄		校核工况(0.01%)		地震工况(正常蓄水位+地震)	
		计算值(kPa)	容许值(kPa)	计算值(kPa)	容许值(kPa)	计算值(kPa)	容许值(kPa)	计算值(kPa)	容许值(kPa)
溢流坝段	坝趾	498	3 500	561	3 500	531	3 500	509	3 500
	坝踵	185	>0	112	>0	159	>0	191	>0
泄流底孔坝段	坝趾	537	3 500	596	3 500	559	3 500	528	3 500
	坝踵	221	>0	138	>0	188	>0	199	>0
电站坝段	坝趾	437	3 500	489	3 500	472	3 500	461	3 500
	坝踵	302	>0	263	>0	263	>0	238	>0
右岸非溢流坝段	坝趾	487	3 500	519	3 500	514	3 500	488	3 500
	坝踵	157	>0	102	>0	139	>0	157	>0

从上表可以看出,溢流坝段、泄流底孔坝段、电站坝段和右岸非溢流坝段坝址和坝踵处垂直应力符合《混凝土重力坝设计规范》(SL 319—2005)的要求。

按《混凝土重力坝设计规范》(SL 319—2005)中的抗剪强度与抗剪断强度公式,对坝基抗滑稳定进行计算。

抗剪强度公式：

$$K = \frac{f \sum W}{\sum P}$$

式中：K——按抗剪强度计算的抗滑稳定安全系数；

f——坝体混凝土与坝基接触面的抗剪摩擦系数，地质报告推荐采用 0.48～0.53，取 0.50；

$\sum W$——作用于坝体上的全部荷载对滑动平面的法向分值，kN；

$\sum P$——作用于坝体上全部荷载对滑动平面的切向分值，kN。

抗剪断强度公式：

$$K' = \frac{f' \sum W + c'A}{\sum P}$$

式中：K'——按抗剪断强度计算的抗滑稳定安全系数；

f'——坝体混凝土与坝基接触面的抗剪断摩擦系数，地质报告推荐采用 0.80～0.85，取 0.82；

c'——坝体混凝土与坝基接触面的抗剪断凝聚力，地质报告推荐采用 0.55～0.65 MPa，取 0.60 MPa；

A——坝基面截面积，m^2。

计算成果见表 2.5-32。

表 2.5-32　坝基抗滑稳定计算成果

项目		设计工况(0.1%)		百年一遇控泄		校核工况(0.01%)		地震工况（正常蓄水位）	
		计算值	容许值	计算值	容许值	计算值	容许值	计算值	容许值
溢流坝段	抗剪强度公式	1.33	1.1	1.12	1.1	1.09	1.05	1.34	1.05
	抗剪断强度公式	5.11	3.0	3.88	3.0	4.07	2.5	5.42	2.5
泄流底孔坝段	抗剪强度公式	1.34	1.1	1.19	1.1	1.09	1.05	1.32	1.05
	抗剪断强度公式	5.12	3.0	3.96	3.0	4.02	2.5	5.01	2.5
电站坝段	抗剪强度公式	1.82	1.1	1.52	1.1	1.56	1.05	1.91	1.05
	抗剪断强度公式	8.02	3.0	6.89	3.0	7.05	2.5	8.21	2.5
右岸非溢流坝段	抗剪强度公式	1.32	1.1	1.13	1.1	1.15	1.05	1.39	1.05
	抗剪断强度公式	5.66	3.0	3.92	3.0	4.05	2.5	5.54	2.5

从上表中可以看出，采用抗剪强度和抗剪断强度公式计算，混凝土坝各坝段在设计工况、校核工况和地震工况下，坝基抗滑稳定计算安全系数均大于规范规定值。

2. 导水墙、挡土墙稳定及应力计算

本阶段对挡土墙、导水墙基底应力和墙体稳定进行计算,以复核拟定墙体断面尺寸。根据《水工挡土墙设计规范》(SL 379—2007)规定,计算项目有:墙趾抗压强度承载能力、墙踵垂直应力、墙底板与基础接触面抗滑稳定、挡土墙及导水墙抗倾稳定。对每段挡土墙及导水墙分别取一标准断面进行计算,取完建工况及设计工况作为基本组合,校核工况及地震工况作为偶然组合进行计算,上游左岸挡土墙直接保护主坝,为1级建筑物,需考虑地震工况,其余挡土墙及导水墙均为3级建筑物,不需考虑地震工况。

作用在墙体上的荷载分为基本荷载和特殊荷载,基本荷载包括:墙体自重,附加荷载,设计洪水位时墙前、后的静水压力、底板扬压力、土压力、设计洪水位时水重及附加荷载。特殊荷载包括:校核洪水位时墙前、后静水压力,校核洪水位时底板扬压力,校核洪水位时的水重及附加荷载、地震荷载。导水墙计算时,设计工况取一侧百年一遇下游水位,另一侧取收缩水深;校核工况取一侧千年一遇下游水位,另一侧取收缩水深。各计算工况下荷载组合见表2.5-33。

表 2.5-33 荷载组合表

组合	工况	自重	静水压力	土压力	水重	扬压力	淤沙压力	浪压力	冰压力	土冻胀力	附加荷载	地震荷载	其它荷载
基本组合	完建	√	√	√	√	—	—	—	—	—	√	—	—
	设计洪水	√	√	√	√	√	—	—	—	—	√	—	—
特殊组合	校核(水位骤降)	√	√	√	√	√	—	—	—	—	√	—	—
	正常蓄水+地震	√	√	√	√	√	—	—	—	—	√	√	—

根据《水工挡土墙设计规范》(SL 379—2007),挡土墙、导水墙基底截面的垂直应力按下式计算:

$$P_{\min}^{\max} = \frac{\sum G}{A} \pm \frac{\sum M}{W}$$

式中:$P_{\min}^{\max}$——挡土墙基底应力的最大值或最小值,kPa;

$\sum G$——作用在挡土墙上全部垂直与水平面的荷载,kN;

$\sum M$——作用在挡土墙上的全部荷载对于水平面平行前墙墙面方向形心轴的力矩之和,kN·m;

A——挡土墙基底面积,m²;

W——挡土墙基底面对于基底面平行前墙墙面方向形心轴的截面矩,m³。

挡土墙、导水墙应力计算成果见表2.5-34。

表 2.5-34 挡土墙、导水墙应力计算成果

计算断面	部位	完建工况 计算值(kPa)	完建工况 容许值(kPa)	设计工况 计算值(kPa)	设计工况 容许值(kPa)	校核工况(水位骤降) 计算值(kPa)	校核工况(水位骤降) 容许值(kPa)	地震工况 计算值(kPa)	地震工况 容许值(kPa)
Ⅰ-Ⅰ	墙趾	397.5	3 500	289.6	3 500	335.6	3 500	296.6	3 500
Ⅰ-Ⅰ	墙踵	372.2	>0	263.7	>0	128.3	>0	156.6	>-100
Ⅱ-Ⅱ	墙趾	481.4	3 500	339.9	3 500	637.7	3 500	—	—
Ⅱ-Ⅱ	墙踵	365.1	>0	248.7	>0	8.4	>0	—	—
Ⅲ-Ⅲ	墙趾	328.1	3 500	218.0	3 500	402.2	3 500	—	—
Ⅲ-Ⅲ	墙踵	265.6	>0	175.8	>0	12.3	>0	—	—
Ⅳ-Ⅳ	墙趾	—	3 500	428.1	3 500	472.3	3 500	—	—
Ⅳ-Ⅳ	墙踵	—	>0	20.5	>0	5.1	>0	—	—
Ⅴ-Ⅴ	墙趾	339.2	3 500	229.5	3 500	418.6	3 500	—	—
Ⅴ-Ⅴ	墙踵	271.8	>0	186.7	>0	17.5	>0	—	—

从上表可以看出，各工况墙体基底面混凝土强度和地基承载能力均符合《水工挡土墙设计规范》(SL 379—2007)的要求。

按《水工挡土墙设计规范》(SL 379—2007)中的抗剪强度与抗剪断强度公式，对挡土墙及导水墙抗滑稳定进行计算。

抗剪强度公式：

$$K_c = \frac{f \sum G}{\sum H}$$

式中：K_c——挡土墙沿基底面的抗滑稳定安全系数；

f——挡土墙基底面与地基之间的抗剪摩擦系数，地质报告推荐采用 0.48~0.53，取 0.50；

$\sum G$——作用在挡土墙上全部垂直与水平面的荷载，kN；

$\sum H$——作用于挡土墙上的全部平行于基底面的荷载，kN。

抗剪断强度公式：

$$K_c = \frac{f' \sum G + c' A}{\sum H}$$

式中：K_c——按抗剪断强度计算的抗滑稳定安全系数；

f'——挡土墙基底面与岩石地基间抗剪断摩擦系数，地质报告推荐采用 0.80~0.85，取 0.82；

c'——挡土墙基底面与岩石地基间抗剪断黏聚力，地质报告推荐采用 0.55~0.65 MPa，取 0.60 MPa；

A——坝基面截面积，m^2。

挡土墙及导水墙稳定计算成果见表 2.5-25。

从表中可以看出，无论采用抗剪强度和抗剪断强度公式计算，各工况下，挡土墙、导水墙抗滑稳定计算安全系数均大于规范规定值。

按《水工挡土墙设计规范》(SL 379—2007)中的抗倾覆稳定计算公式，对挡土墙及导水墙抗倾覆稳定进行计算。

表 2.5-35 挡土墙、导水墙抗滑稳定计算成果

计算断面	计算公式	完建工况 计算值	完建工况 容许值	设计工况 计算值	设计工况 容许值	校核工况（水位骤降） 计算值	校核工况（水位骤降） 容许值	地震工况 计算值	地震工况 容许值
Ⅰ-Ⅰ	抗剪	3.06	1.10	3.39	1.10	1.09	1.05	2.32	1.05
Ⅰ-Ⅰ	抗剪断	11.66	3.00	13.87	3.00	9.54	2.50	13.70	2.50
Ⅱ-Ⅱ	抗剪	2.36	1.08	2.47	1.08	1.04	1.03	—	—
Ⅱ-Ⅱ	抗剪断	10.2	3.00	13.81	3.00	5.61	2.50	—	—
Ⅲ-Ⅲ	抗剪	2.70	1.08	3.57	1.08	1.06	1.03	—	—
Ⅲ-Ⅲ	抗剪断	15.39	3.00	27.29	3.00	8.16	2.50	—	—
Ⅳ-Ⅳ	抗剪	2.73	1.08	3.07	1.08	1.07	1.03	—	—
Ⅳ-Ⅳ	抗剪断	12.41	3.00	13.01	3.00	7.57	2.50	—	—
Ⅴ-Ⅴ	抗剪	2.88	1.08	3.69	1.08	1.09	1.03	—	—
Ⅴ-Ⅴ	抗剪断	14.96	3.00	26.18	3.00	7.31	2.50	—	—
Ⅵ-Ⅵ	抗剪	—	1.08	1.17	1.08	1.05	1.03	—	—
Ⅵ-Ⅵ	抗剪断	—	3.00	9.82	3.00	7.96	2.50	—	—

抗倾覆稳定公式：

$$K_0 = \frac{\sum M_V}{\sum M_H}$$

式中：K_0——挡土墙抗倾覆稳定安全系数；

$\sum M_V$——对挡土墙基底前趾的抗倾覆力矩，$kN \cdot m$；

$\sum M_H$——对挡土墙基底前趾的倾覆力矩，$kN \cdot m$。

挡土墙及导水墙稳定计算成果见表 2.5-36。

表 2.5-36 挡土墙、导水墙抗倾覆稳定计算成果

计算断面	完建工况 计算值	完建工况 容许值	设计工况 计算值	设计工况 容许值	校核工况（水位骤降） 计算值	校核工况（水位骤降） 容许值	地震工况 计算值	地震工况 容许值
Ⅰ-Ⅰ	11.28	1.50	9.79	1.50	5.92	1.30	6.28	1.30
Ⅱ-Ⅱ	6.80	1.50	3.66	1.50	2.04	1.30	—	—

续表

计算断面	完建工况		设计工况		校核工况(水位骤降)		地震工况	
	计算值	容许值	计算值	容许值	计算值	容许值	计算值	容许值
Ⅲ-Ⅲ	7.96	1.50	4.45	1.50	2.76	1.30	—	—
Ⅳ-Ⅳ	7.53	1.50	3.91	1.50	2.34	1.30	—	—
Ⅴ-Ⅴ	7.63	1.50	4.12	1.50	2.41	1.30	—	—
Ⅵ-Ⅵ	—	—	1.61	1.50	1.31	1.30	—	—

从表中可以看出,各工况下,挡土墙、导水墙抗倾稳定计算安全系数均大于规范规定值。

3. 护坦抗浮稳定计算

根据消能防冲计算成果,溢流表孔消力池底板厚取 2.5 m,顶高程为 65.00 m;泄流底孔消力池底板厚取 3.0 m,顶高程为 65.00 m。根据《溢洪道设计规范》(DL/T 5166—2002),消力池底板设置抗浮锚筋,其抗浮稳定计算如下。

1) 荷载组合

消力池底板抗浮稳定承载力极限状态计算按基本组合和偶然组合进行计算,其荷载作用效应组合见表 2.5-37。

表 2.5-37 消力池底板作用效应组合

设计状况	作用组合	计算工况	作用类型					备注
			自重	时均压力	脉动压力	扬压力	地基锚固重	
持久状况	基本组合	设计工况	√	√	√	√	√	宣泄设计洪水
偶然状况	偶然组合	校核工况	√	√	√	√	√	排水失效

2) 抗浮稳定计算公式

对于基本组合,采用以下极限状态设计表达式:

$$\gamma_0 \psi S(\cdot) \leqslant \frac{1}{\gamma_{d1}} R(\cdot)$$

偶然组合的极限状态设计表达式:

$$\gamma_0 \psi S(\cdot) \leqslant \frac{1}{\gamma_{d2}} R(\cdot)$$

结构重要性系数 $\gamma_0=1.1$;设计状况系数 ψ,对应于持久状况、偶然状况,分别取 1.0、0.85。

3) 荷载计算

(1) 时均压强代表值计算公式

$$p_{tr} = \rho_w g h \cos\theta$$

式中:p_{tr}——过流面上计算点的时均压强代表值,N/m^2;

ρ_w——水的密度,kg/m^3;

g——重力加速度,m/s²;

h——计算点的水深,m;

θ——结构物底面与水平面的夹角。

(2) 脉动压强代表值计算公式

$$p_{fr} = 2.31K_p \times \rho_w v^2/2$$

式中:p_{fr}——脉动压强代表值,N/m²;

K_p——脉动压强系数;

v——计算断面的平均流速,m/s。

(3) 地基锚固重计算公式:

$$G_2 = (\gamma_r - 10)\eta TA$$

式中:G_2——锚固地基有效重标准值,kN;

γ_r——锚固地基岩体的重度,kN/m³;

η——锚固地基有效深度折减系数,取0.95;

T——锚固地基有效深度,m,T=S−L/3;

S——锚筋锚入地基的深度,m;

L——锚筋间距,m;

A——护坦计算面积,m²。

4) 计算成果与分析

消力池底板抗浮稳定计算成果见表2.5-38。

表 2.5-38　消力池底板抗浮稳定计算成果表

部位	工况	$R(\cdot)/\gamma d$	$\gamma_0 \cdot \psi S(\cdot)$	$(R(\cdot)/\gamma d)/(S(\cdot)\gamma_0\psi)$	备注
溢流坝段	设计情况	2 340 751	2 162 313	1.08	锚筋间距为2 m, 锚入地基深度为12.0 m
	校核情况	2 340 751	1 975 381	1.18	
底孔坝段	设计情况	652 376.7	635 332	1.03	锚筋间距为2 m, 锚入地基深度为9.0 m
	校核情况	652 376.7	579 153.9	1.13	

根据表中所列计算成果,溢流表孔消力池底板厚2.5 m,考虑布置锚筋(锚筋直径Φ32)间、排距为2 m×2 m,按梅花型布置,锚入地基深度为12.0 m,抗浮稳定满足规范要求;泄流底孔消力池底板厚3.0 m,考虑布置锚杆(锚杆直径Φ32)间、排距为2 m×2 m,按梅花型布置,锚入地基深度为9.0 m,抗浮稳定满足规范要求。

5.6.3.11　三维有限元结构分析计算

1) 计算工况及基本资料

根据《混凝土重力坝设计规范》(SL 319—2005)的规定,同时满足合理选取工程措施的需求,选取闸墩受力较大的代表工况对混凝土坝坝体稳定及结构应力进行三维有限元计算。表孔、底孔结构计算荷载、水位组合见表2.5-39。

表2.5-39 表孔、底孔结构计算荷载、水位组合表

组合	工况	荷载									水位	
		自重	静水压力	扬压力	淤沙压力	浪压力	冰压力	地震荷载	动水压力	土压力	其他	上游(m)	下游(m)
基本组合	正常蓄水	√	√	√	√	√	—	—	—	√	—	88.00	74.08
	百年一遇洪水(1%)（控泄）	√	√	√	√	√	—	—	—	√	—	94.80	77.40
特殊组合	正常蓄水+7°地震	√	√	√	√	—	—	√	—	√	—	88.00	74.08

本次有限元分析采用线弹性分析，其材料计算参数见表2.5-40。

表2.5-40 主要物理力学参数表

部位名称	弹性模量(KPa)	容重(KN/m³)	泊松比
闸墩	3.0×10^7	24.00	0.167
坝体C15区域	2.8×10^7	24.00	0.167
坝体C25区域	2.2×10^7	24.00	0.167
基岩	5.5×10^7	25.00	0.32

2）有限元计算模型

本工程三维有限元结构计算利用ANSYS建立几何模型，模型范围：基础部位以坝底以下1.5倍坝高，上下游边界均向上下游各延伸1.5倍坝高。

将坝体、闸墩和基础作为一个整体结构剖分有限元网格，表孔及底孔有限元计算模型见图2.5-12、2.5-13。

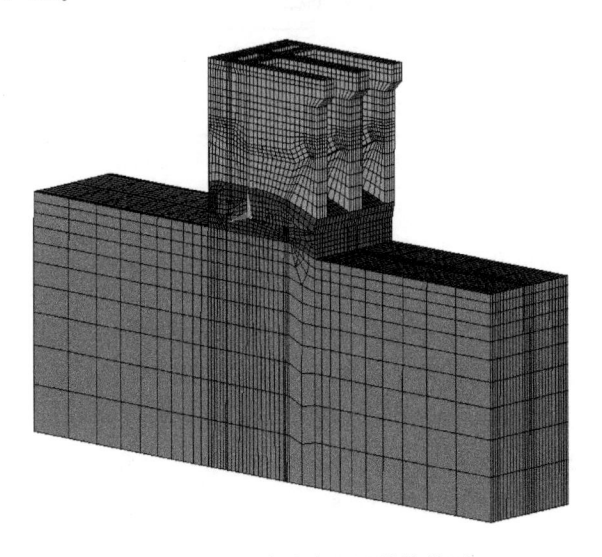

图2.5-12 表孔有限元计算模型

图 2.5-13　底孔有限元计算模型

3）计算结果

根据三维有限元分析计算结果，表孔、底孔百年一遇洪水（1%）工况闸墩结构应力相对较大，控制工况结构计算成果如下：

(1) 表孔（百年一遇洪水工况）

图 2.5-14～2.5-19 为表孔百年一遇洪水工况应力云图及等值线图。

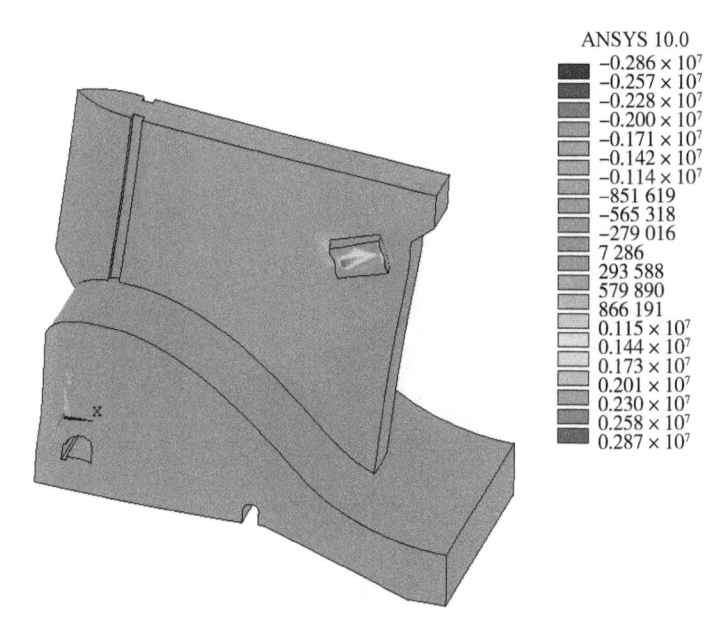

图 2.5-14　表孔顺河向应力（单位：Pa）

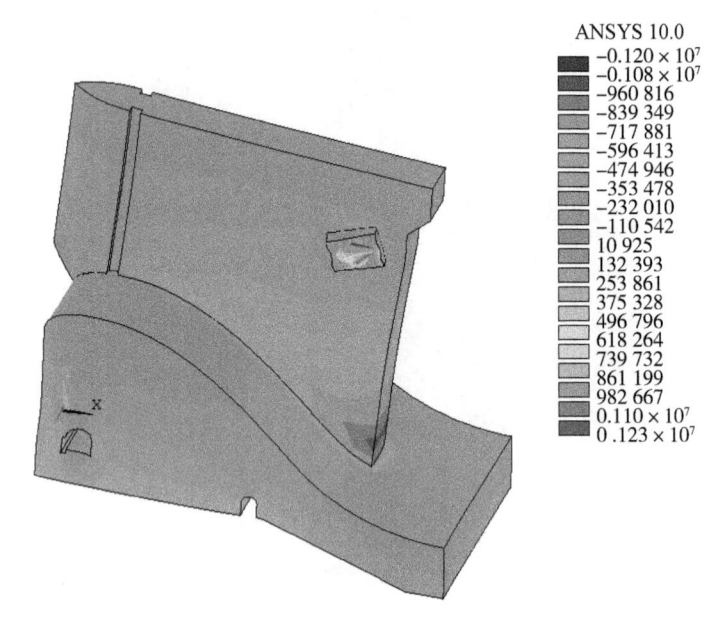

图 2.5-15　表孔垂直向应力(单位:Pa)

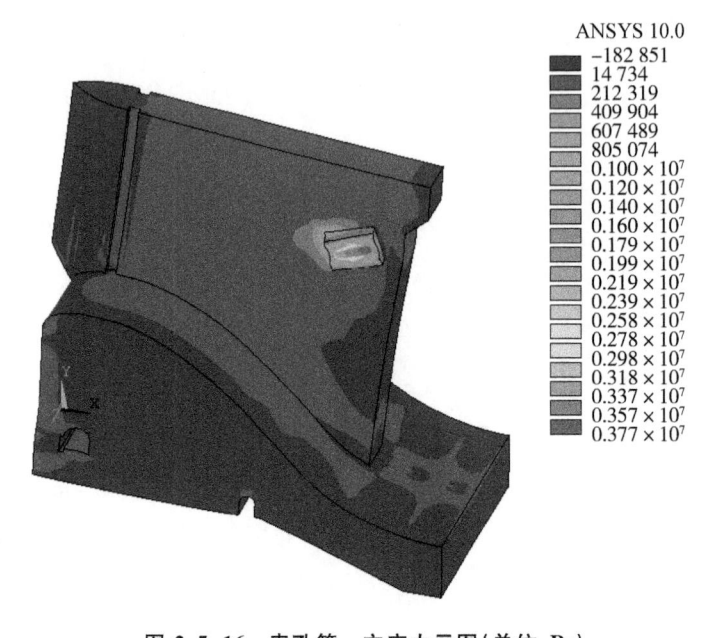

图 2.5-16　表孔第一主应力云图(单位:Pa)

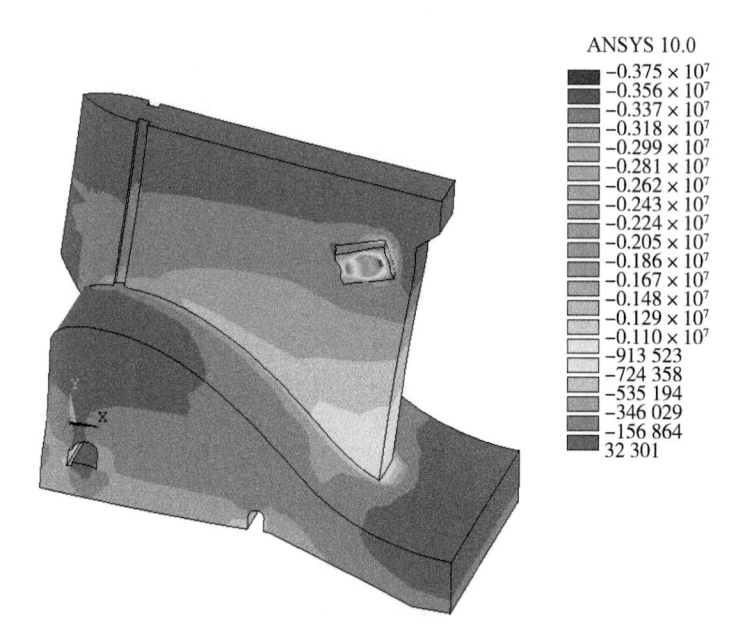

图 2.5-17 表孔第三主应力云图(单位:Pa)

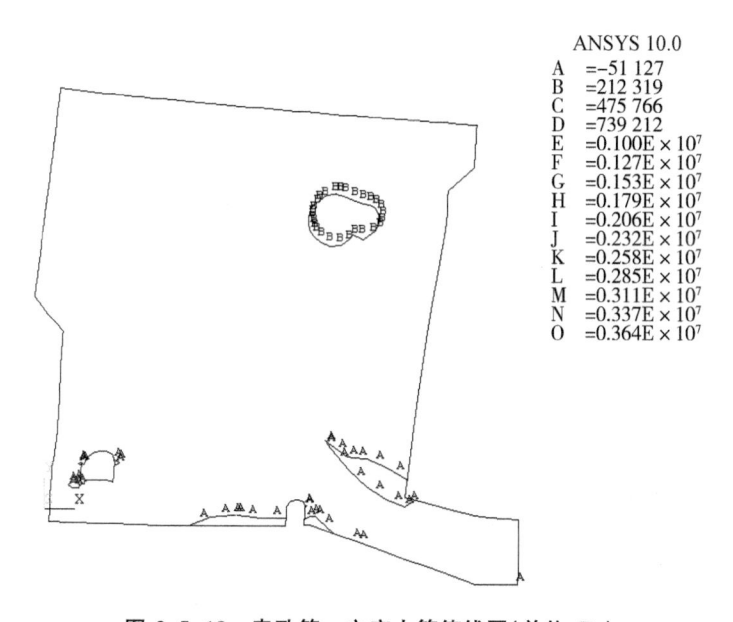

图 2.5-18 表孔第一主应力等值线图(单位:Pa)

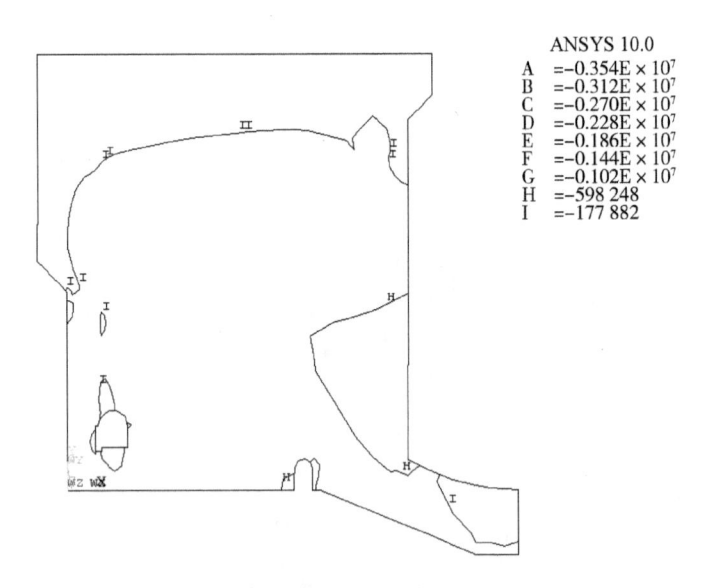

```
ANSYS 10.0
A  =-0.354E×10⁷
B  =-0.312E×10⁷
C  =-0.270E×10⁷
D  =-0.228E×10⁷
E  =-0.186E×10⁷
F  =-0.144E×10⁷
G  =-0.102E×10⁷
H  =-598 248
I  =-177 882
```

图 2.5-19　表孔第三主应力等值线图(单位：Pa)

从图 2.5-16、图 2.5-18 可知：闸墩第一主应力最大值为 3.77 MPa，发生在牛腿受力位置，拉应力区域较小，存在局部应力集中现象。

从图 2.5-17、图 2.5-19 可知：闸墩第三主应力绝大多数为压应力，最大压应力为 3.75 MPa，发生在牛腿部位。

(2) 底孔(百年一遇洪水工况)

图 2.5-20～2.5-25 为底孔百年一遇洪水工况应力云图及等值线图。

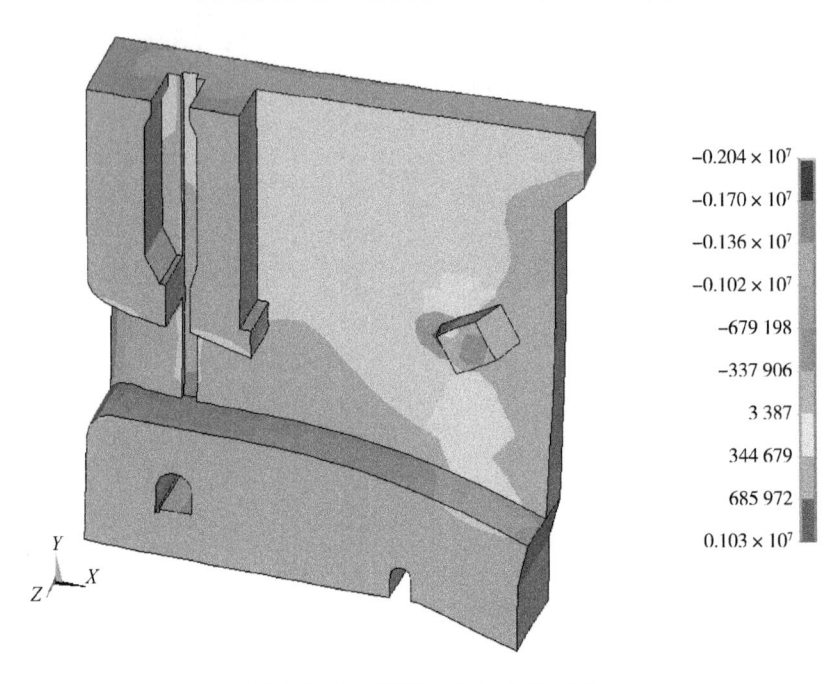

```
-0.204×10⁷
-0.170×10⁷
-0.136×10⁷
-0.102×10⁷
-679 198
-337 906
   3 387
 344 679
 685 972
0.103×10⁷
```

图 2.5-20　顺河向应力(单位：Pa)

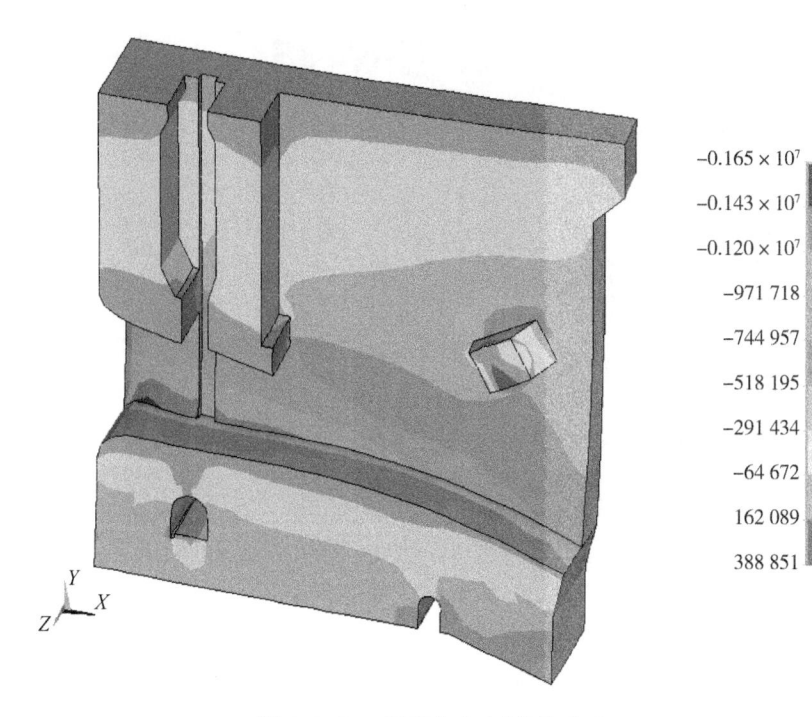

图 2.5-21　铅直向应力(单位:Pa)

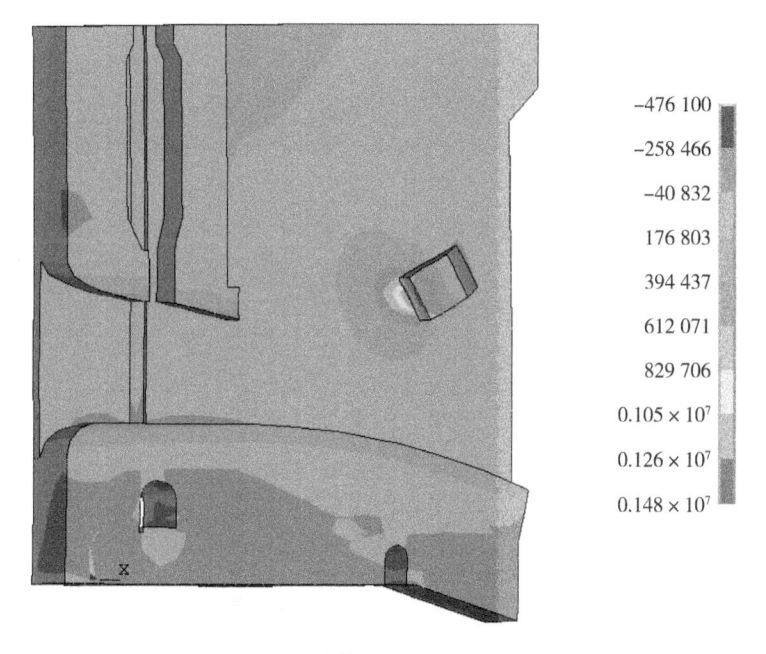

图 2.5-22　底孔第一主应力云图(单位:Pa)

图 2.5-23　底孔第三主应力云图(单位：Pa)

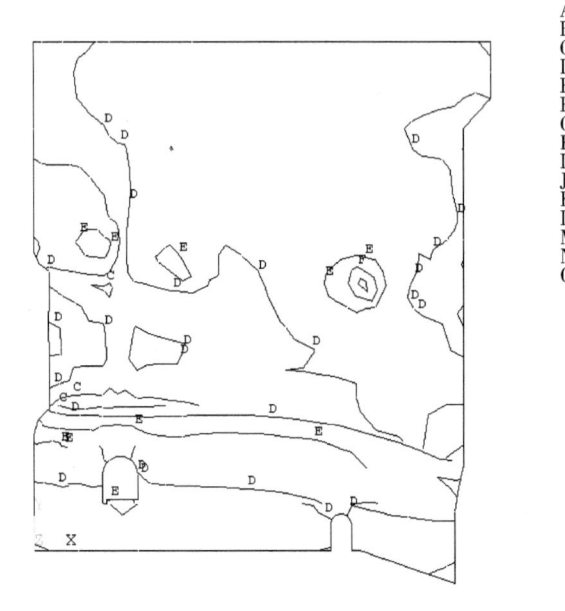

图 2.5-24　中墩断面第一主应力等值线图(单位：Pa)

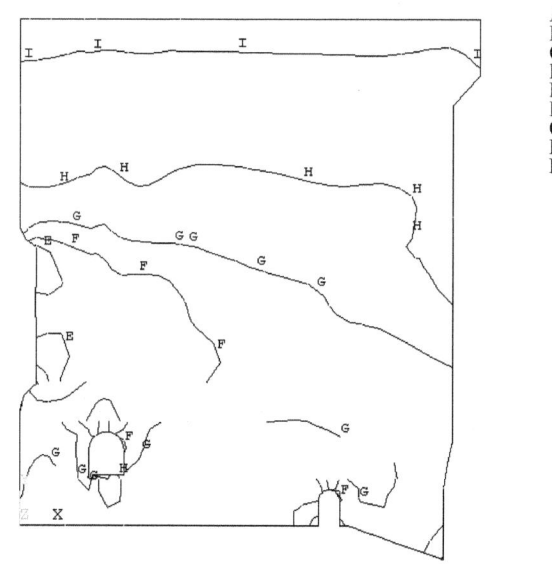

```
A =-0.203×10⁷
B =-0.179×10⁷
C =-0.154×10⁷
D =-0.129×10⁷
E =-0.105×10⁷
F =-801 810
G =-555 605
H =-309 400
I =-63 195
```

图 2.5-25　中墩断面第三主应力等值线图(单位:Pa)

从图 2.5-22、2.5-24 可知:闸墩第一主应力最大值为 1.48 MPa,发生在牛腿受力位置,拉应力区域较小,存在局部应力集中现象。

从图 2.5-23、2.5-25 可知:坝体第三主应力绝大多数为压应力,最大压应力为 2.16 MPa,发生在牛腿处。

5.7　电站

5.7.1　基本概况

根据规划资料,电站设计水头为 9.92 m,最大水头为 12.72 m,最小水头为 8.72 m,设计流量为 30.0 m³/s,总装机容量为 2 900 kW。电站位于河床右侧电站坝段下游,装机容量较小,属于小型电站。

5.7.2　方案比选

根据电站设计水头及装机容量,水轮机组可选用轴流机组或贯流机组,经方案比选,水轮机采用立式轴流机组。

本阶段按装机台数 3 台设计,其中 2 台装机 1 250 kW,利用弃水发电,水轮机型号 ZDJP502—LH—160,配套发电机型号 SFW1250—20/1250,额定功率 1250 kW;1 台装机 400 kW,利用基流常年发电,水轮机型号 ZDJP502—LH—90,配套发电机型号 SFW400—14/1180,额定功率 400 kW。基流放水洞采用装机 400 kW 机组发电引水钢管接岔管方式,共设 2 孔,洞径 0.8 m,通过泄流底孔消力池排向下游。

5.7.3 厂房布置

水电站厂房为坝后式布置,采用坝式进水口,进口体型、底坎高程、压力管道设计等详见电站坝段章节 5.6.3.4。

电站厂房由主厂房、副厂房、安装间等组成,主厂房与安装间之间设沉降缝。主厂房内布置 3 台水轮发电机组,均为立式轴流机组,水轮机和发电机同轴,机组安装高程均为 70.43 m,机组轴线与厂房纵轴线平行。机组从右至左分别为 1#机组(1 250 kW)、2#机组(1 250 kW)、3#机组(400 kW),机组中心距为 7.5 m。

主厂房从下往上依次为尾水管层、水机层、联轴层、电机层、地面层。

尾水管底面高程为 67.00 m,与底板现浇为整体结构。底板长 24.5 m,宽 25.0 m,平均厚度约为 2.0 m,建基面为 65.00 m,下部设 0.2 m 厚 C15 素混凝土垫层。尾水管在肘型弯管处局部下挖至 63.00 m,在 65.00 m 高程处设置集水廊道。集水廊道为城门洞型,宽 1.5 m,高 2.1 m,与电站坝段的排水廊道相通。尾水管上部为水泵室、空压机室,地面高程为 71.26 m。为满足设备吊装、检修要求,从高程 71.26 m 至地面 84.00 m 设吊物井,内壁尺寸为 4.0 m×4.0 m,壁厚 1.0 m,吊物孔尺寸为 2.5 m×2.5 m,在高程 71.26 m、74.78 m、79.09 m 设置平台。吊物井顶部设排架,安装电动葫芦起吊重物。尾水管尾部设置检修门,孔口宽 4.65 m,高 2.5 m。检修门为平面钢闸门,配电动葫芦启闭,电动葫芦固定在厂房上部排架伸出的牛腿上。

水机安装高程为为 71.48 m,叶轮直径为 2 台 1.6 m 和 1 台 0.9 m,机组中心距 7.5 m。本电站 400 kW 机组为基流发电,机组检修时,基流可通过预埋在底孔坝段边墩的钢管和消力池排向下游。

联轴层地面高程为 72.62 m,该层主要布置电机支座。支座为井筒型结构,壁厚 1.0 m,并设置进人孔,高 2.0 m。上部接电机风道,厚 0.3 m。

电机层地面高程为 77.48 m,布置 3 台发电机组,中心距 7.5 m。机组从右至左分别为 1#机组(1 250 kW)、2#机组(1 250 kW)、3#机组(400 kW)。

主厂房地面平台高程为 84.00 m,下游侧设混凝土挡浪墙,高 1.20 m。主厂房上部为跨度 11.5 m 的排架结构,高 13.6 m,屋面为钢结构,并在高程 93.80 m 处设 160/32 kN 型慢速桥式起重机 1 台。

副厂房位于主厂房下游侧尾水平台上,紧邻主厂房,平面尺寸为 25.0 m×10.2 m(垂直水流×顺水流)。电气与辅机设备布置在机组右侧与副厂房内,共分五层。第一层地面高程为 71.26 m,主要布置水泵室/空压机室。第二层地面高程为 74.78 m,主要布置 0.4 kV 配电室、LCU 室及升压变室。第三层地面高程为 79.09 m,主要布置 10 kV 配电室、降压变室。第四层地面高程为 84.00 m,主要布置 35 kV 配电室、直流电源室、柴油发电机室。第五层地面高程为 88.20 m,主要布置中控室、办公室等。

安装间位于主厂房右侧,根据机组安装、检修和结构的要求,为单层排架结构,平面尺寸为 10.0 m×25.0 m(垂直水流×顺水流)。安装间下部采用混凝土框架柱式基础,柱端高程为 65.00 m。

主厂房基础均座落在弱风化基岩上,工程地质条件较好。基础开挖至建基面后,先清除表面松动、破碎岩体,及时覆盖混凝土予以保护。

5.7.4 整体稳定计算

出山店水电站装机 2 900 kW,根据《水利水电工程等级划分及洪水标准》(SL 252—2000),水电站工程规模为小(2)型,主要建筑物级别为 5 级。厂房防洪标准按 30 年一遇洪水标准设计,50 年一遇洪水标准校核。根据《水电站厂房设计规范》(SL 266—2001),电站厂房整体稳定分析的荷载组合见表 2.5-41,厂房整体抗滑稳定最小安全系数见表 2.5-42。

表 2.5-41 厂房整体稳定分析荷载组合表

荷载组合	计算情况	上、下游水位	结构自重	永久设备重	水重	回填土石重	静水压力	扬压力	浪压力	泥沙压力	土压力	冰压力
基本组合	正常运行	下游设计洪水位	√	√	√	√	√	√	√	√	√	√
特殊组合	机组检修	下游检修水位	√	—	√	√	√	√	—	—	√	—
	机组未安装	下游设计洪水位	√	—	√	√	√	√	—	—	√	—
	非常运行	下游校核洪水位	√	√	√	√	√	√	—	√	√	—

表 2.5-42 厂房整体稳定分析荷载组合表

地基类别	荷载组合	最小安全系数	适用公式
岩基	基本组合	1.10	抗剪强度公式
	特殊组合	1.05	
	基本组合	3.00	抗剪断强度公式
	特殊组合	2.50	

1. 电站厂房整体稳定计算公式

1) 抗剪断强度的计算公式

$$K' = \frac{f' \sum W + c'A}{\sum P}$$

2) 抗剪强度的计算公式

$$K = \frac{f \sum W}{\sum P}$$

式中:K'——按抗剪断强度计算的抗滑稳定安全系数;

K——按抗剪强度计算的抗滑稳定安全系数;

f'、c'——滑动面的抗剪断摩擦系数及黏结力,根据地质报告,f' 可取 0.80~0.85,c' 可取 0.55~0.65 MPa,本次计算采用 $f'=0.82$,$c'=0.6$ MPa;

f——滑动面的抗剪摩擦系数,根据地质报告,f 可取 0.48~0.53,本次计算采用 $f=0.50$;

A——基础面受压部分的计算截面积,m^2;

$\sum W$——全部荷载对滑动面的法向分值,kN;

$\sum P$——全部荷载对滑动面的切向分值,kN。

2. 厂房抗浮稳定计算公式

$$K_f = \frac{\sum W}{U}$$

式中:K_f——抗浮稳定安全系数,任何情况下不得小于 1.1;

$\sum W$——机组段的全部重量,kN;

U——作用于机组段的扬压力总和,kN。

3. 厂房地基面上的法向应力计算公式

$$\sigma = \frac{\sum W}{A} \pm \frac{M_x y}{J_x} \pm \frac{M_y x}{J_y}$$

式中:σ——厂房地基面上的法向应力,kPa;

$\sum W$——作用于机组段上全部荷载在计算截面上的法向分力的总和,kN;

$\sum M_x$、$\sum M_y$——作用于机组段上全部荷载对截面形心轴 X、Y 的力矩总和,kN·m;

x、y——计算截面上计算点至形心轴 X、Y 的距离,m;

J_x、J_y——计算截面对形心轴 X、Y 的惯性矩,m^4;

A——厂房地基计算截面受压部分的面积,m^2。

经计算,各工况下基底应力、抗滑稳定安全系数、抗浮稳定安全系数计算结果见表 2.5-43。

表 2.5-43　电站厂房稳定计算成果表

工况	基本组合	特殊组合		
	正常运行	机组检修	机组未安装	非常运行
抗剪断强度 K'	7.42	12.38	7.31	7.27
抗剪强度 K	1.32	4.27	1.29	1.26
平均基底压力 σ(kPa)	205.3	250.7	178.6	155.4
最大基底压力 σ_{max}(kPa)	310.4	356.8	267.1	241.7
最小基底压力 σ_{min}(kPa)	100.2	144.6	90.1	69.1
抗浮稳定安全系数 K_f	1.45	2.13	1.38	1.32

厂房基础座落在弱风化基岩上,其允许承载力为 1 500 kPa。计算结果表明,厂房抗滑稳定、抗浮稳定和基底应力均满足规范要求。

5.8 边坡工程

混凝土坝段坝电站下游 150 m 范围内右岸岸坡岩性为黑云母花岗岩,岸顶高程约为 97.8~98.1 m,漫滩高程约为 82.3~82.7 m,岸坡高度为 15~16 m,现状岸坡坡比约为 1∶0.5。岸顶紧邻岸坡边缘的变电站和高压线塔。根据勘探和地质测绘资料,岸坡黑云母花岗岩多呈强风化,岩芯多风化呈碎块状至块状,局部为弱至微风化。水库蓄水后,受水流冲刷作用,存在岸坡稳定问题,岸坡失稳将影响电站、变电站及高压线塔安全。地勘报告建议对该处岸坡采取放坡处理,并采取护砌处理措施,强风化黑云母花岗岩开挖坡比可采用 1∶0.75~1∶1.00。

根据地勘报告建议,考虑工程方案经济合理,施工便利可行,本阶段拟对该段高边坡采取放坡处理,边坡 1∶0.75,并采用混凝土贴坡与喷锚支护相结合的防护方式。贴坡防护底高程为 66.00 m,顶高程为 84.50 m,厚度为 0.40~1.50 m,采用 C25 现浇钢筋混凝土;84.50~94.00 m 高程边坡采用 C30 细石混凝土 84.50 喷锚支护。高边坡下游河槽岸坡采用 0.2 m 厚混凝土预制砌块防护,防护长度为 200.0 m。

5.9 引水建筑物(南灌溉洞)

根据工程规划,南灌溉洞的任务为引水灌溉淮河以南 20 万亩耕地和向信阳市城市供水。

南灌溉洞位于出山店水库右岸,根据灌区规划参数,南灌溉洞设计灌溉面积为 20 万亩,灌溉设计保证率为 75%。水库农限水位为 84.85 m,设计灌溉引水流量为 9.2 m³/s。下游渠首底高程为 81.00 m。

根据信阳市城市供水规划,水库每年向信阳市供水量达 8 000 万 m³,设计供水流量为 2.1 m³/s,保证率 96.6%。

由以上规划指标可知,在水库死水位时,保证南灌溉洞流量为 2.1 m³/s,满足城市供水要求。在农限水位 84.85 m 时,保证南灌溉洞农业灌溉引水流量为 9.2 m³/s,同时还应满足城市供水要求,因此南灌溉洞设计流量为 11.3 m³/s,加大流量为 13.14 m³/s。

5.9.1 南灌溉洞位置确定

根据南岸的地形、地质条件和总干渠渠首的位置,南灌溉洞的布置拟定以下两个方案进行比选:方案一,布置在重力坝非溢流坝段;方案二,布置在右岸 3# 副坝下。

方案一,南灌溉洞布置在右岸重力坝非溢流坝段 18# 坝段(桩号 3+599.5),洞后设消能防冲设施,其后与淮南总干渠相连。该方案南灌溉洞与重力坝结合布置,工程总体布置紧凑,管理运用方便;进水口距泄流底孔较近,泄流底孔进口底板高程较低,有利于南灌溉洞洞前冲淤;由于该方案与重力坝结合布置,新增工程量较小,工程可比投资约为 65 万元,工程投资较少。

方案二,南灌溉洞布置在右岸3#副坝坝基下,洞身出副坝后开挖明渠,南灌溉洞涵身长103.00 m。该方案开挖、回填及混凝土工程量均较大,工程可比投资约为1 063万元,工程投资相对较大。

经技术经济比较,南灌溉洞位置采用方案一,即布置在右岸重力坝非溢流坝段。

5.9.2 工程布置

南灌溉洞布置于重力坝非溢流坝段18#坝段处,桩号为3+599.5,洞身中心线与重力坝轴线正交。按引水流量和设计水位,南灌溉洞设计为1孔,孔口尺寸为2.5 m×2.5 m(宽×高,下同),为有压坝身泄水孔,进口事故检修闸门采用平面滑动钢闸门,出口工作闸门采用弧形钢闸门。工程主要由进口控制段、洞身、出口控制段、下游消能防冲设施等部分组成。工程布置情况如下:

a) 南灌溉洞洞身布置

洞身采用有压坝身泄水孔的设计,进口底高程为81.5 m。孔口尺寸为1孔2.5 m×2.5 m,洞身长24.4 m。为改善进口水流流态,洞身进口采用椭圆形曲线型式,布置事故检修闸门,洞身设有压平坡段,后接压坡段。

b) 进出口控制段布置

南灌溉洞进口伸出坝面布置,设事故检修闸门,采用平面钢闸门,配固定卷扬式启闭机,顶部设启闭机房,启闭机房位于坝顶道路前沿,采用砖混结构,尺寸为6.5×5.0 m(长×宽),通过框架柱坐落于进水口顶板上,顶板高程为88.50 m,出口工作闸门采用弧形钢闸门,配液压启闭机,闸上设启闭机房,平面尺寸为4.8 m×6.0 m,启闭机房采用砖混结构,层高3.5 m。

c) 消能防冲布置

根据消能计算,涵洞出口布置长20.0 m、深2.5 m的挖深式消力池,涵洞出口以1∶4斜坡与消力池底板连接,消力池采用C25钢筋混凝土结构,厚0.9 m。消力池后接灌溉渠。

为降低消力池底板的扬压力,消力池底板水平段设反滤和排水。由上至下铺设均为0.2 m厚的碎石垫层、瓜子片、粗砂,总厚度为0.6 m,排水孔直径为100.0 mm、间排距为1.5 m。

5.9.3 水力计算

南灌溉洞过流能力采用《混凝土重力坝设计规范》(SL 319—2005)中有压自由出流过流能力公式计算。

$$Q = \mu A_K \sqrt{2gH_W}$$

式中:μ——有压自由出流的流量系数;

A_K——出口处过水断面面积,m²;

H_W——自由出流时为孔口中心处的作用水头,淹没泄流时为上下游水头差,m。

经计算,当库水位降到死水位 84.0 m 时,南灌溉洞过流能力达 15.0 m³/s,大于城市供水要求;当库水位至农限水位 84.85 m 时,南灌溉洞过流能力达 27.00 m³/s,满足农灌与城市供水要求的加大流量 13.14 m³/s。当库水位升高时,其过流能力相应增加,大于下游渠道的过流能力,因而在库水位较高时,应通过工作闸门控制泄量,以保证下游建筑物安全。

5.9.4 消能计算

本工程按闸门分档开启时的流量作为消能控制流量,按《混凝土重力坝设计规范》(SL 319—2005)公式计算,经计算,当洞上水位为百年一遇水位 $H_\text{上}=94.55$ m,相应洞下水位 $H_\text{下}=82.01$ m 时为控制工况。

计算结果:消力池水平段长 17.1 m,池深 2.4 m,消力池底板厚 0.86 m。设计布置的消力池长 32.00 m,其中水平段长 20.0 m、池深 2.50 m、底板厚 0.90 m,均满足要求。

5.10 土坝与混凝土坝连接技术

出山店水库大坝为 1 级建筑物,混凝土坝段最大坝高为 35.4 m,土坝段最大坝高为 27.4 m,地形地质条件比较复杂,坝轴线全长为 3 690.57 m,土坝段长 3 261 m(不包括连接段),混凝土坝及连接段长 429.57 m,需要设置必要的监测项目及相应的设施。

5.10.1 总体布置

混凝土坝与土坝连接方式有三种:侧墙式、刺墙插入式、侧墙与刺墙插入相结合的连接方式。考虑上游侧墙的高低与插入刺墙的长短,对侧墙高挡墙+短刺墙、侧墙低挡墙+长刺墙和完全刺墙插入式三种连接方式进行方案比较。

方案一:侧墙高挡墙+短刺墙连接方式

连接段长 45.0 m,分为两段。连接段刺墙横断面为混凝土非溢流坝段断面型式,坝顶高程为 100.30 m,两段坝顶宽度分别为 24.5 m、8.0 m,左侧连土坝顶,右侧连接溢流坝段,两端混凝土刺墙上游面下部边坡分别为 1∶0.25、1∶0.1,下游面下部边坡分别为 1∶0.6、1∶0.25。混凝土刺墙外包黏土心墙,黏土心墙与土坝段心墙相连,上下游边坡从滩地至河槽逐渐变缓。心墙外为坝壳砂砾料,边坡同土坝其他段坝坡,上游坡采用 0.3 m 厚混凝土预制砌块护坡,下游坡采用 0.1 m 厚混凝土预制砌块护坡,坝壳上游坡在坝轴线方向向河槽延伸与上游高挡土侧墙相连接,挡土侧墙与左岸边墩相接,采用钢筋混凝土扶壁式结构,向上游延伸,墙顶高程变化同上游土坝坝坡,从 100.30 m 渐变至 78.50 m,底高程为 65.00 m,墙后为填筑坝体,挡土墙总长为 120.0 m,最大墙高为 35.3 m。

方案二:侧墙低挡墙+长刺墙连接方式

连接段长 80.0 m,分为三段。连接段刺墙横断面仍为混凝土非溢流坝段断面型式,坝顶高程为 100.30 m,三段坝顶宽度分别为 16.0 m、12.0 m、8.0 m,左侧连土坝顶,右侧连接溢流坝段,混凝土刺墙上游面下部边坡分别为 1∶0.25、1∶0.1、1∶0.1,下游面边坡分别为1:0.6、1:0.4、1:0.25。混凝土刺墙外包黏土心墙,黏土心墙与土坝段心墙相连,上下游边坡从滩地至河槽逐渐变缓。心墙外为砂壳,边坡同土坝其他段坝坡,上游坡采用0.3 m厚混凝土预制砌块护坡,下游坡采用0.1 m厚预制砌块护坡。上游坡在平面上采用圆弧裹头型式,与上游侧墙挡土墙相接,挡土墙与表孔左岸边墩相接,采用钢筋混凝土扶壁式结构,向上游延伸,墙顶高程为78.50 m,底高程为65.00 m,墙后为填筑坝体,挡土墙总长为60.0 m,墙高14.5 m。

方案三:完全刺墙插入式连接方式

连接段长125.0 m,分为三段。连接段刺墙横断面仍为混凝土非溢流坝段断面型式,坝顶高程为100.30 m,三段坝顶宽度分别为16.0 m、12.0 m、8.0 m,左侧连土坝顶,右侧连接溢流坝段,三段混凝土刺墙上游面下部边坡分别为1:0.25、1:0.1、1:0.1,下游面边坡分别为1:0.6、1:0.4、1:0.25。混凝土刺墙外包黏土心墙,黏土心墙与土坝段心墙相连,上下游边坡从滩地至河槽逐渐变缓。心墙外为砂壳,边坡同土坝其他段坝坡,上游坡采用0.3 m厚混凝土预制砌块护坡,下游坡采用0.1 m厚混凝土预制砌块护坡。土坝上游坡在溢流坝段左墩墙开始起坡填筑。三个方案可比工程投资具体比较见表2.5-44。

表 2.5-44 混凝土坝与土坝连接段方案比较表

项目	混凝土工程量(m^3)	土石方开挖工程量(m^3)	土石方回填工程量(m^3)	钢筋量(t)	可比投资(万元)
方案一	45 275	117 869	97 318	2 256	3 672.1
方案二	51 202	133 618	110 093	1 351	3 459.6
方案三	66 252	114 636	91 765	1 340	3 989.2

上述三个方案均满足混凝土坝与土坝连接防渗、表孔进流流态等要求。方案一上游侧墙最高达35.3 m,同主坝坝高,设计难度大,工程投资较大,方案三插入刺墙较长,工程投资最大,方案二各方面适中,投资相对较少。连接段分别长为45.0 m、80.0 m及125.0 m,根据技术经济比较,推荐采用侧墙低挡墙+长刺墙连接方案。本阶段维持混凝土坝与土坝连接方式不变,刺墙长度为80.0 m。

根据混凝土坝体总体布置,1#~4#坝段为连接段,桩号为3+271~3+351,总长为80.0 m,分为三段,坝顶高程为100.40 m,三段坝顶宽度分别为12.0 m、10.0 m、8.0 m,长度分别为20.0 m(4#坝段)、25.0 m(3#坝段)、35.0 m(1#、2#坝段),左侧连接土坝顶,右侧连接溢流坝段,混凝土刺墙上游面下部边坡分别为1:0.2、1:0.1、1:0.1,下游面边坡分别为1:0.6、1:0.4、1:0.25。混凝土刺墙外包黏土心墙,黏土心墙与土坝段心墙相连,上下游边坡从滩地至河槽逐渐变缓。心墙外为砂壳,边坡同土坝其他段坝坡,上游坡采用0.28 m厚混凝土预制连锁砌块护坡,下游坡采用0.1 m厚预制砌块护坡。上游坡在平面上采用圆弧裹头型式,与上游侧墙相接,连接地段典型断面见图2.5-7。

上游侧墙为直线段+圆弧段布置,兼顾导水墙作用,墙底高程为65.0 m,墙顶高程从98.20 m渐变为88.00 m,总长为82.5 m(弧长),分4段,采用半重力式结构型式。

根据混凝土坝体总体布置,1#~4#坝段为连接段,桩号为3+248~3+328,总长为80.0 m,分为三段,坝顶高程为100.30 m,三段坝顶宽度分别为16.0 m、12.0 m、8.0 m,

长度分别为20.0 m(4#坝段)、25.0 m(3#坝段)、35.0 m(1#、2#坝段),左侧连土坝顶,右侧连接溢流坝段,混凝土刺墙上游面下部边坡分别为1:0.25、1:0.1、1:0.1,下游面边坡分别为1:0.6、1:0.4、1:0.25。混凝土刺墙外包黏土心墙,黏土心墙与土坝段心墙相连,上下游边坡从滩地至河槽逐渐变缓。心墙外为砂壳,边坡同土坝其他段坝坡,上游坡采用0.3 m厚混凝土预制砌块护坡,下游坡采用0.1 m厚预制砌块护坡。上游坡在平面上采用圆弧裹头型式,与上游侧墙挡土墙相接,挡土墙与表孔左岸边墩相接,采用钢筋混凝土扶壁式结构,向上游延伸,墙顶高程为78.5 m,底高程为65.0 m,墙后为填筑坝体,挡土墙高13.5 m,总长60.0 m,分4段,底板宽15.0 m,厚1.5 m,立墙高12.0 m,顶宽1.0 m,底宽1.5 m,扶壁厚0.8 m。

插入刺墙分半插入段与全插入段,半插入段长度根据圆弧裹头长度确定,长60.0 m,按已建工程经验,为满足侧向绕渗要求,全插入段长度一般取坝高的1/3～1/2,本工程连接段坝高为35.3 m,取全插入段长20.0 m。

5.10.2 坝体构造

1. 廊道布置设计

坝内廊道应兼顾基础灌浆、排水、安全监测、检查维修、运行操作、坝内交通的用途。

本工程设置一道沿坝轴线方向的基础灌浆(排水)廊道,宽2.50 m,高3.0 m,城门洞型,廊道上游壁距坝体上游面为3.0 m,为满足基础灌浆混凝土盖重要求,廊道地面高程1#～17#坝段为68.5 m,18#～23#坝段由68.5 m抬高至84.0 m,混凝土盖重厚为3.5 m,廊道布置范围从连接段至右坝肩。左岸连接坝段、右岸非溢流坝段各设置一条横向交通廊道通往下游坝外地面,廊道地面高程为84.0 m,廊道宽2.50 m,高3.00 m,城门洞型。非溢流坝段基础灌浆(排水)廊道右侧设置一个集水井位于桩号3+555,通过坝内埋管将集水井中的水抽排往下游。集水井的底高程为64.80 m,其尺寸为3.2×3.0 m(长×宽)。

2. 坝体分缝设计

考虑到混凝土坝、泄水建筑物等结构设施的布置以及降温散热和施工条件、混凝土温度应力防裂要求等因素,坝体需要分块浇筑。沿坝轴线方向大坝共分为23个坝段,共设置22道横缝。1#～4#坝段为连接坝段(分别长17.5 m、17.5 m、20.0 m、25.0 m),5#～13#坝段为溢流表孔坝段(长度分别为14.0 m、15.0 m、18.5 m、18.5 m、18.5 m、18.5 m、18.5 m、15.0 m、14.0 m),14#～15#坝段为底孔坝段(长度分别为24.0 m、16.0 m),16#坝段为电站坝段,长25.0 m,17#～23#坝段为右岸非溢流坝段(长度分别为20.0 m、19.0 m、19.0 m、20.0 m、20.0 m、18.0 m、18.07 m)。所有坝段横缝上游侧均设置两道铜片止水,下游侧设置一道铜片止水,铜片止水高度位于校核洪水以上。

3. 坝体分区设计

由于大坝各部位混凝土受力状况不同,所处外界环境不同,大坝混凝土需按不同部位和不同的工作条件进行分区,并符合相应的技术要求(主要包括混凝土强度等级、抗渗等级、抗冻等级),满足大坝正常运行的要求。

1) 大坝混凝土分区抗压强度等级要求

按《混凝土重力坝设计规范》(SL 319—2005)进行强度承载能力极限状态计算,各坝段在不同高程混凝土强度应满足规范要求,同时结合坝体结构应力、应变计算成果,并类比已建工程的经验确定大坝混凝土分区及强度指标。

2) 混凝土抗渗、抗冻强度要求

根据大坝工作条件及地区气候条件,混凝土应满足耐久性要求。混凝土耐久性指标主要由抗渗、抗冻指标体现。依据《混凝土重力坝设计规范》(SL 319—2005)确定内部混凝土抗渗指标不小于W2,最小抗冻指标不小于F50。上游迎水面防渗混凝土,抗渗指标采用W6,抗冻采用F100。

3) 抗冲耐磨要求

本工程表、底孔泄洪消能防冲单宽流量较大,为满足溢流坝和消力池过流表面混凝土抗冲耐磨要求,依据规范并参考类似工程,溢流堰面及消力池表层0.6 m厚混凝土强度等级取C40,采用抗冲耐磨混凝土。闸墩及导水墙有抗冲耐磨结构的要求,采取提高混凝土强度等级的措施,强度等级分别采用C35及C30。

综合考虑以上要求,并结合坝体构造、力求简化以及施工方便的目的,确定混凝土坝段的混凝土分区。坝体分区详见表2.5-45。

表 2.5-45 坝体材料分区表

分区号	强度等级	抗渗等级	抗冻等级	浇注部位
Ⅰ	C20	W6	F150	上游面表层混凝土(最高水位以上)
Ⅱ	C25	W6	F150	上下游表层混凝土(水位变幅区)
Ⅲ	C25	W6	F50	上下游表层混凝土(死水位以下)
Ⅳ	C25	W6	F50	坝基面混凝土
Ⅴ	C15	W2	F50	坝内混凝土
Ⅵ	C40	W6	F150	溢流面、导水墙表面抗冲耐磨混凝土
Ⅶ	C35	W6	F150	闸墩混凝土

5.11 金属结构

5.11.1 概述

出山店水库是淮河干流上游以防洪为主,结合供水、灌溉、发电等综合利用的大型水利枢纽工程,混凝土坝段涉及的金属结构由溢流表孔、泄流底孔、电站、南灌溉洞等四部分组成。

金属结构设备运用条件为,正常蓄水位:88.00 m;防洪高水位:94.80 m(百年一遇控泄水位);设计洪水位:95.78 m(千年一遇水位);校核洪水位:98.12 m(万年一遇水位)。

5.11.2 设计依据

金属结构设计过程中,将采用现行有效的最新国家标准或行业标准:
(1)《水利水电工程钢闸门设计规范》(SL 74—2013);
(2)《水利水电工程启闭机设计规范》(SL 41—2011);
(3)《水工金属结构防腐蚀规范》(SL 105—2007);
(4)《水利水电工程钢闸门制造、安装及验收规范》(GB/T 14173—2008);
(5)《水利水电工程启闭机制造安装及验收规范》(SL 381—2007);
(6)其他国家相关的规程、规范、标准。

5.11.3 溢流表孔

5.11.3.1 基本资料

在进口处分别设置1道检修闸门和工作闸门,孔口净宽15.0 m,计8孔,堰顶高程为83.00 m,工作闸门设计水位为94.80 m(百年一遇控泄水位),检修水位为88.00 m(正常蓄水位)。

弧形闸门具有无门槽、水流条件好、闸门局部开启时震动小等优点,液压启闭机具有结构简单、体积小、传动平稳、不需要排架、便于远程操作和坝面布置美观等优点,根据本工程特点,工作闸门采用斜支臂弧形钢闸门,液压启闭机启闭,检修闸门采用平面滑动钢闸门。

5.11.3.2 工作闸门设计

工作闸门采用 15.0 m×13.0 m—12.60 m(宽×高—水头,下同)露顶式斜支臂弧形钢闸门,计8扇,闸门底槛高程为82.20 m。主要结构材料为Q345B型钢材,E5016型焊条,面板布置在上游侧。

弧面半径为15.0 m,支铰中心高程为90.80 m,支铰采用圆柱铰,铰链和铰座材料为ZG35Cr1Mo,轴材料为40Cr,轴套采用GEW440HS-FZB056-2RS自润滑关节轴承,摩擦系数取0.14。侧向采用 φ250 mm简支滚轮支承,材料为ZG270-500型,每侧设3件,共计6件。止水采用单向止水,材料采用橡塑复合止水,在基材SF6674表面喷涂聚四氟乙烯,摩擦系数取0.2,侧止水采用L型橡皮,底止水采用I型切角橡皮,均布置在面板侧。

埋件采用二期混凝土预埋,侧轨和底槛均采用焊接结构,主要结构材料为Q235B型,与止水接触面采用不锈钢板,材料为1Cr18Ni9Ti型。溢流表孔金属结构布置总图见图2.5-26。

(1)闸门主要结构计算成果

闸门设计水位:库内侧94.80 m,库外侧82.20 m。取计算闸门水压力 $P=13\ 781$ kN,下主梁荷载强度 $q=500.2$ kN/m进行计算。工作闸门的面板计算最大厚度值为8.89 mm,面板厚度采用12 mm,工作闸门主要计算成果见表2.5-46。

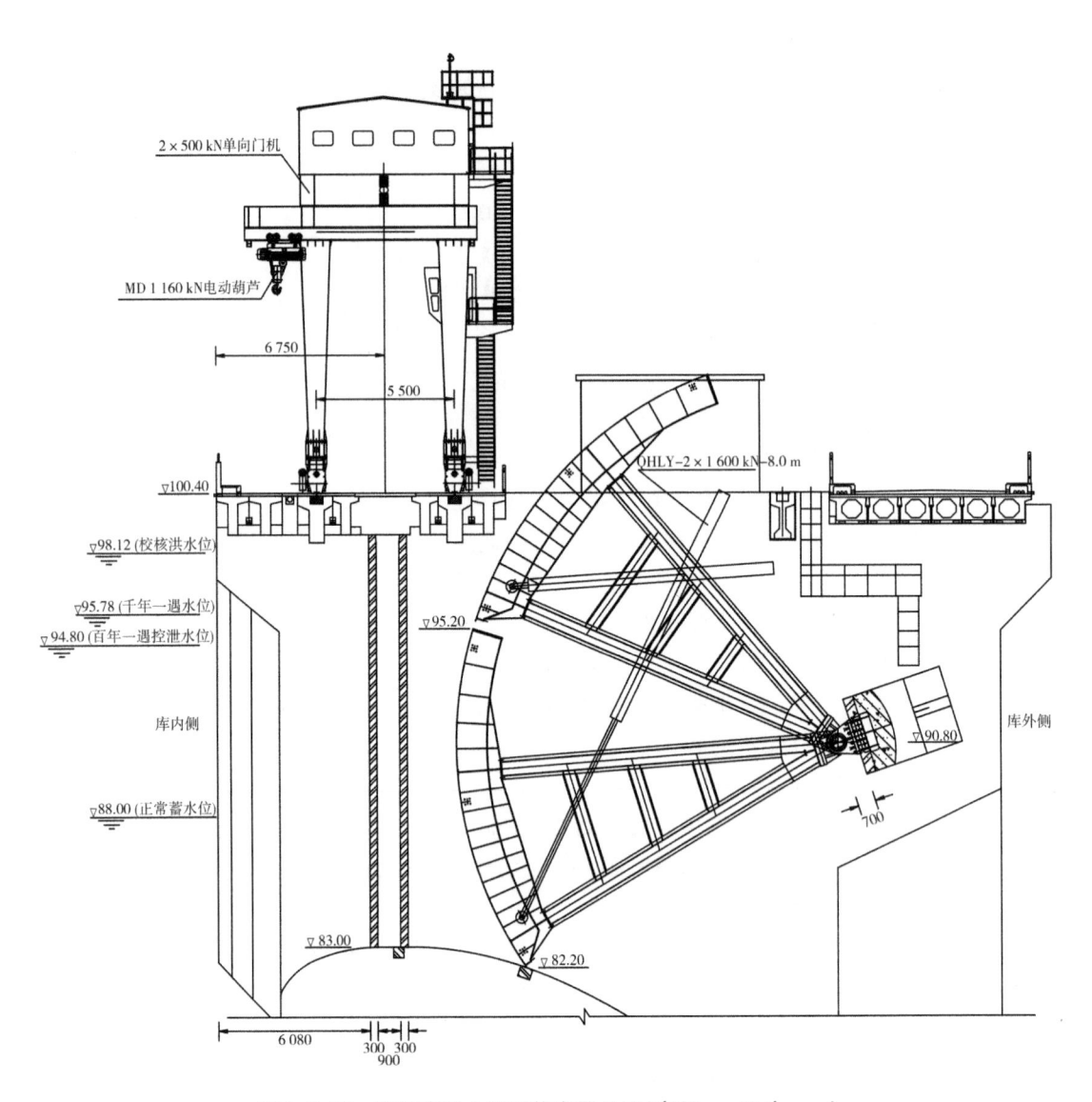

图 2.5-26　溢流表孔金属结构布置总图（高程：m，尺寸：mm）

表 2.5-46　工作闸门主要计算成果表

项　目	设计值	许用值
面板	面板折算应力 σ_{zh}=148 N/mm²	$[\sigma]$=312.6 N/mm²
主梁	弯曲应力 σ=137.1 N/mm²	$[\sigma]$=203 N/mm²
主梁	剪应力 τ=96.5 N/mm²	$[\tau]$=121.5 N/mm²
次梁	弯曲应力 σ=139.8 N/mm²	$[\sigma]$=203 N/mm²
次梁	挠度 f=1.84 mm	$[f]$=10.0 mm

续表

项 目	设计值	许用值
支臂	刚度比 $K_0=5.33$	$[K_0]=3\sim7$
	平面内稳定 $\sigma=132$ N/mm²	$[\sigma]=203$ N/mm²
	平面外稳定 $\sigma=131.1$ N/mm²	$[\sigma]=203$ N/mm²
支铰轴	弯曲应力 $\sigma=92.6$ N/mm²	$[\sigma]=320$ N/mm²
	剪应力 $\tau=33.5$ N/mm²	$[\tau]=190$ N/mm²

(2) 启闭力计算

闸门动水启闭,最大启闭水位:库内侧 94.80 m,库外侧 82.20 m,可局部开启运用,开启时应对称开启。启闭力计算成果见表 2.5-47。

表 2.5-47 启闭力计算成果表

项目	闸门阻力矩 (kN·m)	支铰摩阻力矩 (kN·m)	止水摩阻力矩 (kN·m)	闭门力(kN)	加荷载(kN)	启门力(kN)
闭门状况	13 610	458	842	−1 336	0	—
启门状况	13 610	458	842	—	0	2 066

启闭设备选用 QHLY-2×1 600 kN-8.0 m 液压式启闭机,工作行程为 7.8 m,启门速度为 0.5 m/min,一门一机,计 8 台。8 孔工作闸门选用 4 套液压站,每套液压站控制 2 孔工作闸门,单扇闸门启闭,每套液压站采用 2 套油泵电机组,互为备用,油泵房布置在中墩上,电气控制柜布置在该泵房内。油缸上端与预埋在闸墩上的上部支座相连,油缸活塞杆的下端与闸门边梁上的吊耳相连。

5.11.3.3 检修闸门设计

检修闸门采用 15.0×5.4−5.00 m 平面滑动钢闸门,计 1 扇,分 2 节,8 孔共用。主要结构材料为 Q235B 型钢材,E4303 型焊条,面板布置在下游侧。

主支承采用滑块支承,滑块材料为高强度钢基铜塑复合材料,摩擦系数取 0.1。侧向采用 $\varphi250$ 悬臂滚轮支承,材料为 ZG270−500 型。止水采用单向止水,材料为 SF6674 型,摩擦系数取 0.5,侧止水采用 P 型橡皮,底止水采用 I 型切角橡皮,布置在面板侧。开门时采用节间小开度充水平压方式。

埋件采用二期混凝土预埋,主轨、反轨和底槛均采用焊接结构,主要结构材料为 Q235B 型钢材,与止水接触面采用不锈钢板,材料为 1Cr18Ni9Ti 型。

(1) 闸门主要结构计算成果

闸门设计水位:库内侧 88.00 m,库外侧 83.00 m。根据计算闸门水压力 $P=1\,887.5$ kN。检修闸门的面板计算最大厚度值为 6.54 mm,面板厚度为 16 mm。检修闸门主要计算成果见表 2.5-48。

(2) 启闭力计算

静水启闭,启闭力计算成果见表 2.5-49。

启闭设备选用 1 台 2×500 kN 单向门机,与底孔事故门和电站进口段金属结构设备共用;单向门机主要参数见表2.5-50。

表2.5-48　检修闸门主要计算成果表

项目	设计值	许用值
面板	面板折算应力 $\sigma_{zh}=87$ N/mm²	$[\sigma]=264$ N/mm²
主梁	弯曲应力 $\sigma=76.5$ N/mm²	$[\sigma]=135$ N/mm²
主梁	剪应力 $\tau=28.2$ N/mm²	$[\tau]=81$ N/mm²
主梁	主梁挠度 $f=14$ mm	$[f]=25.7$ mm
滑块	荷载 $P=1\,350$ N/mm	$[P]=4\,500$ N/mm

表2.5-49　启闭力计算成果表

项目	闸门门重(kN)	支承摩阻力(kN)	止水摩阻力(kN)	闭门力(kN)	启门力(kN)	加荷载(kN)
闭门状况	340	0	0	−340	—	0
启门状况	340	40	2.0	—	454.0	0

表2.5-50　单向门机主要参数表

起升主要技术特性			
主钩		副钩	
额定启门力	2×500 kN	电动葫芦	MD1 160 kN
总扬程/轨上扬程	28 m/10 m	扬程	30 m
启闭速度	1.45 m/min	启闭速度	7/0.7 m/min
电动机	YZR200L,$P=2\times18$ kW	行走速度	20 m/min
大车运行机构主要技术参数			
行走速度	2~20 m/min	电动机	YPEJ112M-4,$P=4\times4$ kW
最大轮压	270 kN	钢轨型号	QU70
工作级别	Q3-中		

5.11.4　泄流底孔

5.11.4.1　基本设计资料

在进口处设置1道事故检修闸门,孔口尺寸为7.0×8.3 m(宽×高,下同),计3孔,底板高程为75.00 m,事故检修闸门设计水位为94.80 m(百年一遇控泄水位)。

在事故检修闸门下游设置1道工作闸门,孔口尺寸为7.0 m×7.0 m,计3孔,底板高程为75.00 m,工作闸门设计水位为94.80 m(百年一遇控泄水位)。

弧形闸门具有无门槽、水流条件好、闸门局部开启时震动小等优点,液压启闭机具有结构简单、体积小、传动平稳、不需要排架、便于远程操作和坝面布置美观等优点,根据本工程特点,工作闸门采用斜支臂弧形钢闸门,液压启闭机启闭,事故检修闸门采用平面定轮钢闸门。

5.11.4.2 工作闸门设计

工作闸门采用 7.0×7.2—20.00 m 潜孔式斜支臂弧形钢闸门，计 3 扇，底槛高程为 74.80 m。主要结构材料为 Q345B 型钢材，E5016 型焊条，面板布置在上游侧。

弧面半径为 12.0 m，支铰转动中心高程为 83.30 m，支铰采用圆柱铰，铰链和铰座材料为 ZG35Cr1Mo 型，轴材料为 40Cr 型，轴套采用 GEW440HS-FZB056-2RS 自润滑关节轴承，摩擦系数取 0.14。侧向采用 φ200 mm 简支滚轮支承，材料为 ZG270-500 型，每侧设 3 件，共计 6 件。止水采用单向止水，材料类型为橡塑复合止水，在基材 SF6674 表面喷涂聚四氟乙烯，摩擦系数取 0.2，侧止水采用方头 P 型橡皮，顶止水采用圆头 P 型橡皮，底止水采用 I 型切角橡皮，均布置在面板侧，另外在门楣上增设一道转铰水封，与闸门面板处于密封状态，防止控泄和启门时门顶过水，闸门动水启闭，可局部开启运用。

埋件采用二期混凝土预埋，侧轨、门楣和底槛均采用焊接结构，主要结构材料为 Q235B 型，与止水接触面采用不锈钢板，材料为 1Cr18Ni9Ti 型。泄流底孔金属结构布置总图见图 2.5-27。

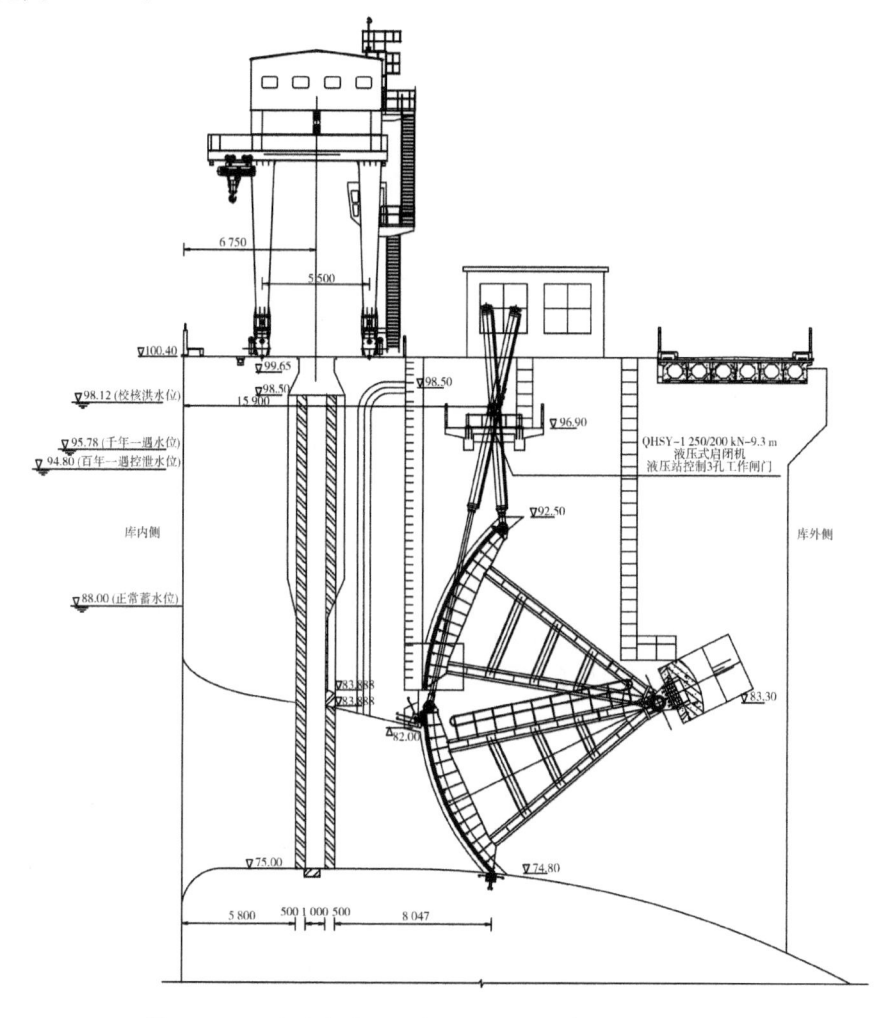

图 2.5-27 泄流底孔金属结构布置总图(高程：m，尺寸：mm)

(1) 闸门主要结构计算成果

闸门设计水位:库内侧94.80 m,库外侧74.80 m。根据计算闸门水压力$P=10\,829$ kN。工作闸门的面板计算最大厚度值为11.81 mm,面板厚度为14 mm,工作闸门主要计算成果见表2.5-51。

表2.5-51 工作闸门主要计算成果表

项目	设计值	许用值
面板	面板折算应力$\sigma_{zh}=253$ N/mm²	$[\sigma]=312.6$ N/mm²
主梁	弯曲应力$\sigma=104.4$ N/mm²	$[\sigma]=203$ N/mm²
主梁	剪应力$\tau=89.6$ N/mm²	$[\tau]=121.5$ N/mm²
次梁	弯曲应力$\sigma=96.1$ N/mm²	$[\sigma]=203$ N/mm²
次梁	挠度$f=1.93$ mm	$[f]=4.4$ mm
支臂	刚度比$K_0=5.05$	$[K_0]=3\sim7$
支臂	平面内稳定$\sigma=86.8$ N/mm²	$[\sigma]=203$ N/mm²
支臂	平面外稳定$\sigma=86.2$ N/mm²	$[\sigma]=203$ N/mm²
支铰轴	弯曲应力$\sigma=72$ N/mm²	$[\sigma]=320$ N/mm²
支铰轴	剪应力$\tau=26.1$ N/mm²	$[\tau]=190$ N/mm²

(2) 启闭力计算

闸门动水启闭,最大启闭水位:库内侧94.80 m,库外侧74.80 m,可局部开启运用,开启时应对称开启。启闭力计算成果见表2.5-52。

表2.5-52 启闭力计算成果表

项目	闸门阻力矩 (kN·m)	支铰摩阻力矩 (kN·m)	止水摩阻力矩 (kN·m)	闭门力(kN)	加荷载(kN)	启门力(kN)
闭门状况	6 418.1	333.5	1 302.6	−358.1	0	—
启门状况	6 418.1	333.5	1 302.6	—	0	847.0

启闭设备选用QHSY-1 250/200 kN-9.3 m液压式启闭机,工作行程为9.184 m,启门速度约为0.7 m/min,闭门速度约为0.5 m/min,一门一机,计3台,3孔工作闸门选用1套液压站,每套液压站采用2套油泵电机组,互为备用,油泵房布置在中墩上,电气控制柜布置在该泵房内。采用油缸中部十字铰支撑摆动式布置,油缸活塞杆的下端与闸门边梁上的吊耳相连。

5.11.4.3 事故检修闸门设计

事故检修闸门采用7.0×8.088−19.80 m平面定轮钢闸门,计1扇。主要结构材料为Q345B型钢材,E5016型焊条。

事故检修闸门主支承采用φ800 mm简支滚轮支承,滚轮材料为ZG35Cr1Mo,轮轴材料为40Cr,轴套材料为高强度钢基铜塑自润滑轴承,摩擦系数取0.14,每侧设4件,共计8件。侧向采用φ200 mm简支滚轮支承,材料为ZG270-500,每侧设2件,共计4件。止水采用单向止水,材料采用橡塑复合止水,在基材SF6674表面喷涂聚四氟乙烯,摩擦系数取 0.2,侧止水及顶止水采用 P 型橡皮,布置在后翼缘侧,底止水采用 I 型切角橡皮,布置在面板侧。

埋件采用二期混凝土预埋,侧轨、门楣和底槛均采用焊接结构,主要结构材料为 Q345B,与止水接触面采用不锈钢板,材料为 1Cr18Ni9Ti。

(1) 闸门主要结构计算成果

闸门设计水位:库内侧 94.80 m,库外侧 75.00 m。根据计算闸门水压力 $P=9\,304$ kN。事故门闸门的面板计算最大厚度值为 9.2 mm,面板厚度为 14 mm。事故检修闸门主要计算成果见表 2.5-53。

表 2.5-53　事故检修闸门主要计算成果表

项目	设计值	许用值
面板	面板折算应力 $\sigma_{zh}=176$ N/mm²	$[\sigma]=312.6$ N/mm²
主梁	弯曲应力 $\sigma=146.6$ N/mm²	$[\sigma]=203$ N/mm²
主梁	剪应力 $\tau=54.1$ N/mm²	$[\tau]=121.5$ N/mm²
主梁	主梁挠度 $f=9.4$ mm	$[f]=10$ mm
次梁	弯曲应力 $\sigma=145$ N/mm²	$[\sigma]=203$ N/mm²
次梁	挠度 $f=2.4$ mm	$[f]=4.76$ mm
主轨	混凝土承压应力 $\sigma_h=8.8$ N/mm²	$[\sigma_h]=11$ N/mm²
主轨	轨道底板弯曲应力 $\sigma=137$ N/mm²	$[\sigma]=225$ N/mm²

(2) 启闭力计算

事故检修闸门动闭静启,部分利用水柱闭门,门顶设充水阀,最大闭门水位:库内侧 94.80 m,库外侧 75.00 m,最大启门水位考虑 4.0 m 水头差。启闭力计算成果见表 2.5-54。

表 2.5-54　启闭力计算成果表

项目	闸门门重 (kN)	支承摩阻力 (kN)	止水摩阻力 (kN)	闭门力(kN)	持住力(kN)	启门力(kN)	加荷载(kN)
闭门状况	547	373	38.4	−377	—	—	378
闭门状况	547	148	9.6	—	894	—	378
启门状况	547	94.8	9.8	—	—	857	130

启闭设备选用 1 台 2×500 kN 单向门机,与底孔事故门和电站进口段金属结构设备共用。

5.11.5　电站

5.11.5.1　基本资料

为了拦截污物,防止污物进入机组,在进口处设置 1 道拦污栅,孔口尺寸为 4.633 m× 4.667 m,计 3 孔,底板高程均为 80.00 m,拦污栅设计水位差按 2 m 设计。

为保护机组,进口处设 1 道检修闸门和快速闸门,检修闸门孔口尺寸为 2.504 m× 3.202 m,计 3 孔,快速闸门孔口尺寸为 2.5 m×3.125 m(宽×高),计 3 孔,底板高程均为

80.00 m,检修水位为 88.00 m(正常蓄水位),快速闸门设计水位为 98.12 m(校核洪水位)。

在出口处设置 1 道尾水检修闸门,孔口尺寸为 4.576 m×2.1 m(宽×高),计 3 孔,底板高程均为 67.00 m,设计水位为 74.91 m。

为满足过鱼要求,在尾水出口增设集运鱼系统。

5.11.5.2 进口拦污栅设计

拦污栅采用 4.633×4.667-3.0 m(宽×高一水位差)平面焊接钢结构,栅条尺寸-12×100@100,计 3 扇,人工清污;主要结构材料为 Q345B 型钢材,E5016 型焊条。

考虑进水流态问题和清污方便,拦污栅布置在进口最前端,采用焊接钢结构门槽,采用拉杆固定在坝顶。

启闭设备选用 1 台 2×500 kN 单向门机上副钩 MD1 160 kN 电动葫芦起吊。

5.11.5.3 进口检修闸门设计

检修闸门采用 2.504×3.202-8.00 m 平面定轮钢闸门,计 1 扇。主要结构材料为 Q345B 型钢材,E5016 型焊条。

检修闸门主支承采用 φ480 mm 悬臂滚轮支承,滚轮材料为 ZG310-570,轮轴材料为 40Cr,轴套材料为高强度钢基铜塑自润滑轴承,摩擦系数取 0.14,每侧设 2 件,共计 4 件。侧向采用 φ300 mm 悬臂滚轮支承,材料为 ZG270-500,每侧设 2 件,共计 4 件。止水采用单向止水,材料采用橡塑复合止水,在基材 SF6674 表面喷涂聚四氟乙烯,摩擦系数取 0.2,侧止水及顶止水采用 P 型橡皮,底止水采用 I 型切角橡皮,布置在面板侧。

埋件采用二期混凝土预埋,主轨、反轨、门楣和底槛均采用焊接结构,主要结构材料为 Q345B,与止水接触面采用不锈钢板,材料为 1Cr18Ni9Ti。

启闭设备选用 1 台 2×500 kN 单向门机上副钩 MD1 160 kN 电动葫芦起吊。

5.11.5.4 进口快速闸门设计

快速闸门采用 2.5×3.125-18.12 m 平面定轮钢闸门,计 3 扇。主要结构材料为 Q345B 型钢材,E5016 型焊条。

检修闸门主支承采用 φ480 mm 悬臂滚轮支承,滚轮材料为 ZG310-570,轮轴材料为 40Cr,轴套材料为高强度钢基铜塑自润滑轴承,摩擦系数取 0.14,每侧设 2 件,共计 4 件。侧向采用 φ300 mm 悬臂滚轮支承,材料为 ZG270-500,每侧设 2 件,共计 4 件。止水采用单向止水,材料采用橡塑复合止水,在基材 SF6674 表面喷涂聚四氟乙烯,摩擦系数取 0.2,侧止水及顶止水采用 P 型橡皮,底止水采用 I 型切角橡皮,布置在面板侧。

埋件采用二期混凝土预埋,主轨、侧轨、门楣和底槛均采用焊接结构,主要结构材料为 Q345B,与止水接触面采用不锈钢板,材料为 1Cr18Ni9Ti。

启闭设备选用 QPKY-400/400 kN-4.2 m 液压式启闭机,动水闭门,采用小开度开门平压,一门一机,计 3 台,启门速度 0.5 m/min,3 孔快速闸门选用 1 套液压站,采用 2 套油泵电机组,互为备用,油泵房布置在中墩上,电气控制柜布置在该泵房内。

检修闸门和启闭机时,采用 2×500 kN 单向门机上副钩 MD1 160 kN 电动葫芦起吊。

5.11.5.5 尾水检修闸门设计

检修闸门采用 4.576×2.1-7.91 m 平面定轮钢闸门,计 1 扇,3 孔共用。主要结构材料为 Q235B 型钢材,E4303 型焊条。

工作闸门主支承采用 φ580 mm 悬臂滚轮支承,滚轮材料为 ZG310-570,轮轴材料为 45 钢,轴套材料为高强度钢基铜塑自润滑轴承,摩擦系数取 0.14,每侧设 2 件,共计 4 件。侧向采用 φ250 mm 悬臂滚轮支承,材料为 ZG270-500,每侧设 2 件,共计 4 件。止水采用单向止水,材料采用橡塑复合止水,在基材 SF6674 表面喷涂聚四氟乙烯,摩擦系数取 0.2,侧止水及顶止水采用 P 型橡皮,底止水采用 I 型切角橡皮,布置在面板侧。

埋件采用二期混凝土预埋,主轨、反轨、门楣和底槛均采用焊接结构,主要结构材料为 Q235B,与止水接触面采用不锈钢板,材料为 1Cr18Ni9Ti。

检修闸门静水启闭,门顶设充水阀,启闭设备选用 $SGMD_1 2\times 50$ kN 电动葫芦,计 1 台,轨道采用 I40b 工字钢。

5.11.5.6 集运鱼系统金属结构设计

孔口净宽为 5.0 m,计 1 孔,底板高程为 70.00 m,发电最低尾水位为 74.08 m、发电最高尾水位为 74.91 m。

集运鱼系统金属结构设计包括进口控制闸门、一级进鱼门、二级进鱼门、出口控制闸门、集鱼箱设计,集运鱼系统金属结构布置总图见图 2.5-28。

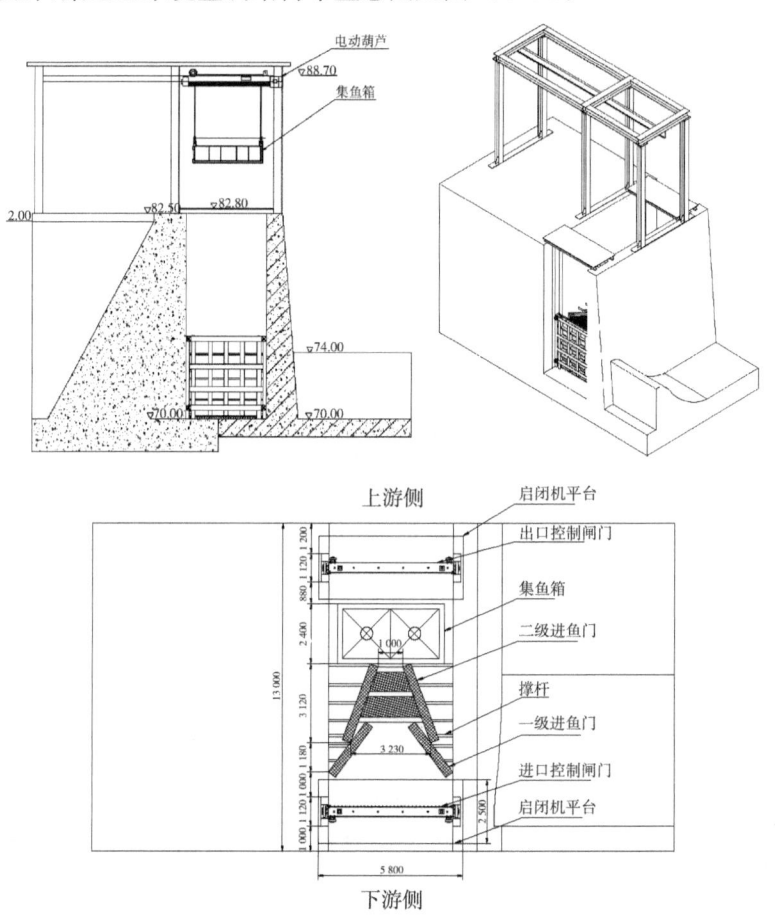

图 2.5-28 集运鱼系统金属结构布置总图(高程:m,尺寸:mm)

(1) 进口控制闸门设计

进口控制闸门采用 5.0×5.0－4.91 m 平面定轮钢闸门,计 1 扇,主要结构材料为 Q235B 型钢材,E4303 型焊条,面板布置朝外河侧。采用四横梁等截面结构。支承采用悬臂滚轮支承,滚轮材料为 ZG270-500,轮轴材料为 45 钢,轴套材料为高强度钢基铜塑自润滑轴承 FZB08,摩擦系数取 0.14。闸门止水布置为单向止水,侧止水采用 P 型橡皮,底止水采用 I 型切角橡皮,止水材料为 SF6674。

埋件采用二期混凝土预埋,二期混凝土强度等级为 C30,主轨、侧轨和底槛均采用焊接结构,主要结构材料为 Q235B,与止水接触面采用不锈钢板,材料为 1Cr18Ni9Ti。

启闭设备选用 YJQ-PZ250 kN-5.0 m 液压集成式启闭机,计 1 台。

进口控制闸门在集鱼箱提升前关闭闸门,防止鱼类逃逸;在一级进鱼门、二级进鱼门、集鱼箱埋件需要检修时,关闭进、出口控制闸门进行检修。

(2) 一级进鱼门设计

一级进鱼门采用 2.5 m×4.5 m 平面旋转钢网栅结构,计 2 扇,主要结构材料为 Q235B 型钢材,E4303 型焊条,网栅孔径尺寸依据过鱼对象设为 20 mm×20 mm 的正方形孔,网格可拆卸,便于清除污物,材料采用 1Cr18Ni9Ti 不锈钢。采用四横梁等截面结构。

埋件采用二期混凝土预埋,二期混凝土强度等级为 C30,主轨、侧轨和底槛均采用焊接结构,主要结构材料为 Q235B。

一级进鱼门由左右两扇网栅门组成,运行时开为八字型,宽度方向上由 5 m 束窄至 3.23 m。

(3) 二级进鱼门设计

二级进鱼门采用 2.5 m×4.5 m 平面固定钢网栅结构,计 1 套,主要结构材料为 Q235B 型钢材,E4303 型焊条,网栅孔径依据过鱼对象尺寸设为 20 mm×20 mm 的正方形孔,网格可拆卸,便于清除污物,材料采用 1Cr18Ni9Ti 不锈钢。采用四横梁等截面结构。

埋件采用二期混凝土预埋,二期混凝土强度等级为 C30,主轨、侧轨和底槛均采用焊接结构,主要结构材料为 Q235B。

二级过鱼门在水平方向为倒八字门,高度方向上向下束窄至 1.5 m,水平方向上束窄至 1 m。集鱼箱为了方便提升,宽度方向上减少至 1 m,为保证结构的稳定,箱体两侧面同基础结构墙体之间用支撑杆固定。

(4) 出口控制闸门设计

出口控制闸门是为了控制进入集鱼系统的流量低于 7.2 m³/s,并起到诱鱼作用。

出口控制闸门采用 5.0×5.0-4.91 m 平面定轮钢闸门,计 1 扇,主要结构材料为 Q235B 型钢材,E4303 型焊条,面板朝外河侧布置。采用四横梁等截面结构。支承采用悬臂滚轮支承,滚轮材料为 ZG270-500,轮轴材料为 45 钢,轴套材料为高强度钢基铜塑自润滑轴承 FZB08,摩擦系数取 0.14。闸门止水布置为单向止水,侧止水采用 P 型橡皮,底止水采用 I 型切角橡皮,止水材料为 SF6674。

埋件采用二期混凝土预埋,二期混凝土强度等级为C30,主轨、侧轨和底槛均采用焊接结构,主要结构材料为Q235B,与止水接触面采用不锈钢板,材料为1Cr18Ni9Ti。

启闭设备选用YJQ-PZ250 kN-5.0 m液压集成式机启闭机,计1台。

(5)集鱼箱设计选型

集鱼箱是从鱼道集鱼后,在鱼的提升过程中使用的储鱼设备。

集鱼箱尺寸为4.33 m×2.44 m×2.0 m,材料采用304不锈钢,分为上半部分的网栅箱体结构和下半部分的实体壁面结构,底部设自重放鱼阀门,配自动开启放鱼和自动关闭机构,设2套集鱼箱,互为备用。

启闭设备选用100 kN移动式启闭机,计1台。

5.11.6 南灌溉洞

5.11.6.1 基本资料

在进口处设置1道事故检修闸门,孔口尺寸为2.0 m×2.2 m,计1孔,底板高程为81.50 m;在出口处设置1道工作闸门,孔口尺寸为2.0 m×1.9 m,计1孔,底板高程为81.50 m;工作闸门设计水位为98.12 m,检修水位为88.00 m(正常蓄水位)。

根据供水保证、设计水头、常年控泄、检修要求和土建布置等情况,进口事故检修闸门采用平面定轮钢闸门,主要用来为出口工作闸门检修;出口工作闸门采用弧形钢闸门,主要用来控泄和挡洪。

5.11.6.2 进口事故检修闸门设计

事故检修闸门采用2.0×2.2-16.62 m潜孔式平面定轮钢闸门,计1扇。主要结构材料为Q345B型钢材,E5016型焊条,总水压力为769 kN。

工作闸门主支承采用φ480 mm悬臂滚轮支承,滚轮材料为ZG310-570,轮轴材料为40Cr,轴套材料为高强度钢基铜塑自润滑轴承,摩擦系数取0.14。止水采用单向止水,材料采用橡塑复合止水,在基材SF6674表面喷涂聚四氟乙烯,摩擦系数取0.2,侧止水及顶止水采用P型橡皮,布置在后翼缘侧,底止水采用I型切角橡皮,布置在面板侧。埋件采用二期混凝土预埋,主轨、侧轨、门楣和底槛均采用焊接结构,主要结构材料为Q345B,与止水接触面采用不锈钢板,材料为1Cr18Ni9Ti。

事故检修闸门动水启闭,小开度提门充水,无局部开启的要求,最大启闭水位:库内侧98.12 m,库外侧81.50 m。启闭设备选用QP400 kN-18 m固定卷扬式启闭机,计1台。

5.11.6.3 出口工作闸门设计

工作闸门采用2.0×1.9-16.62 m潜孔式直支臂弧形钢闸门,计1扇。主要结构材料为Q345B型钢材,E5016型焊条,面板朝库内侧布置。

弧面半径为3.6 m,支铰转动中心高程为84.00 m,支铰采用圆柱铰,铰链和铰座材料为ZG310-570,轴材料为40Cr,轴套采用FZB08B255×220×250,摩擦系数取0.14。侧向采用滑块支承。止水采用单向止水,材料采用橡塑复合止水,在基材SF6674表面喷涂聚四氟乙烯,摩擦系数取0.2,侧止水采用方头P型橡皮,顶止水采用圆头P型橡皮,底止水采用Ⅰ型切角橡皮,均布置在面板侧,另外在门楣上增设一道转铰水封,使闸门面板处于密封状态,防止控泄和启门时门顶过水,闸门动水启闭,可局部开启运用。

埋件采用二期混凝土预埋,侧轨、门楣和底槛均采用焊接结构,主要结构材料为Q345B型钢材,与止水接触面采用不锈钢板,材料为1Cr18Ni9Ti。

闸门动水启闭,可局部开启调节引水流量,最大启闭水位:库内侧98.12 m,库外侧81.50 m。启闭设备选用QHSY-400/200 kN-3.4 m液压式启闭机,启门速度为0.7 m/min,闭门速度为0.45 m/min,计1台。选用1套液压站,采用2套油泵电机组,互为备用,油泵房和电气控制柜布置在启闭机房内。采用油缸中部十字铰支撑摆动式布置,油缸活塞杆的下端与闸门边梁上的吊耳相连。

5.11.7 防腐设计

钢闸门及埋件外露部位防腐要求:喷砂除锈达到Sa2.5级,粗糙度为60~100 μm,喷锌为120 μm,纯环氧底漆为40 μm,改性环氧耐磨漆为80 μm,环氧面漆为80 μm;埋入混凝土一侧除锈后涂刷水泥砂浆。

启闭机采用涂刷防护漆封闭。液压启闭机活塞杆表面处理要求:溢流表孔工作闸门液压启闭机活塞杆采用表面镀铬处理,其余闸门液压启闭机活塞杆采用表面激光熔覆镍合金处理。

滚轮、吊杆等转动部件的轴,采用电镀金属硬铬防腐,先镀乳白铬0.05 mm,再镀硬铬0.05 mm,镀后磨削至设计尺寸。设备装配紧固件螺栓组采用镀锌螺栓、螺母。卷扬启闭机钢丝绳采用镀锌钢丝绳。

5.12 工程安全监测

出山店水库大坝为1级建筑物,混凝土坝段最大坝高为35.4 m,土坝段最大坝高为27.4 m,地形地质条件比较复杂,坝轴线全长为3 690.57 m,土坝段长3 261 m(不包括连接段),混凝土坝及连接段长429.57 m,需要设置必要的监测项目及相应的设施。

5.12.1 安全监测设计原则

出山店水库工程安全监测的主要任务是及时发现和预报工程在施工期和运行期有可能出现的安全隐患,以便及时采取工程措施。根据这一要求,并参照有关监测规范以及类似工程的经验,同时考虑到本工程具体的地质、结构和环境情况,特提出如下监测设计原则:监测布置要突出重点,兼顾全局,关键部位的关键项目应作为重点集中布设;以监测建筑物的安全为主,监测项目的设置和测点的布设应满足监测工程安全运行需要,各种监测项目的布设要互相结合,在进行仪器监测的同时,要重视人工巡视检查工作,以互相补充;对所有的监测资料应及时整理、分析,以便及时发现不安全因素,采取有效的工程处理措施。

5.12.2 监测项目的确定

根据规程规范、工程地质条件、结构设计要求等确定监测项目。安全监测包括巡视检查和仪器监测,作为1级建筑物,本坝进行以下项目监测。

变形监测:包括水平位移、垂直位移监测和接缝位移监测;坝基沉降监测;坝体内部垂直位移监测。

渗流监测:包括坝基扬压力、坝体渗透压力、坝体渗流量及绕坝渗流监测。

应力应变监测:主要在建筑物内部进行应力应变监测。

水文气象监测:上、下游水位、气温监测。

地震反应监测:大坝地震反应监测等。

巡视检查,是建筑物安全监测的重要手段,它包括施工期和运行期的巡视检查,施工期主要对坝区的边坡稳定和坝体混凝土有无裂缝等表面现象进行检查,运行期主要对在蓄水期大坝有无异常、坝肩和坝基渗漏等现象进行巡视检查。

5.12.3 混凝土坝段安全监测设计

混凝土坝安全监测系统由变形监测、渗流监测、结构内力监测、渠首上下游水位及气温监测等监测项目构成。以9号泄流坝段,厂房坝段,9号、11号非溢流坝段作为重点监测坝段,在重点监测坝段上综合布置各项监测设施,在其他坝段上主要设置变形和渗流监测设施。整个安全监测系统大部分测点最终将实现自动化,即能够自动采集,集中监控,同时具备人工测读条件。

根据《混凝土坝安全监测技术规范》(DL/T 5178—2003)规定,出山店水库混凝土坝段的监测项目主要有:巡视检查、环境量监测、变形监测、渗流监测、应力应变及温度监测等。环境量监测包括上下游水位监测、水温监测、气温监测、降水量监测、坝前淤积和下游冲刷监测。变形监测包括坝体外部变形监测、内部变形监测、裂缝监测、接缝开合度监测、基础沉降监测等。渗流监测包括基础扬压力监测、坝体坝基渗透流量监测、绕坝渗流监测等。具体设计内容如下:

1. 巡视检查

从施工开始,应自始至终进行巡视检查,当水库放空时亦应进行全面巡视检查。

混凝土坝的巡视检查分为日常巡视检查、年度巡视检查和特殊情况下的巡视检查三类。

日常巡视检查:根据本工程的具体情况和特点,制订切实可行的巡视检查制度,具体规定巡视检查的时间、部位、内容和要求,并确定日常的巡回检查路线和检查顺序,由有经验的技术人员负责。在检查次数方面,在施工期,宜每周两次;水库第一次蓄水或提高水位期间,宜每天一次或每两天一次(依库水位上升速率而定);正常运行期,可逐步减少次数,但每月不宜少于一次;汛期应增加巡视检查次数;水库水位达到设计洪水位前后,每天至少应巡视检查一次。

年度巡视检查:在每年的汛前汛后、用水期前后或枯水期(冰冻严重的冰冻期)及高水位低气温时,对大坝进行较为全面的巡视检查。年度巡视检查除按规定程序对大坝各种设施进行外观检查外,还应审阅大坝运行、维护记录和检测数据等资料档案,每年不少于两次。

特殊情况下的巡视检查:在坝区(或其附近)发生有感地震、大坝遭受大洪水或库水位骤降、骤升,以及发生其他影响大坝安全运用的特殊情况时,应及时地进行巡视检查。

坝体主要检查内容有:坝体相邻坝段之间是否有异常错动,伸缩缝开合情况和止水的工作状况,上下游坝面、宽缝内及廊道壁上有无裂缝,裂缝中漏水情况,混凝土有无破损,坝体排水孔的工作状态,渗漏水的漏水量,坝顶防浪墙有无裂缝、损坏情况。

坝基和坝肩主要检查内容有:基础岩体有无挤压、错动、松动和鼓出,坝体与基岩(或岸坡)结合处有无错动、开裂、脱离及渗水等情况,基础排水及渗流监测设施的工作状况,渗漏水的漏水量。

引水建筑物主要检查内容有:进水口和引水渠道有无淤堵、裂缝及损伤,控制建筑物及进水口拦污设施状况、水流流态。

泄水建筑物主要检查内容有:溢流面有无裂缝及损伤,消能防冲设施有无磨损与淤积。

2. 环境量监测

环境量监测监测主要包括水位、库水温、气温、降水量、冰压力、坝前淤积和下游冲刷等项目。在管理区布置百叶箱1处,内置温度计。

1) 水位监测

在坝前水流平稳的岸坡上布置水尺1组,采用接力式水尺方式。下游水尺采用公路漆刻画在导水墙的水尺进行测量。上游水位计布置在18号坝段的水位计井内,下游水位计布置在溢流坝段消力池下游的渠坡上以满足自动化观测要求。

2) 库水温监测

在上游坝前的库水中,布置2条测温垂线,初拟在正常蓄水位以下20 cm、1/2水深及库底各布置1个测点,采用深水温度计进行水温测量。布置在18号坝段。

3) 气温监测

在坝区设置1个气温测点。观测设备设在专用的百叶箱内,选用自记温度计2个。

4) 降水量监测

在坝区设1个自动测报雨量计。

5) 坝前淤积和下游冲刷监测

在坝前设1个控制断面,库区内根据地形情况,设置20个控制断面,每个控制断面两岸均设置3个控制点。

3. 变形监测

1) 外部变形观测

混凝土坝分4个坝段,分别为非溢流坝段、电站坝段、底孔坝段、溢流坝段,外部变形观测包括水平位移监测和垂直位移监测。

水平位移监测采用引张线法,坝顶布设1条由23个水平位移标点(每1坝段布置1个标点)和2个工作基点组成的引张线进行监测。

垂直位移监测拟布设2个观测纵断面,在坝顶上游两侧布置1个观测纵断面,观测纵断面由23个垂直位移标点(每1坝段布置1个标点)组成。

在坝的两端布设正垂和倒垂两组工作基点,在大坝右坝头布设水准基点。坝顶的水平位移采用正垂和倒垂联测的办法进行校测,垂直位移采用位于大坝右坝头的水准基点进行校测。

2) 内部变形观测

在坝体 68.50 m 高程的灌浆廊道内布置垂直位移纵轴线进行坝体内部垂直位移观测。垂直位移利用布设在引张线测点附近的水准点取得,并采用位于大坝右坝头的水准基点进行校测。

3) 裂缝监测

在混凝土坝岩体连接处、坝内纵缝等易产生裂缝的部位进行裂缝监测。

4) 接缝开合度监测

在相邻两个坝段分缝前后位置各布置 1 支三向测缝计,以监测各坝块的相对位移变化。初拟 2 个断面,每个断面布置 3 支三向测缝计。

由于溢流坝表层采用的高标号混凝土与坝体低标号混凝土分层浇筑,为了解两种混凝土结合面之间的变形状况,在溢流坝段两种混凝土结合面之间布设测缝计。初拟 2 个断面,每个断面 3 支三向测缝计。

5) 基础沉降监测

坝基的沉降可采用布置在基础廊道内的多点位移计获得,选择底孔坝段、泵站坝段、非溢流坝段和溢流坝段各 1 个坝段进行监测,每个坝段至少布置 1 套仪器,断层破碎带加密布设,每套测点数约 10 个。基础垂直位移可由水准点取得,也可通过多点位移计间接取得,布置在基础廊道内的多点位移计同时可以监测不同岩层的变形情况。

4. 渗流监测

混凝土坝必须进行渗流监测。监测项目包括扬压力、渗流压力、渗流量监测。

1) 基础扬压力监测

为了解基础扬压力情况,选取全坝段 1 个纵向监测断面和 4 个横向监测断面进行扬压力监测。纵向监测断面宜布置在灌浆帷幕后,每个坝断布置 1 个测点,共计 23 个测点。横向监测断面选取底孔坝段、泵站坝段、非溢流坝段和溢流坝段各 1 个坝段进行监测。每个横断面一般布置 4 支渗压计,在布置横向监测断面的坝段上纵向监测断面与横向监测断面共用测点。溢流坝段渗压计布置直至消力池尾水渠,在断层破碎带部位渗压计加密,这样基本能了解到基础渗流状况和坝体排水孔的排水效果。

2) 坝体、坝基渗透流量监测

为了解混凝土坝在运用期间基础及坝身的渗透流量变化的规律和是否有不正常的渗透现象,据此分析排水和防渗设备的工作情况,必须进行渗透流量的观测。在灌浆廊道和排水廊道内分区设置量水堰,并设量水堰计,以分区测量不同部位的渗水量,各坝段渗水由廊道下游的排水沟引出至量水堰。初拟在挡水坝段灌浆廊道和排水廊道各布置 1 个量水堰,在溢流坝段灌浆廊道和排水廊道各布置 2 个量水堰,共计 6 个量水堰。

3) 绕坝渗流

在水库大坝右坝头、左侧混凝土坝过渡段与土坝连接处布置绕坝渗流观测断面 2

个，每个断面布置4根测压管，在测压管内同时埋设渗压计，以便人工观测和自动化监测。每个观测管内同时布设振弦式渗压计。

5. 应力、应变及温度监测

1) 坝体应力、应变监测

选择重点监测坝段埋设混凝土应变计和无应力计以监测坝体应力、应变情况。

2) 坝体温度监测

选择重点监测坝段埋设温度计以监测坝体温度。

6. 安全监测自动化

除表面位移项目外，其余拟全部采用自动化监测，监测管理中心应设置在水库管理局，并和视频监控系统、自动化调度系统等水库自动化管理系统结合起来。

混凝土坝安全监测主要监测设备见表2.5-55。

表2.5-55 混凝土坝安全监测主要监测设备一览表

序号	项目	单位	数量	备注
1	引张线	套	1	—
2	引张线测点	个	23	不锈钢
3	倒垂线	条	2	长20 m
4	双金属标	套	1	—
5	基岩变形计	支	8	—
6	垂直位移监测网点	项	1	6个网点
7	精密水准点	个	59	不锈钢、含盖板
8	测压管	个	41	坝基扬压力监测25根，绕坝渗流监测16根
9	压力表	个	25	—
10	渗压计	支	15	进口
11	量水堰	个	3	同时进行水质分析
12	钢筋计	支	29	—
13	温度计	支	46	—
14	测缝计	支	15	—
15	压应力计	支	4	—
16	无应力计	支	8	—
17	应变计	支	4	—
18	三项测缝计	支	6	—
19	百叶箱	套	1	含温度计
20	水尺	组	2	—
21	电测水位计	支	1	—
22	基岩变形计	套	8	—
23	读数仪	台	1	—

第六节 施工

6.1 概述

出山店水库混凝土坝段长 429.57 m,分为 23 个坝段,主要由连接坝段(1#~4# 坝段)、溢流坝段(5#~13# 坝段)、底孔坝段(14#~15# 坝段)、电站坝段(16# 坝段)、非溢流坝段(17#~23# 坝段)组成。主要施工内容包括坝基开挖、地基灌浆、混凝土浇筑、设备安装等。

6.1.1 施工特点

坝基岩石开挖控制严格。出山店水库混凝土坝段浅层岩基裂隙较发育,为避免对基础岩体产生震动,需严格控制爆破开挖的方式、装药量以及开挖深度。

地基处理质量要求高。坝基岩石地质条件复杂,坝基处理量大,灌浆质量的成败将关系到工程后期运行安全。

混凝土温控要求严格、表面平整度精度高。坝体混凝土浇筑强度高,且多集中在温度较低段,温控措施必须全过程全方位动态控制。坝体表孔溢流面、闸墩、消力池均受水流冲刷,需严格控制结构形体及表面平整度。

安全风险高。坝体施工需过水度汛,施工干扰大,泄洪建筑物部位工程安全面临巨大考验。

6.1.2 施工条件

1. 对外交通

出山店水库在信阳市的西北方向,坝址附近有京广铁路、宁西铁路、京珠高速、国道 G312、G107、县道 X036 通过。淮河上游,河槽宽浅,不通航;坝址区施工场地开阔,对外交通便利。

2. 水文气象条件

工程所属流域多年平均气温为 15℃,历年极端最高气温出现在 7 月—8 月,为 40.9℃;历年极端最低气温出现在元月,为 -20℃,最冷月平均气温 1.8℃,每年 1 月—2 月有冰冻现象,最大冻土深度为 8 cm。

该区多年平均降雨量为 1 026 mm。其特点是年际变化大,年内分布很不均匀,6 月—9 月降水量占全年降雨的 60% 以上,且降水集中,这些会对施工带来一定影响。

本区全年多北风及东北风,汛期多为南风及西南风。多年平均风速为 2.2 m/s,多年平均最大风速约为 19.4 m/s。极端最大风速为 24 m/s,发生在 1964 年 4 月和 6 月,相应风向为北风,全年无霜期为220天。

3. 地质条件

坝址处河槽较窄、河谷较宽。坝址区山丘岗地地形平缓,滑坡、塌岸等物理地质现象不发育,仅在河流凹岸局部有因水流冲刷造成的坍塌现象。

在工程场区内的一、二级阶地,含水层主要为上更新统中粗砂、砂砾石层,以及河床、河漫滩的全新统的冲洪积中粗砂及砾石层,透水层厚度为5~10 m,富水性及透水性能均好,其渗透系数据抽水试验结果分别为$3.13×10^{-1}$ cm/s和$3.80×10^{-2}$ cm/s,属强透水层。

混凝土坝段基岩为加里东晚期中粗粒黑云母花岗岩,局部夹片岩捕掳体,并有细粒花岗岩脉、长英岩脉、石英岩脉及绿帘石脉穿插。中粗粒黑云母花岗岩主要矿物成分为斜长石、正长石、石英,暗色矿物为黑云母,有少量长石斑晶,在斑晶中包裹体较多。强风化岩体呈灰黄色,弱风化岩体呈灰白色,微风化岩体呈青灰色。

基岩裂隙水主要赋存黑云母花岗岩断层、裂隙中,根据不同部位钻孔压水试验结果,花岗岩透水率$q<1Lu$的约占65%,$q=1~10Lu$的占32.5%,多属微~弱透水。$q>10Lu$仅三组,约占2.5%,多发生在断层破碎带钻孔压水试验中,最大值为137Lu,属强透水。

工程场区地震动峰值加速度为0.05 g,相当于地震基本烈度Ⅵ度。工程抗震设防类别为甲类,工程设计烈度可在基本烈度的基础上提高1度,采用Ⅶ度。

4. 其他条件

施工期(包括初期蓄水)无通航、过木、排水、下游排冰及供水等要求。

6.2 施工导流

6.2.1 导流标准

导流标准是施工导流设计的关键指标,决定着导流建筑规模、永久建筑施工安全,对施工工期及工程投资具有重要影响。施工导流标准的确定是施工导流设计的前提,主要依据相关规程规范要求,结合工程实际特点综合分析确定。

出山店水库混凝土坝建筑物级别为1级,按照《水利水电工程施工组织设计规范》规定,根据保护的建筑物级别(1级建筑物)和失事后果及导流建筑物使用年限,本工程导流建筑物级别确定为4级,导流建筑物为土石结构,导流洪水标准为10~20年一遇。综合考虑导流临时工程量、投资和进度等因素,选定导流洪水标准采用10年一遇,导流时段选取非汛期10月~次年5月。

6.2.2 导流方案

导流方式关系到工程枢纽布置、施工程序、施工进度和工程造价等,影响工程全局。

出山店混凝土坝位于淮河主河槽内,右岸为丘陵,岗顶高程为95~110 m。左岸为二级阶地,宽2~3 km,阶面较平整,微向淮河倾斜,阶面高程为82~86 m,坡降为1/500~1/750。

坝址区河床、漫滩界线不明显,河床高程一般为75 m左右,漫滩滩面高程一般为

75～79 m,河槽宽400～1000 m。坝址下游两岸,山丘岗地地形平缓。

根据坝址所处的地形情况,混凝土坝导流方式可采取一次拦断河床围堰明渠导流方式和分期导流方式两种方案。

一次拦断河床围堰明渠导流方式,施工工作场面宽阔,施工方便,施工效率高,交叉干扰少;上下游围堰可直接利用导流明渠开挖土方填筑,减少土方调运,堰顶可作为两岸临时交通道路,方便施工运输;但上下游围堰需要两次拆建。

分期围堰导流方式不用开挖导流明渠,将河槽段混凝土重力坝分两期施工。但围堰填筑需跨河取土,二期工程的石方爆破开挖影响已浇筑坝体的稳定,需要特殊工序处理;一期缩窄河床较多,剩余过流河床断面较小,工程量及投资较大。

综合考虑进度、投资等因素,混凝土坝导流方式最终采用一次拦断河床围堰明渠导流方式。第一个非汛期时,在河槽左岸台地开挖导流明渠,在坝址上、下游填筑挡水黏土围堰,混凝土坝段基坑工程(浇筑混凝土至河底地面)开始施工。汛前撤离施工机械,将上、下游围堰拆除,恢复原河道安全度汛。第二个非汛期重新在坝址上、下游填筑挡水黏土围堰,对混凝土坝地面以上部分进行施工。汛前河槽段混凝土坝浇筑高程达到86.0 m,两岸导水墙及刺墙汛前浇筑高程为100.4 m,汛期3个泄洪底孔及导流明渠过水。第三个非汛期将导流明渠截流,利用右岸3个泄流底孔和8个表孔泄流,对混凝土坝段尾工和左岸一期导流明渠缺口及未完工程开始施工。

不同重现期各时段洪水调算成果见表2.6-1。

表2.6-1 施工期洪水调算成果表

导流时段	重现期(年)	入流(m^3/s)	出流(m^3/s)	上游水位(m)	泄流建筑物
10月～次年5月	10	1 560	1 521	80.92	明渠导流
10月～次年5月	10	1 560	1 073	83.63	底孔+表孔
全年	10	4 280	3 564	83.11	明渠+底孔+表孔
	10	4 280	4 094	78.96	明渠+河道
	50	8 080	6 647	85.48	明渠+底孔+表孔
	100	9 780	6 339	90.25	底孔+表孔

6.2.3 明渠设计

1. 设计标准

导流明渠设计标准为非汛期10年一遇,导流流量为1 560 m^3/s,并满足全年50年一遇洪水流量5 274 m^3/s。

2. 明渠布置及断面设计

根据枢纽布置、施工条件、挖填平衡、水力条件等因素,明渠布置于混凝土坝左岸滩区,全长1 265 m,分进口段、明渠段和出口段三部分。

进口段全长58 m,采用梯形断面,断面底宽100 m收缩至50 m,收缩角度为26.6°,底板高程为75.0 m,两侧坡比为1∶2.5。

明渠段全长 1 168 m，采用梯形断面，底宽 50 m，底板高程为 75.0～73.54 m，两侧坡比为 1∶2.5。在与大坝交接处及下游段，根据大坝度汛标准，对明渠两侧进行填高，顶高程按该处 50 年一遇设计水位加超高 1 m 确定，填筑子堤顶宽 2 m，临水面坡度采用 1∶2.5，背水侧坡度采用 1∶2。

出口段全长 38.7 m，采用梯形断面，底板高程为 73.54～73.49 m，底宽 50 m 扩散至 100 m，扩散角为 37.7°，左岸与上游连接采用半径 50 m 圆弧，右岸顺直。

导流明渠建基面为不良级配砂层，该层抗冲刷能力极差，对渠底和两侧边坡采用 0.4 m 厚铅丝石笼护砌。铅丝石笼规格为 2 000×2 000×400 mm，材料采用 8# 铅丝，网孔孔径为 80×100 mm。铅丝石笼内填充石料，石料大小应在 200～400 mm 之间，允许公差为 ±5%。

导流明渠进口段和出口段两侧横向设粉喷桩加固地基，粉喷桩加固地基深度至良好级配砾石层下 1 m，平面布置上形成 U 形，粉喷桩桩径为 0.5 m，孔距为 0.4 m，设置两排，排距为 0.4 m，水泥掺入比按 12%。

3. 水力计算

导流明渠过流能力按照明渠均匀流公式进行计算。计算成果见表 2.6-2。

$$Q = AC\sqrt{Ri}$$

式中：Q——流量，m^3/s；

A——过水断面面积，m^2；

C——谢才系数；$C = R^{1/6}/n$，取 $n = 0.025$；

R——水力半径，m；

i——导流明渠纵坡，取 1/800。

表 2.6-2　进口处库水位-导流明渠流量计算成果表

水位(m)	泄量(m³/s)	水位(m)	泄量(m³/s)
75.0	0	81.5	1 796
75.5	22	82	2 054
76	72	82.5	2 328
76.5	142	83	2 620
77	231	83.5	2 929
77.5	338	84	3 256
78	462	84.5	3 600
78.5	603	85	3 963
79	761	85.5	4 344
79.5	935	86	4 743
80	1 125	86.5	5 162

续表

水位(m)	泄量(m³/s)	水位(m)	泄量(m³/s)
80.5	1 332	87	5 599
81	1 556		

4. 稳定计算

根据规范规定,导流明渠边坡稳定计算工况选取正常过水运用期、渠内无水(完建期)及施工期三种。计算方法采用简化毕肖普法。

正常运用条件下的边坡采用有效应力法计算,黏性土和不良级配砂均选用饱固快指标;施工期边坡稳定计算采用总应力法,黏性土和不良级配砂均选用饱快指标。

经计算,三种工况下明渠稳定系数为2.23、1.27、1.17,满足规范要求,且安全系数适中,导流明渠边坡坡度合理。

5. 明渠施工

导流明渠开挖采用2~3 m³挖掘机装10~27 t自卸汽车运输,运至明渠左岸的2#临时堆料场,供上下游围堰填筑使用。

在装填前先要将两侧笼口用同规格铅丝进行封堵,要求各边每间隔0.25 m用铅丝将上下层铅丝笼连接绑扎;左右相邻铅丝笼共用一个封堵面,但各边要绑扎牢固。装填石料时注意不要破坏钢丝的表面涂层,填充石料可一次填满高度,空隙用小碎石填塞,应采取适当的捣实措施,以保证网格内填充料的密实度。为防止基础水平铺设的铅丝笼在水流冲刷下沉时,铅丝笼内块石发生松动和滑散,在施工填筑石料前,要求在底部网片每间隔1 m(包括纵、横向)向上预留连接铅丝,封顶时用预留的连接铅丝将上下网片连接并绞紧。为防止护坡部分铅丝笼走样变形,用铅丝将迎、背水面网片按设计厚度进行连接,装填厚度达到0.4 m时,每间隔1 m用同规格的铅丝将迎、背水面网片按设计护坡厚度水平连接,固定铅丝笼形状和尺寸。

土工布需人工滚铺,不必要平整,并适当留有变形余量。土工布的缝合必须要连续进行,在重叠之前,土工布必须重叠最少150 mm,最小缝针距离织边至少25 mm。必须采取相应的措施避免在安装后,土壤、颗粒物质或外来物质进入土工层。

导流明渠建基面位于不良砂、砾石层,渗透系数为4.96×10^{-2} cm/s,,为保证导流明渠干地施工,施工时采取管井降水措施。

管井沿开挖区外边缘2 m布置管井91眼,井间距为30 m,单井长10 m,井内水位降深为3.0 m,井管内径为0.5 m,基坑设计总涌水量为17 480 m³/天,单井出水量为192 m³/天,每眼井配5 kW单级离心水泵。由于导流明渠紧邻淮河干流,地下水位受淮河河道水位变化影响,为降低工程施工风险,在临淮河干流侧布置双排降水井,井间距为30 m,与第一排按等边三角形布置,共需38眼。

6. 明渠运行

导流明渠自运行以来,经受多次洪水考验,行洪通畅,岸坡防护结构安全。出口处粉喷桩防冲未取得良好的效果,冲刷现象严重。

6.2.4 围堰设计

1. 围堰型式

本工程填筑土料比较充足,因此围堰型式采用施工方便的均质土围堰。

2. 围堰设计

一期上游围堰轴线布置在距重力坝轴线约140 m处,长度约374 m,最大堰高为10.8 m;一期下游围堰轴线布置在约0+350 m处,长度约334 m,最大堰高为7.54 m。堰顶结合交通宽度均取7.0 m,两侧水下边坡为1∶6,水上迎水面边坡为1∶2.5,背水面边坡为1∶2,压实度为0.96,临水面水面以上采用干砌块石护坡,厚度为30 cm,块石下设土工布(350 g/m²),由于堰体采用黏土填筑,不需要防渗。下游围堰的堰脚距导流明渠出口较近,水面流态复杂,堰坡设铅丝石笼护坡,铅丝石笼厚度为40 cm。

二期上游围堰主要用于导流明渠封堵,堰长约516 m,最大堰高为3.3 m(地面以上),堰宽6.0 m,临水面边坡为1∶3,背水面边坡为1∶2,迎水坡面采用干砌块石护坡,厚度30 cm,块石下设土工布(350 g/m²)。

3. 围堰抗滑稳定分析

依据规范,边坡抗滑稳定选取非汛期10年一遇水位下的背水侧堤坡和水位骤降期的临水侧堤坡两种工况。计算方法采用毕肖普法,采用有限元软件进行分析计算。经计算,围堰背水侧边坡和水位骤降期的临水侧堤坡最小稳定系数分别为1.56和1.85,均满足设计要求。

4. 围堰填筑

一期上、下游施工围堰河槽台地段基础防渗定喷灌浆提前施灌,与此同时开挖导流明渠,人工整坡现浇混凝土护砌,戗堤采用从左岸向右岸进占的方法施工,最后截流合拢闭气,戗堤截流后,开始围堰的填筑,采用2~3 m³挖掘机装10~27 t自卸汽车运输,用74~132 kW推土机平料,用13~14 t凸块振动碾压实,再施灌剩余段基础防渗定喷灌浆。临水面护坡施工,水上采用抛石,水下采用人工铺砌的方法进行。一期围堰拆除采用2~3 m³挖掘机装10~27 t自卸汽车运输,可用来回填导流明渠或填筑二期围堰。导流明渠回填前,坝体下游坡脚线以上500 m范围内的护砌混凝土,要求全部拆除,回填土料并碾压密实;坝后导流明渠全部回填至原地面并压实。

二期上游围堰填筑采用2~3 m³挖掘机装10~27 t自卸汽车运输,用74~132 kW推土机平料,用13~14 t凸块振动碾压实,按照从两头向中间进占的方法施工,最后进行明渠截流合拢闭气。

干砌块石护坡,所用石料材质应坚硬新鲜,无风化剥落层或裂纹,石材表面无污垢、水锈等杂质,用于表面的石材,应表面平整,色泽均匀。石料的物理力学指标应符合设计要求。

6.2.5 导流明渠交通桥

为保证施工期间导流明渠两岸的交通,需设导流明渠交通桥1座。桥梁布置与两岸岸坡防护相结合,桥梁纵轴线与导流明渠中心线正交,交点位于导流明渠中心线桩号0+987.75处。

1. 设计标准

本桥梁属临时桥梁,工程竣工导流明渠回填后该桥即废弃,故导流明渠交通桥按"不低于该处10年一遇水位+波浪高度+0.5 m"确定桥梁底高程。同时考虑便于连接两岸交通。出山店水库汛期导流明渠两岸无较大交通要求,桥梁底高程按"该处非汛期10年一遇水位+波浪高度+0.5 m"和"汛期10年一遇水位中较大者"确定。

施工期间通行车辆均为重型车辆,为保证安全,导流明渠设计汽车荷载采用公路—Ⅰ级的标准,桥面宽度采用双车道,桥面净宽7 m,总宽8 m。

2. 工程布置

1) 桥梁布置与两岸岸坡防护相结合,并使桥梁纵轴线方向与导流明渠正交。

2) 桥面高程根据桥下净空、桥梁结构和两侧接线标高确定,并满足桥上最大纵坡4%、桥头接线引道最大纵坡5%的要求。

3) 桥下净空应满足导流明渠非汛期设计水位+净空高度+0.5 m和汛期水位的要求。

4) 桥梁长度根据桥位处导流明渠断面宽度确定,单跨长度为20.2 m,共4孔,总长80.8 m。

5) 桥面宽度按双车道布置,净宽7 m,不设人行道,两侧设钢筋混凝土防撞墩,桥面总宽8 m。

6) 桥梁上部结构均采用装配式钢筋混凝土预应力空心板,下部采用双柱式桥墩,钻孔灌注桩基础,桩径为1.4 m。

3. 结构设计

1) 荷载等级

桥梁为施工用桥,按双车道设计,桥面净宽7 m,汽车荷载等级采用公路—Ⅰ级。

车道荷载的均布荷载标准值q_k和集中荷载标准值p_k按公路—Ⅰ级车道荷载采用,人群荷载标准值采用3.0 kN/m²。

2) 上部结构设计

根据结构总体布置和荷载等级,上部结构参考中华人民共和国交通行业《公路桥梁通用图(板梁系列)》进行设计和选用。

结合河道地形条件,桥板跨径选用20 m和10 m,桥面净宽7 m,纵向布置5孔,桥长为90 m。上部结构采用装配式预应力混凝土简支空心板梁,每块板宽1 m,板厚0.95 m,桥面横向布置中板5块,边板2块,其中边板向外挑出0.5 m,桥面总宽7 m。

预应力空心板、铰缝、桥面铺装层和封端混凝土均采用C50混凝土,两侧防撞墩采用C20混凝土。桥梁主筋采用Ⅱ级钢筋,构造筋采用Ⅰ级钢筋。由于上部结构均选用定型图集,不再进行结构计算。

3) 下部结构设计

桥梁下部结构采用双柱式排架和灌注桩基础。下部结构设计包括盖梁、墩柱和灌注桩设计。

（1）盖梁设计

盖梁采用双柱式,按简支双悬臂梁进行计算。永久荷载对盖梁产生的作用简化为均布荷载计算,车辆荷载和施工荷载对盖梁的作用根据实际发生的最不利情况布置。经计算,盖梁尺寸为8×1.6×1.2 m(长×宽×高)。

（2）墩柱设计

上部结构自重作为恒载按简支方式作用到中墩和桥台上,中墩受一跨、桥台受半跨桥面重力作用,盖梁重力按双柱均分计算。

水平力主要有汽车制动力、地震力和风荷载。工程区地震烈度为Ⅵ度,不进行抗震验算。汽车制动力和风荷载按《公路桥涵设计通用规范》(JTG D60—2015)的规定进行计算。

按双孔荷载的最大垂直反力进行轴心受压构件计算;单孔荷载的最大弯矩和最小轴力进行偏心受压构件验算。经计算,墩柱长7 m,柱直径为1.2 m,均能满足受力要求。

（3）灌注桩设计

经计算,桩径为1.4 m,桥墩桩长为20 m,桥台桩长分别为19 m和17 m,单桩容许承载力大于桩顶设计荷载,满足规范要求。盖梁、墩柱采用C25混凝土,钻孔桩采用C25水下混凝土。钢筋直径大于10 mm的采用Ⅱ级钢筋,其他采用Ⅰ级钢筋。

6.2.6 导流建筑物施工

一期上、下游施工围堰河槽台地段基础防渗定喷灌浆提前施灌,与此同时开挖导流明渠,人工整坡现浇混凝土护砌,戗堤采用从左岸向右岸进占的方法施工,最后截流合拢闭气,戗堤截流后,开始围堰的填筑,采用2～3 m³挖掘机装10～27 t自卸汽车运输,用74～132 kW推土机平料,用13～14 t凸块振动碾压实,再施灌剩余段基础防渗定喷灌浆。临水面护坡施工,水上采用抛石,水上人工铺砌的方法进行。一期围堰拆除采用2～3 m³挖掘机装10～27 t自卸汽车运输,可用来回填导流明渠或填筑二期围堰。导流明渠回填前,坝体下游坡脚线以上500 m范围内的护砌混凝土,要求全部拆除,回填土料并碾压密实;坝后导流明渠全部回填至原地面并压实。

二期上游围堰填筑采用2～3 m³挖掘机装10～27 t自卸汽车运输,用74～132 kW推土机平料,用13～14 t凸块振动碾压实,按照从两头向中间进占的方法施工,最后进行明渠截流合拢闭气。

干砌块石护坡,所用石料材质应坚硬新鲜,无风化剥落层或裂纹,石材表面无污垢、水锈等杂质,用于表面的石材,应表面平整,色泽均匀。石料的物理力学指标应符合设计要求。

6.2.7 截流及下闸蓄水

根据施工总进度安排,截流时段选在开工后第一年和第二年的10月下旬,按照规范规定,采用10年重现期10月下旬平均流量70 m³/s作为截流设计流量。

戗堤长度约 300 m,最大高度约 6.78 m,堤顶宽 10 m,迎水面边坡为 1∶2.5,背水面边坡为 1∶2.0,龙口边坡为 1∶1.5,戗堤呈直线形布置,为减少上游围堰工程量,考虑将戗堤与上游围堰相结合。戗堤预进占可以利用导流明渠开挖的砂砾料,坡面抛投干砌石护坡,龙口处根据截流水力计算的流速抛投相应粒径的块石或是混凝土预制块。

经计算,龙口最大平均流速为 2.84 m,龙口截流抛石最大块径 0.17 m 即可满足要求。

戗堤预进占利用导流明渠开挖料临时堆放于坝上游右导流明渠右岸 1# 临时堆料场,龙口截流材料均选用块石或混凝土预制块。戗堤填筑开工后,采用 2 m³ 反铲挖掘机挖装 15 t 自卸汽车运输 1 km 至工作面,74 kw 推土机平料,13～14 t 振动碾压实,另配备 2.8 kw 蛙式打夯机配合压实。龙口截流施工及所需块石料采用 4 m³ 液压挖掘机装 27 t 自卸汽车从坝上游堆石备料场运输 500 m 至工作面,直接抛入。截流戗堤建完后成为上游围堰的一部分,不再进行拆除。

截流采用单戗立堵单向进占方式,截流前预留 20 m(底宽)龙口,龙口设在主河槽段,端头边坡设计为 1∶1.5,为防止冲刷破坏,端头部采用块石防护,龙口抛填料为较大粒径的块石料,龙口截流前,由于覆盖层抗冲能力小,截流过程中为防止覆盖层被冲刷,在龙口段预先进行抛投块石护底措施。龙口段合龙后立即作闭气处理,闭气时,在龙口上游依次抛填砂砾石料、土料。

根据进度安排,定在第 5 年的 1 月逐步关闭 3 个泄流底孔,也就是正式下闸蓄水。蓄水时大坝已基本完工。

6.2.8 施工临时度汛

导流一期第一次截流后由围堰挡水,第二年 5 月底拆除围堰,恢复原河道过水条件,汛期仍由河道和导流明渠泄流,度汛标准为施工前原河道标准。

导流一期第二次截流后由围堰挡水,第三年 5 月底拆除围堰,第三年汛期洪水通过右岸混凝土重力坝段 3×7 m×7 m 泄洪(导流)底孔、河槽段溢流表孔及导流明渠泄流,混凝土坝临时度汛标准为 20 年一遇,上游洪水位为 84.28 m,导流明渠分流流量为 5 274 m³/s,导流明渠流速为 5.73 m/s,糙率为 0.025,水深为 11.63 m,明渠下游两岸需要修建防护堤坝进行防护,同时也需要对明渠段两岸的土坝坝坡进行防护,需要防护至 86 m 高程,使用干砌块石护坡,厚度为 30 cm。

第三年 11 月导流明渠截流后,由二期围堰挡水,第四年汛期洪水利用混凝土重力坝段的 3 个泄洪底孔及溢流坝表孔泄流。

第四年汛前明渠坝段坝体填筑至百年一遇水位高程以上。汛后完成全部主体工程。

6.3 砂石骨料生产加工

砂石料作为混凝土主要建筑材料,其生产系统是工程建设的重要设施,其产品质量直接影响着工程的建设质量。

6.3.1 砂石料场的选择与开采

坝址附近淮河天然砂料场的砂料均为具有潜在危害性反应的活性骨料,不宜用于混凝土细骨料。因此混凝土骨料均通过开采石料人工加工制作。

本工程砂石料场选择地质勘探提供的卧虎石料场。该石料场位于坝以南淮河右岸卧虎村南边,距坝址南坝头约 12 km,场区有卧虎村至游河乡的村级公路与 312 国道相通,交通较便利。

料场岩性以大理岩为主,山体下部岩石被覆盖,上部岩石直接出露于地表,从现场正在开采的石料场看:岩石完整性较差,储量丰富,强度较高。经室内岩石矿物成分鉴定,卧虎石料场的大理岩矿物成分主要为方解石 45%±,透闪石 20%~25%±,石英 15%~20%±,斜长石 10%±,榍石 1%±,不透明矿物 1%~2%±,其他还见有绢云母、绿泥石、次生矿物。石料无潜在碱活性。

卧虎石料场石料总储量为 434 万 m³。根据石料场的地形、岩性、无用层厚度、块石成材率综合分析后,采用 0.75 的折减系数,有用层储量为 325 万 m³。

表 2.6-3　卧虎石料场石料试验成果质量对比表

料场名称	岩性	风化程度	饱和抗压强度(MPa)	软化系数	冻融损失率(%)	吸水率(%)	干密度(t/m³)	硫酸盐及硫化物含量(换算成 SO₃)(%)	碱活性(%)
			《规程》质量要求						
卧虎石料场	大理岩	微风化	62.7	—	<1%	<1.5%	>2.4	<0.5	<0.2
				—	—	—	—		0.015
			合格	合格	合格	合格	合格	不合格	非活性

石料开采,首先采用人工配合 120 kW 推土机清除覆盖层,自上而下分层进行,采用深孔梯段爆破,梯段高度为 5 m,采用 YQ-100~150 型液压履带钻机钻孔,爆破后由 120 kW 推土机集料,块石采用人工捡集码堆,1~2 m³ 装载机装 10~15 t 自卸汽车运至使用地点;碎石原料则采用 2 m³ 挖掘机装 10~15 t 自卸汽车运至碎石料加工厂,经破碎、筛洗分级堆存,后由 1~2 m³ 装载机装 10~20 t 自卸汽车运至使用地点。

6.3.2 砂石料加工筛洗系统

混凝土坝工程需要砂约 27.4 万 m³,碎石约 45.8 万 m³。

碎石加工系统布置在石料场附近,分别布置破碎、筛分机械,并用胶带机相连,将加工的骨料输送到不同规格的堆料场,按规格不同分别堆存在料场的各区域。砂料筛分系统布置在卧虎石料场附近 1 km 处。

根据施工进度安排,按满足混凝土浇筑最大强度约 3.73 万 m³/月,确定骨料加工厂规模。碎石加工系统设计处理能力为 120t/h,成品料生产能力为 85 t/h。设 500×750 颚式破碎机 2 台、250×1 000 颚式破碎机 2 台,1 500×3 600 圆振动筛、3-1 500×3 600 圆振动筛、XL-914 砂石洗选机、1 100×2 700 槽式给料机各 1 组。

砂料筛洗系统设计处理能力为 80 t/h,成品料生产能力为 50 t/h。设 1 500×3 600 圆振动筛、3-1500×3600 圆振动筛、XL-914 砂石洗选机、1 100×2 700 槽式给料机各 1 组。

6.4　混凝土生产系统

混凝土坝段混凝土量约 46.6 万 m^3,根据主体建筑物的布置以及进场道路位置,混凝土拌和系统布置在坝下游淮河左右岸台地。

1. 高峰月浇筑强度

根据施工进度安排,溢流坝段的混凝土浇筑主要集中在第二年 2 月～5 月,第二年 11 月～第三年 5 月,第三年 6 月～第四年 5 月,共 24 个月;高峰强度为第二年 2 月～5 月,高峰月浇筑强度 3.73 万 m^3/月,高峰月小时生产强度 150 m^3/h。

2. 混凝土拌和系统小时生产能力

本工程混凝土最大块为溢流坝,施工时分仓浇筑,分层浇筑,每层 50 cm,经计算,若采用平浇法浇筑,混凝土浇筑强度约为 100 m^3/h。

由高峰月浇筑强度,推算混凝土拌和系统小时生产能力为 150 m^3/h。因此本工程混凝土拌和系统小时生产能力需达到 150 m^3/h,本次设计选用 4×1.50 型拌和楼,小时生产能力为 120 m^3/h,布置在右岸混凝土拌和区,左岸布置 2×1.5 型拌和楼,小时生产能力为 60 m^3/h,两台拌和楼小时生产能力为 180 m^3/h,满足混凝土坝段混凝土拌和强度的要求。

6.5　混凝土施工

混凝土坝段分三期施工,一期浇筑溢流坝段、电站段非溢流坝、坝后厂房、消能防冲段等基础(河底高程以下)混凝土;二期浇混凝土重力坝(86.0 m 以下)及两岸导水墙和刺墙所有混凝土(含消能防冲段及坝后厂房);三期浇筑剩余所有混凝土。施工期间在其上、下游布置两台 10/25 t 塔式起重机,混凝土垂直运输采用塔式起重机吊混凝土罐入仓,水平运输采用自卸汽车。混凝土坝浇筑施工初期,浇筑仓面大,入仓强度高,胎带机机动灵活,入仓速度快,基础混凝土浇筑可以采用胎带机浇筑辅以自卸汽车运输。

考虑到施工机械生产效率的发挥、加快混凝土施工进度,基础约束区范围内的浇筑层厚为 1.5 m,其余混凝土浇筑层厚为 3.0 m。

根据温控要求以及混凝土初凝时间,混凝土铺料允许间隔时间夏季 3 h,春秋季节 4 h,冬季 4.5 h。

仓面混凝土铺料方法主要有台阶法和平铺法两种,铺料方式的选择与入仓设备生产能力、仓面面积、混凝土温度控制要求、混凝土允许间隔时间等有关,本工程混凝土浇筑采用平铺法。

混凝土施工除选用水化热较低的水泥外,应采取以下措施。

夏季施工:根据施工总进度安排,若夏季必须施工,则要采取必要的降温措施。采取加大料堆高度(≥6 m)、料堆防晒洒水、搭设凉棚、地垄取料、冷水拌和等措施。运送混凝土的自卸汽车采取一定的遮阳防晒措施。夏季施工,坝体上部浇筑温度应该控制在25℃以内。基础部位浇筑温度应控制在20℃以内。

冬季施工:混凝土强度发展较慢,易受冰冻影响。必须做好仓面的保护措施,建议在日均气温低于-5℃时停止施工。冬季施工,混凝土应加热水拌和,使出机温度保持在10℃左右,以保证建筑温度在5℃以上。

溢流坝段及电站段结构尺寸大,混凝土浇筑强度高,温控防裂问题突出。施工过程中除采取以上措施外,还应注意以下几点:

1) 根据坝址区的气候条件、坝体结构特点、施工机械及施工温控水平,对大坝进行合理的分缝分块;
2) 合理安排混凝土施工程序及施工进度,防止产生基础贯穿裂缝,减少表面裂缝;
3) 控制坝体实际最高温度,降低混凝土浇筑温度,减少胶凝材料水化热温升;
4) 混凝土浇筑过程及养护过程中应通水冷却;
5) 加强混凝土养护和表面保护。

钢筋制作安装:

所有钢筋在加工厂制作后,由5 t载重汽车运输至工地,采用人工绑扎、机械焊接的方式施工。

混凝土骨料碱活性处理措施:

1) 使用低碱水泥、掺合料、外加剂和混凝土拌和用水。水泥中碱含量不得大于0.6%,混凝土含碱量不大于3 kg/m³。
2) 掺入硅粉、粉煤灰和磨细矿渣等矿物掺合料,矿物掺入量需根据具体试验确定。
3) 应尽量使混凝土结构处于干燥状态,特别是防止经常遭受干湿交替作用,必要时还可采用防水剂或憎水涂层,改善混凝土密实度,降低混凝土的渗透性,减少雨水浸入混凝土内部。掺入引气剂,使混凝土具有一定的含气量,可以容纳一定数量的反应物,减轻碱骨料反应的膨胀压力。

6.6 坝基处理

1. 坝基开挖

混凝土重力坝段石方开挖,采用YQ-100型潜孔钻钻孔爆破,距建基面以上1.5 m厚度,按保护层石方开挖,采用手风钻钻斜孔水平光面爆破,出渣采用1~2 m³挖掘机装10~20 t自卸汽车运输。

主坝混凝土坝段,土石方开挖施工总工期安排5个月,高峰月土石方开挖平均施工强度约22.09万m³/月。

2. 坝基固结灌浆

基础第一层 1.0 m 厚垫层混凝土浇筑后,待其强度达到 70% 以上时,在混凝土表面进行固结灌浆施工。工期要求在一个非汛期内完成所有基础工程施工任务,在工期较紧张的情况下,亦可采取无盖重灌浆。

固结灌浆分Ⅰ序孔、Ⅱ序孔和Ⅲ序孔,灌浆深度为 5.0 m,按次序进行全孔一次灌浆,采用循环式灌浆法施工。固结灌浆压力应根据坝基岩体质量、混凝土盖重等类比其他工程初步选取,在不引起坝基和混凝土抬动的条件下,尽量采用较大值。Ⅰ序孔灌浆压力约 0.3~0.5 MPa,Ⅱ序孔约 0.5~0.7 MPa,以下各段随深度增加逐渐增大。固结灌浆钻孔可采用 100~150 型地质钻机钻孔,钻孔直径为 75 mm,采用压力水进行钻孔裂隙冲洗,直至回水清净时止,冲洗压力不大于 1 MPa。

选用灰浆搅拌机配合中压泥浆泵进行灌浆。浆液采用普通硅酸盐水泥浆,水泥强度等级应不低于 32.5。灌浆浆液的浓度应由稀到浓,逐级变换,浆液水灰比可采用 3∶1、2∶1、1∶1、0.8∶1、0.6∶1 比级,开灌水灰比一般采用 3∶1。

施工前应合理安排固结灌浆和混凝土浇筑工期。已完成灌浆或正在灌浆的地区,其附近 30 m 以内不得进行爆破作业。对盖重混凝土进行抬动观测,在灌浆及压水试验过程中进行观测和记录,不得超过设计允许抬动值。

固结灌浆质量检查采用单点压水试验的方法确定。质量检查应分别在灌浆结束 3~7 d、14 d、28 d 后进行。

3. 坝基帷幕灌浆施工

帷幕灌浆分别在灌浆廊道内及坝顶露天进行施工,帷幕灌浆应遵循分序逐渐加密的原则,由于帷幕灌浆孔较深,采用自下而上分段灌浆法施工,灌浆段长一般为 5 m。帷幕灌浆采用 100~150 型地质钻机钻孔,钻孔直径为 75 mm,选用灰浆搅拌机配合中压泥浆泵进行施灌。灌浆材料采用普通水泥,灌浆浆液的水灰比在 5∶1~0.5∶1 之间。灌浆开始先采用稀浆,对细缝、小洞等施灌,然后逐渐加大浆液浓度,对较大的裂隙、孔洞等进行充填。最大设计压力下,注入率不大于 1 L/min 后,继续灌注 30 min,可结束灌浆。

灌浆质量直接检查采取压水方式,检查孔的数量为灌浆孔总数的 10% 左右。灌浆结束 14 d 后,自上而下分段卡塞进行单点法压水试验。

6.7 施工总进度

本工程总工期为 48 个月。混凝土坝段的基础开挖及混凝土浇筑是控制工期的关键,在第一期施工围堰截流及导流明渠通水后,要抓紧时间进行基坑排水,及早进行基础开挖,尽早为混凝土的浇筑提供施工工作面,争取在第二年汛前完成基坑所有的开挖和浇筑;第三年的汛前完成混凝土重力坝(86.0 m 以下)及两岸导水墙和刺墙混凝土浇筑;第三年的 10 月下旬导流明渠截流,进行导流明渠坝段的合龙施工,第四年汛前完成;第四年的 5 月底完成混凝土重力坝剩余段的混凝土浇筑及所有施工任务。

第三章
局部宽尾墩消能技术

第一节　概述

根据第二章相关论述,出山店水库表孔百年一遇(消能工设计工况)、千年一遇设计及万年一遇校核洪水流量分别为 9 907.6 m³/s、11 280.3 m³/s、14 714.5 m³/s,单宽流量分别为 82.56 m²/s、94.0 m²/s、122.6 m²/s,消力池内最大流速约为 21.9 m/s;底孔百年一遇(消能工设计工况)、千年一遇设计及万年一遇校核洪水流量分别为 2 234.5 m³/s、2 300.7 m³/s、2 451.5 m³/s,单宽流量分别为 106.40 m²/s、109.56 m²/s、116.74 m²/s,消力池内最大流速约为 22.2 m/s。泄洪时上下游最大水位差为 17.40 m。

本工程消能的技术特点如下:①泄洪水流单宽流量大,弗劳德数低,根据底流消能计算成果,表孔下泄水流的弗劳德数为 2.90～3.45,底孔下泄水流的弗劳德数为 2.61～2.80,均属低水头、大单宽、低弗劳德数消能范畴,消能效率较低;②下游河床水位低且水深变幅较大,遇频率为 5%(控泄流量 600 m³/s)～0.01%洪水时,算得河床第四系覆盖层顶面的水深变幅在 2.5～9.8 m 之间,算得河床基岩顶面的水深变幅在 12.0～19.3 m 之间。

因本工程表孔及底孔消力池弗劳德数 $Fr<4.5$,属低弗劳德数消能范畴,消力池内水流旋滚尚未充分发展,消能效率较低,能量较为集中,对下游冲刷严重,故考虑在消力池内加设辅助消能工,以改善消力池性能,提高消能效率。

模型试验中各工况下消力池内消能率均在 30%～40%,池内消能率仍有一定的提升空间。由于池后水流表面流速仍可达到 6～7 m/s,容易对下游河岸产生一定的冲刷作用,所以模型试验研究建议使用"非完全宽尾墩+T 形墩"消力池,在保证溢流堰泄流能力的条件下,进一步提高池内消能率。

第二节　水工模型试验目的及内容

2.1　试验目的

在整体模型试验中,表孔和底孔是极其重要的泄水建筑物,试验主要是针对表孔和底孔的泄流能力、底流消能率等水力学问题,通过对水流现象的分析,验证设计方案的合理性,并根据试验结果确定能否进一步优化消力池的尺寸以及结构,提出合理的消能防冲设施布置建议。

2.2　试验内容

(1)通过整体模型试验,分析研究泄水建筑物总体平面布置,上下游水流流态、上下游水流流速(含闸坝结合部位的横向流速)、上下游各导水建筑物布置,以及下游河道边坡防护长度的合理性等,若需调整,提出经试验验证的具体改进建议。

(2)通过试验确定表孔、底孔各种工况下(含底孔施工导流期)的过流能力,得出流量系数,从而进一步验证表孔、底孔的规模。若过流能力偏大或不满足设计要求,根据试验提出调整意见。确定坝上各种水位情况下表孔、底孔不同闸门开度(按最优闸门运用方式)与泄量的关系曲线。

(3)通过试验分析研究设计中拟定的闸门启闭方式的合理性。根据试验情况提出最优的控制运用办法。

(4)通过试验测定表孔、底孔泄流时的上下游水面线,对表孔、底孔闸门牛腿高程设置的合理性提出建议。

(5)结合断面水工模型试验,分析研究表孔、底孔段消能防冲设施的合理性,提出具体的消能防冲设施布置(含辅助消能工)建议。

(6)通过整体模型试验进一步验证断面模型试验成果,并对出山店水库泄水建筑物总体布置提出总结性意见或建议。

(7)研究闸坝上游的横向水流问题,主要分析闸坝结合部的流场,研究其对河道边坡冲刷的影响,提出具体改进建议。

(8)研究消力池消能防冲效果,优化消力池尺寸。本次试验要对设计条件下消力池内水力特性进行研究,通过各个水力学参数的测定,综合确定消力池长度、底板高程和池深等指标。

(9)研究小流量工况下闸下消能防冲问题,以及下游河道岸坡冲刷问题。

第三节　模型制作与量测系统

3.1　相似条件与相似比尺

模型试验只有与原型满足一定的相似关系之后,试验所得的数据才能正确地引申到原型中去,从而为工程的安全、结构的优化设计等提供重要依据。

一般水工模型试验应尽可能满足水流及边界的几何相似性、运动相似性和动力相似性,几何相似性通过模型的制作安装工艺来保证,运动相似性和动力相似性则通过选用合理的模型定律来保证。在水工模型中,主要的水力学现象是受重力作用、具有自由液面的水流运动,原型与模型间促成运动的主要作用力是重力,试验通常采用佛汝德模型定律(重力相似定律)。

为保证各个建筑物的水力学参数准确性,必须严格保证水力学条件的相似性。

1) 模型与原型的力学相似条件

根据相似原理,模型与原型的力学相似条件,主要有以下3个方面:

(1) 流场中任意一个相应点处的流体质点上,作用着同名的(同一性质)一个或数个力;

(2) 所有作用在相应点处(以单位流体体积计算)的同名力之间的比值都是相同的;

(3) 这些流动的运动学及动力学的起始条件及边界条件是相同的。

第一相似条件说明,在某一流动点处作用力为重力(G)、压力(P)、黏滞力(F_V),则另一相似系的对应点处也必然作用着 G、P、F_V。

第二相似条件若用公式表达则为:

$$\frac{\frac{G_1}{\nabla_1}}{\frac{G_2}{\nabla_2}} = \frac{\frac{P_1}{\nabla_1}}{\frac{P_2}{\nabla_2}} = \frac{\frac{F_V}{\nabla_1}}{\frac{F_V}{\nabla_2}}$$

式中:∇——流体的容积。

由上式知,若第一系某点处压力大于相似第二系对应点处压力的3倍,则第一系的黏滞力、重力也必然大于第二系对应点处的黏滞力、重力的3倍。

由上式看出,相似条件并不决定作用力的大小,而只决定相似系统中的相应点作用力之间的比值。只要知道了作用力的性质及其表达式,则可构造出流体运动的物理方程或微分方程,同时,这些方程中,不仅相应点处作用力性质相同、力的数目相同,而且所有对应项都将大于或小于同一倍数。例如:

$$\rho_1 \frac{\mathrm{d}v_1}{\mathrm{d}t_1} = \rho_1 G_1 - \frac{\partial P_1}{\partial s_1} - \frac{\partial \tau_1}{\partial n_1}$$

则上式的相应系的对应项必然有：

$$A\rho_1 \frac{\mathrm{d}v_2}{\mathrm{d}t_2} = A\rho_2 G_2 - A\frac{\partial P_2}{\partial s_2} - A\frac{\partial \tau_2}{\partial n_2}$$

式中的 s 与流线重合，n 为流线的法线。

同一结构的微分方程，也可能因起始条件及边界条件的不同而得到多个解，因此还必须要有同样的起始条件及边界条件，这就引出了上述的相似第三条件，即相似系中的运动学及动力学的起始条件及边界条件是相同的。

只有同时满足了以上三个相似条件之后，才能保证力学相似的同一解答，而又保证模型换算到原型的正确性。

2) 模型相似比尺的选择

三维水流的描述方程，自然应从三维紊动水流方程导出。其比尺关系式有：

$$\frac{\lambda_L}{\lambda_v \lambda_t} = 1 \text{ 或 } sh = \frac{L}{vt} = const ;$$

$$\frac{\lambda_v^2}{\lambda_g \lambda_l} = 1 \text{ 或 } F_r = \frac{v^2}{gL} = const ;$$

$$\frac{\lambda_v \lambda_l}{\lambda_v} = 1 \text{ 或 } R_e = \frac{vL}{v} = const ;$$

$$\frac{\lambda_P}{\lambda_\rho \lambda_v^2} = 1 \text{ 或 } E_u = \frac{P}{\rho v^2} = const ;$$

$$\frac{\lambda_v^2}{\lambda_{(v')}^2} = 1 \text{ 或 } N_{ij} = \frac{v'_i v'_j}{v'^2} = const 。$$

上述五个相似判据中，因欧拉数 $E_u = f(F_r, R_E, sh, N_{ij})$，故可不单独考虑它。而雷诺数与佛汝德数在模型中不可能同时满足，相对而言，F_r 判据是决定性的，所以雷诺数判据也可不单独考虑；但应加大模型水流的 R_e 数，使之充分达到紊流，并进入阻力平方区，而自动满足与原型水流相似。经过这样处理后，剩下来的比尺关系式实际上只有 3 个，即：

$$\frac{\lambda_L}{\lambda_v \lambda_t} = 1 , \frac{\lambda_v^2}{\lambda_g \lambda_l} = 1 , \frac{\lambda_v^2}{\lambda_{(v')}^2} = 1$$

由上述第一个比尺关系式可得：$\lambda_t = \frac{\lambda_L}{\lambda_v}$。

这是一个确定时间比尺 λ_t、流速比尺 λ_v 及长度比尺 λ_L 之间的一个关系式。在上述 5 个比尺关系式中的第三个比尺 N_{ij} 是紊动判据，它实质上是惯性力与阻力之比相似，一般紊动水流中自然要求满足这个准则。但因脉动流速这个比尺在模型水流中很难直接控制，也无法实施间接控制，于是有些学者从模型与原型所共同遵循的微分方程的边界

条件出发,导出了与阻力相似的有关比尺关系式为:

$$\frac{\lambda_v^2}{\lambda_f \lambda_v^2} = \frac{1}{\lambda_f} = 1,即 \lambda_f = 1$$

上式可以说明,要满足紊动相似,或惯性力与紊动阻力之比相似,在正态模型中,则必须满足阻力系数的比尺 $\lambda_f = 1$。而阻力系数 f 在阻力平方区内仅与相对糙率有关,只要原型和模型的相对糙率相等(即满足模型和原型的几何相似),则阻力系数也就相等。综上,只要模型水流位于阻力平方区,而又严格满足几何相似条件,则阻力相似自然得到满足,从而 N_{ij} 紊据的比尺关系也就基本得到满足。

综上,本次模型试验强调必须遵守的比尺关系式为:

$$\frac{\lambda_L}{\lambda_v \lambda_t} = 1 \text{ 或 } sh = \frac{L}{vt} = const;$$

$$\frac{\lambda_v^2}{\lambda_g \lambda_l} = 1 \text{ 或 } F_r = \frac{v^2}{gL} = const;$$

$$\lambda_f^2 = 1(\lambda_f = \frac{\lambda_n^2}{\lambda_L^{\frac{1}{3}}}),或 \lambda_n = \lambda_L^{\frac{1}{6}};$$

$$\frac{\lambda_L}{\lambda_t^2 \lambda_g} = 1,或 \lambda_t = \lambda_L^{\frac{1}{2}}。$$

另外,为了保证模型与原型水流能遵循同一物理方程,还必须同时满足:①模型水流必须是充分紊动,要求模型水流的 $R_e \geqslant 1\,000 \sim 2\,000$;②不使表面张力干扰模型水流运动,要求模型水流水深至少大于 2 cm。

3.2 模型制作

1) 模型制作依据

出山店水库水工模型试验依据以下资料进行制作,包括:

(1) 水库枢纽区 1∶5000 地形图;
(2) 工程总平面布置图、泄水建筑物平面布置图;
(3) 表孔、底孔、及南灌溉洞结构图;
(4) 出山店水库工程特性表;
(5) 相关水文资料;
(6) 其他试验研究必需资料。

2) 模型比尺

根据水流运动的相似原理和弗氏模型相似律进行模型设计,模型为正态模型,在武汉大学水利水电学院水工大厅室内试验场地进行模型制作,几何比尺 1∶65 即 $\lambda_L = 65$。其他比尺见下表 3.3-1。

表 3.3-1　模型比尺表

相似性	比尺	公式	实际采用比尺
几何相似性	长度比尺	λ_L	65
水流运动相似	流速比尺	$\lambda_v = \lambda_L^{1/2}$	8.06
	流量比尺	$\lambda_Q = \lambda_L^{5/2}$	34 063.04
	糙率比尺	$\lambda_n = \lambda_L^{1/6}$	2.01
	压力比尺	$\lambda_p = \lambda_L$	65
	时间比尺	$\lambda_t = \lambda_L^{1/2}$	8.06

3）模型范围

模型规模的大小根据问题研究的需要、模拟河段的具体情况、试验场地及设备条件而定。根据试验要求，出山店水库水工模型试验范围为：泄水建筑物（表孔、底孔）整体模型试验采用正态模型，模拟范围上、下游分别距泄水建筑物轴线约 0.9 km，左岸范围为主河槽外边缘线外不小于 500 m，右岸范围为右岸山体边缘（模型范围供试验单位参考，试验单位可根据工程具体情况进行调整，确定的模型试验范围应能较准确的反映工程上、下游的水流流态），模型比尺采用 1∶65。

模型范围选择的原则是：保证进出口研究的重点部位流态与原型工程相似。规范中有说明，本次试验模型选择范围满足这一要求。

4）过水建筑物模型制作

（1）挡水坝段、上游水库部分、消力池以及河道部分采用断面法制作，土石回填，水泥抹面。为确保模型结构的制作精度，同时也便于试验观察，对于表孔泄洪闸、底孔泄洪闸以及消力墩采用有机玻璃制作。有机玻璃的糙率系数一般为 $nm=0.007\sim0.008$，根据比尺关系 $\lambda_n = \lambda_L^{1/6}$ 计算得对应的原型糙率 $np=0.0120\sim0.0137$，与过水建筑物的设计糙率 $n=0.014$（混凝土衬砌）相差极小，可以很好模拟试验的要求。

（2）建筑物模型高程允许误差为 ±0.2 mm；地形高程允许误差为 ±1 mm，平面距离允许误差为 ±2 mm；水准基点和测针零点允许误差为 ±0.2 mm。

出山店书库枢纽水工模型实物图如图 3.3-1～3.3-2 所示。

图 3.3-1　出山店水库枢纽水工模型下游立视图

图 3.3-2　出山店水库枢纽水工模型上游立视图

3.3　量测系统

（1）水位

水位是整个试验过程中的关键因素之一，在试验过程中需要控制表孔、底孔进口水位以及下游河道的水位。本试验的水位通过水位测针测量，测针最小刻度读数为 0.1 mm。

（2）流量

试验过程中的流量需要根据不同的试验工况进行控制，通过专业电磁流量计控制。

（3）流速

本试验的流速测量使用长江科学院出产的 CF9901 型电脑流速仪进行点流速测量。

（4）水深

水深测量选用钢尺（最小读数精度为 1 mm）。

3.4　测点布置

根据实验任务书的要求，布置了沿程的水位测点、流速断面测点、水面线断面测点、时均压力测点。具体分布为：

1. 水位测点布置

从表孔 WES 堰末端开始往下游，在表孔进口处布置 1 个测点，控制上游水位。距离坝轴线约 200 m 处布置 1 个测点，控制下游水位，总共 2 个测点。

2. 流速断面、水面线断面布置

从溢流坝段底部开始，顺水流方向在消力池段布置 6 个断面，观测消力池内的流速分布，海漫布置 2 个断面，研究海漫的流速分布规律，一共布置了 8 个断面。水面线断面的布置和流速断面的布置一样。溢流坝段和底孔坝段消力池布置规律相似。流速断面和水面线的具体布置情况见表 3.3-2、表 3.3-3、图 3.3-3。

表 3.3-2 表孔消力池水面线、流速测点位置布置

测点断面编号	桩号	位置	测量项目
1#	0+33.5	溢流坝段底部	水面线、流速
2#	0+51.1	消力池	水面线、流速
3#	0+65.1	消力池	水面线、流速
4#	0+79.1	消力池	水面线、流速
5#	0+93.1	消力池	水面线、流速
6#	0+107.1	消力池末端	水面线、流速
7#	0+124.6	海漫	水面线、流速
8#	0+142.1	海漫末端	水面线、流速

表 3.3-3 底孔消力池水面线、流速测点位置布置

测点断面编号	桩号	位置	测量项目
1#	0+42.1	溢流坝段底部	水面线、流速
2#	0+57.1	消力池	水面线、流速
3#	0+72.1	消力池	水面线、流速
4#	0+87.1	消力池	水面线、流速
5#	0+102.1	消力池	水面线、流速
6#	0+117.1	消力池末端	水面线、流速
7#	0+129.6	海漫	水面线、流速
8#	0+142.1	海漫末端	水面线、流速

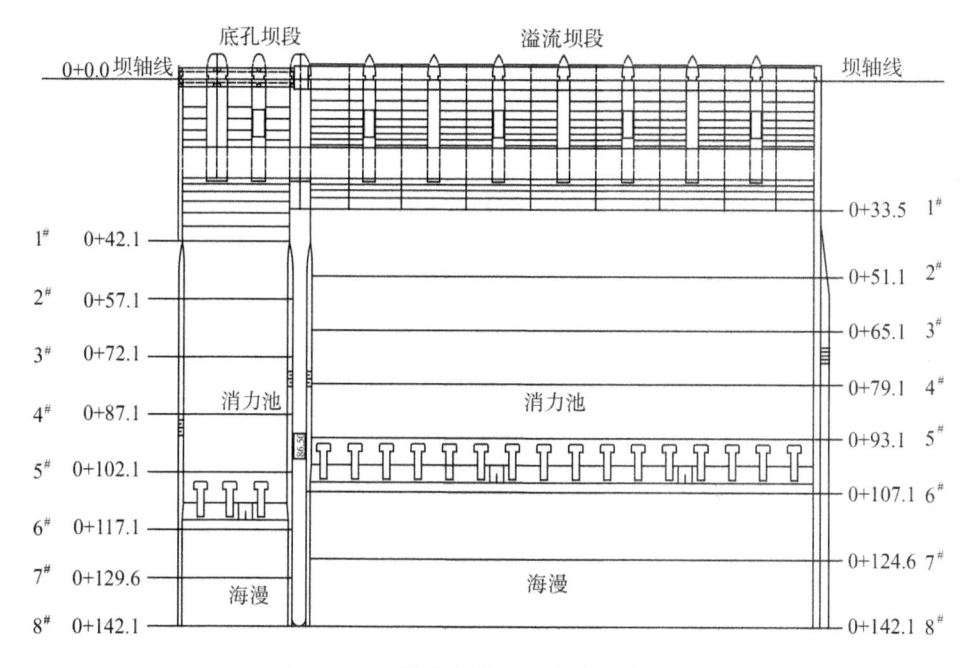

图 3.3-3 流速断面、水面线断面布置图

3. 导水墙和土石坝坡脚流速测点布置

试验在导水墙和土石坝坡脚附近布置了一些流速测点,测点布置如图 3.3-4 所示。

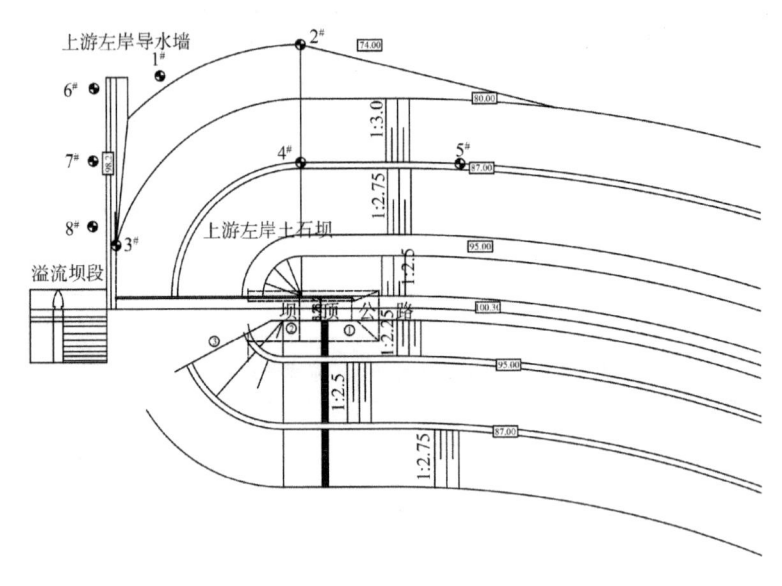

图 3.3-4　土石坝及导水墙流速测点布置

3.5　大流量试验工况

依据出山店枢纽运行情况,大流量模型试验的工况为:
工况 1:百年一遇洪水,表孔、底孔全开敞泄
坝上水位 H_1=94.80 m,坝下水位 H_2=82.03 m,流量 Q=12 142 m³/s;
工况 2:千年一遇洪水,表孔、底孔全开敞泄
坝上水位 H_1=95.78 m,坝下水位 H_2=82.85 m,流量 Q=13 593 m³/s;
工况 3:万年一遇洪水,表孔、底孔全开敞泄
坝上水位 H_1=98.12 m,坝下水位 H_2=84.30 m,流量 Q=17 167 m³/s。

第四节　宽尾墩联合消能工优化方案试验成果

4.1　宽尾墩联合消能工体型说明

根据前期试验成果,在百年一遇水位、千年一遇水位、万年一遇水位下消能率仍不是十分突出,并且在溢流坝段水流在消力池出池后流速较大仍然会形成波状水跃,考虑到这些因素,决定在原有 T 形墩消能工基础上在溢流坝闸墩上增加宽尾墩辅助消能,改善溢流坝段消力池内消能防冲问题。

为了验证宽尾墩+T 形墩联合消能工体型在本工程的适用性,通过查阅设计规范,溢流坝相关设计参数如表 3.4-1 所示。

表 3.4-1 参数设计

上游水位(m)	94.80	95.78	98.12
下游水位(m)	82.03	82.85	84.30
池底板高程(m)	65.00	65.00	65.00
堰顶高程(m)	83.00	83.00	83.00
H_d(m)	17.03	17.85	19.3
P_d(m)	18.0	18.0	18.0
H_d/P_d	0.95	0.99	1.07

注:H_d——坝下水位和消力池底板的高差;
P_d——堰顶至消力池底板间的高差。

1. 宽尾墩的设计参数说明

(1)宽尾墩收缩比(ε)

宽尾墩使溢流面下泄水流产生收缩,溢流面末端断面矩形缺口的宽度(b_0)与闸口宽度 B_0 之比,定义为宽尾墩收缩比(ε),即:

$$\varepsilon = b_0/B_0$$

(2)宽尾墩侧收缩角(θ)

宽尾墩一侧闸墩在末端断面加宽的宽度(b_1),与收缩段的水平投影长度(L)之比的角度,即:

$$\theta = \tan^{-1}\frac{b_1}{L} = \tan^{-1}\frac{(B_0 - b_0)}{2L}$$

式中:b_0——溢流面末端断面矩形缺口宽度;
  b_1——末端断面加宽宽度;
  L——收缩段的水平投影长度。

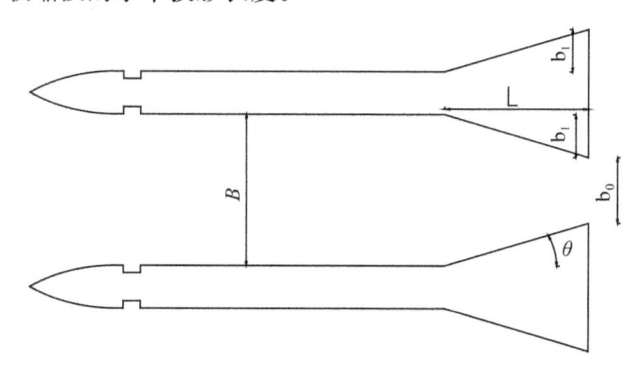

图 3.4-1 宽尾墩示意图

2. 宽尾墩的体型设计要求

(1) 形成堰顶收缩射流,水流过宽尾墩后在下游坝面上方形成良好的纵向拉开、主流在空中的片状水舌,为下游消能提供良好的来流条件。

(2) 表孔相邻闸孔间片状水舌两侧形成坝面大面积无水区,为掠过台阶坝面的水流提供良好的通气条件。

(3) 宽尾墩对泄流能力影响甚微,表孔溢洪道应满足工程设计泄洪要求。

(4) 宽尾墩收缩比 ε,侧向收缩角 θ,以及堰顶与宽尾墩末端堰面间的高差 Z_a 等参数的选择,要与闸室段布置条件相协调,并满足结构布置要求。

宽尾墩的主要作用是形成堰顶收缩射流,使过堰水流在空中形成纵向拉开的片状,为下游消能创造有利的来流条件。收缩射流是靠收缩比 $\varepsilon(b_0/B_0)$ 和侧收缩角 θ 形成的。宽尾墩末端断面置于堰顶下游面何处 (Z_a),受闸孔尺寸、坝面设计水头 H_d、弧门半径 R、宽尾墩侧收缩角 θ,以及堰顶至消力池地板间的高差 P_d 等诸多因素的影响,应综合考虑这些因素,对 ε 值做出恰当的选择,满足水力学和结构的要求。

3. 优化方案宽尾墩设计方案

溢流坝共有8个表孔,从左岸至右岸依次编号为 1#、2#、3#、4#、5#、6#、7#、8# 孔,溢流坝堰顶高程为83 m,消力池、海漫内底部高程为65 m。

经讨论决定宽尾墩布置在溢流坝段的 2#、4#、5#、7# 表孔闸墩中,收缩比为0.6,收缩角为24.78°。

具体设计参数:闸墩总长度为31 m,闸口宽度 B 为15 m,溢流面末端断面矩形缺口宽度 b_0 为9 m,末端断面加宽宽度 b_1 为3 m,收缩段的水平投影程度 L 为6.5 m,堰顶与宽尾墩末端堰面间的高差 Z_a 为5.5 m。

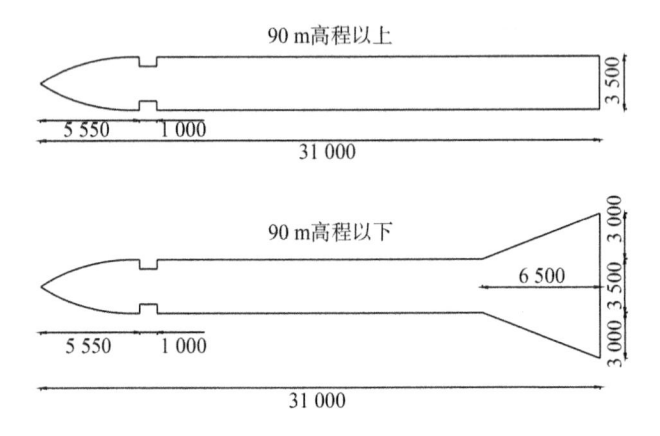

图 3.4-2 宽尾墩设计尺寸示意图

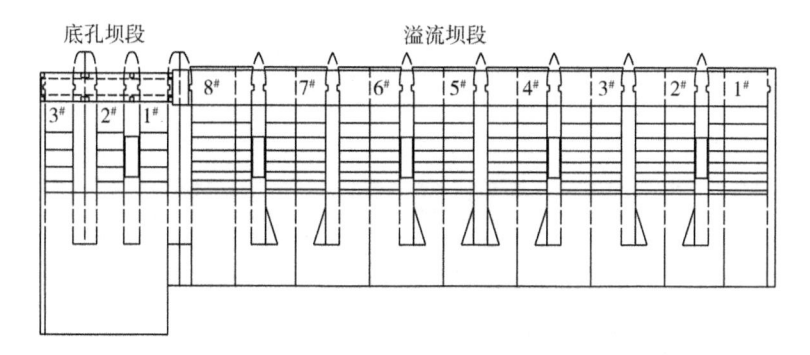

图 3.4-3　宽尾墩平面布置示意图

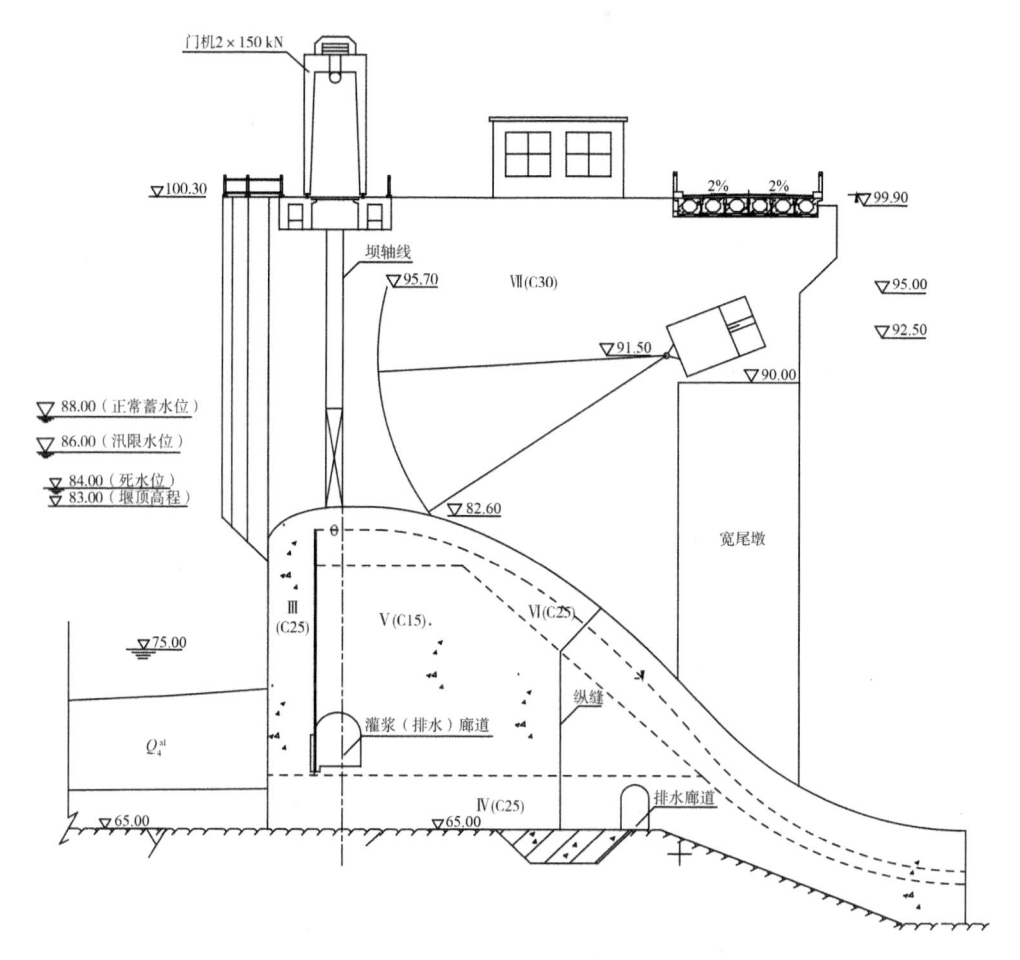

图 3.4-4　布置宽尾墩后溢流坝段剖面图

4.2 流态观测

(1) 百年一遇水位($H_1=94.80$ m,$H_2=82.03$ m,$Q=12\,142$ m³/s)

溢流坝段消力池流态　　　　　　　溢流坝段进口流态

溢流坝段消力池出池流态　　　　　底孔坝段出池流态

宽尾墩处入池流态　　　　　　　　底孔坝段消力池流态

溢流坝段消力池流态　　　　　　　下游左岸导水墙流态

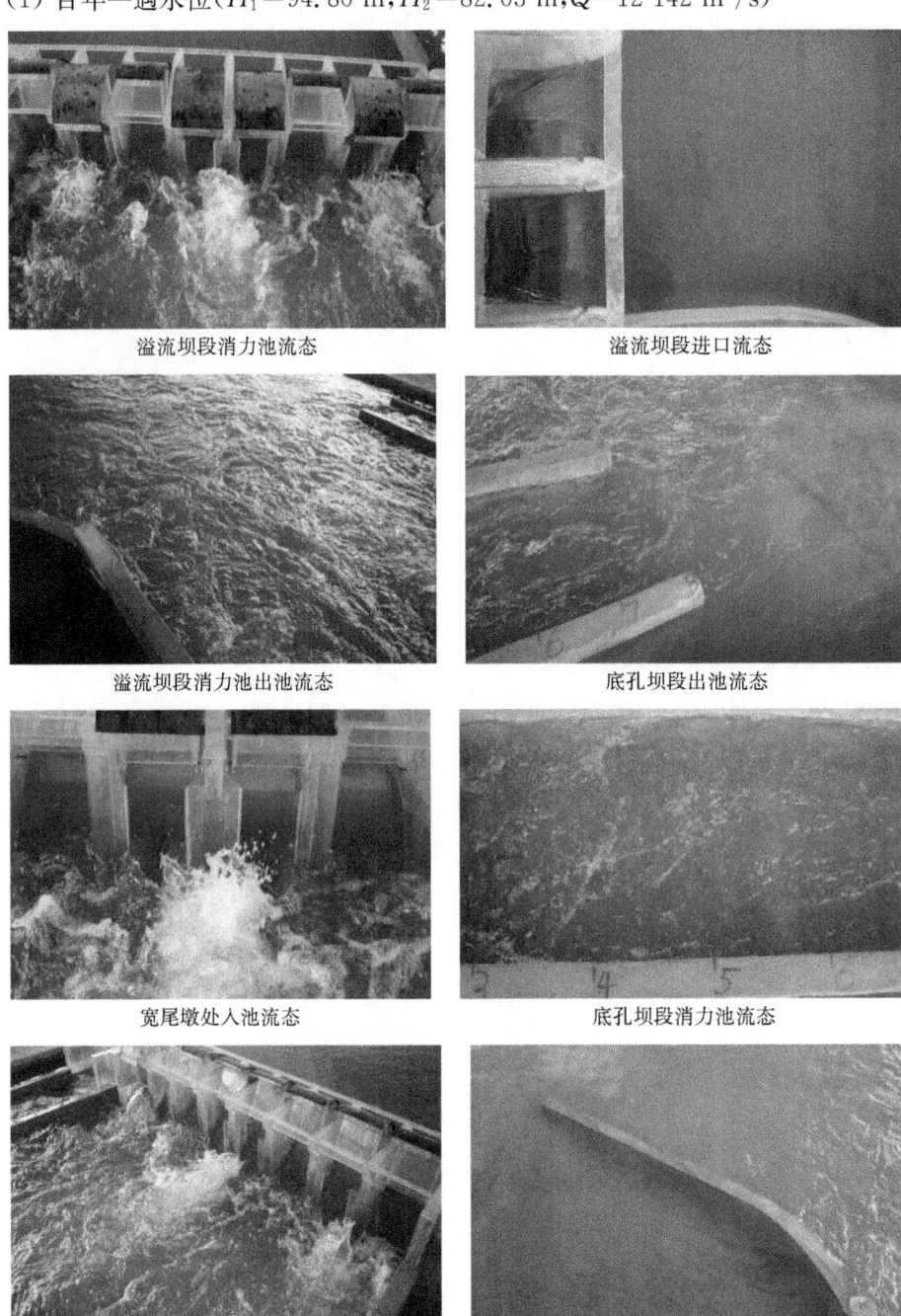

图 3.4-5　百年一遇流态

溢流坝上游进水口流态良好,在2#、4#、5#、7#孔增加宽尾墩后,下泄水流受到宽尾墩的水平束窄,射流的厚度大幅增加,使水流沿水深方向得到显著扩散,一方面向下扩散的主流潜入池底与中墩充分撞击后在纵向形成流速梯度,在池内形成横轴旋滚,另一方面向上扩散的主流抬高水面高程迫使出闸水流在消力池首部形成水跃。同时,闸孔水流受宽尾墩的束窄,水流出了闸墩后在水平方向向两侧扩散,扩散水流在孔闸墩后9 m左右处撞击,强烈紊动掺气,形成一个明显的"V"字。

由于采用宽尾墩使墩尾加宽,闸室沿程收缩,将经溢流面入池的水舌分成两部分,闸室两侧水舌经宽尾墩挑坎形成挑流,中部水舌仍为低流,挑流和底流联合作用的结果使得水跃稳定,同时改变了自由水跃的水流结构,使得入池水流形成三轴旋滚,增加水流的紊动作用,同时造成水流的大量掺气,在模型中呈气水混合的乳白色状态,水流的大部分动能就是通过掺气和水流强烈的紊动,掺混而消除,消能效果良好。

中间4#、5#表孔由于装有宽尾墩,入池交汇水流能力比较集中,水平方向上水流表现为向下游和两侧扩散,4#、5#表孔之间入池附近形成小范围的回流区,2#孔和7#孔入池水流在向边墙方向扩散时由于受到边墙和T形墩的阻挡作用,消力池内左岸、右岸在桩号0+79.1前表面水流表现为回流。百年一遇水位下,下游水位不是十分高,强烈的横轴旋滚和立轴旋滚使得全部水流强烈紊动消能,掺气非常明显。水流经过T形墩的调整后稳定流入下游河道,在尾坎处基本没有形成壅水,水流出池后也没形成波状水跃。

下游左岸导水墙水流稳定,流态良好;底孔坝段消力池、海漫流态基本不受溢流坝段影响,因此安装宽尾墩后底孔坝段水流流态变化不大,在此不赘述。

(2) 千年一遇水位($H_1=95.78$ m,$H_2=82.85$ m,$Q=13581$ m³/s)

溢流坝段消力池流态

溢流坝段进口流态

溢流坝段消力池出池流态

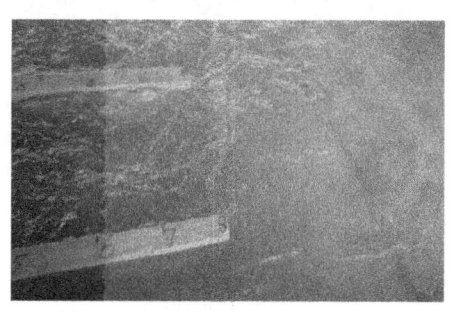

底孔坝段出池流态

宽尾墩处入池流态 　　　　　　　　底孔坝段消力池流态

溢流坝段消力池流态 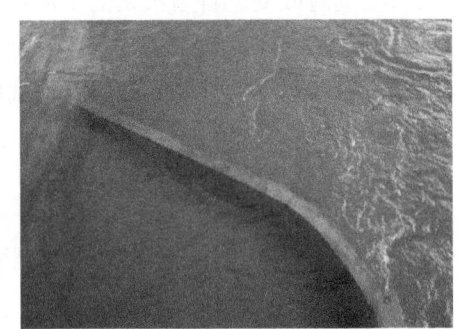　　　　　　　下游左岸导水墙流态

图 3.4-6　千年一遇流态

千年一遇水位下,溢流坝上游进水口流态良好,下游消力池、海漫内及导水墙水流流态与百年一遇水位下流态类似,不过由于下游水位升高,消力池内水流旋滚掺气有一定的减弱。水流在出池后没有形成波状水跃,说明加宽尾墩后水流消能更为充分,出池流速也有所减小。

(3) 万年一遇水位($H_1=98.12$ m,$H_2=84.30$ m,$Q=17\,166$ m³/s)

溢流坝段消力池、海漫流态 　　　　　溢流坝段进口流态

溢流坝段消力池、海漫流态 　　　　　底孔坝段消力池、海漫流态

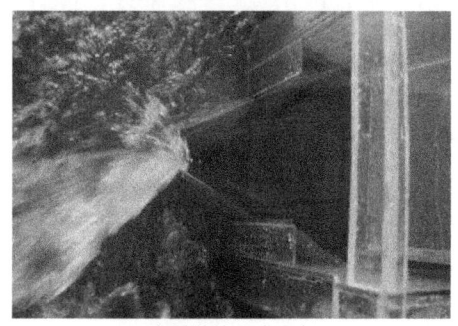

宽尾墩处入池流态 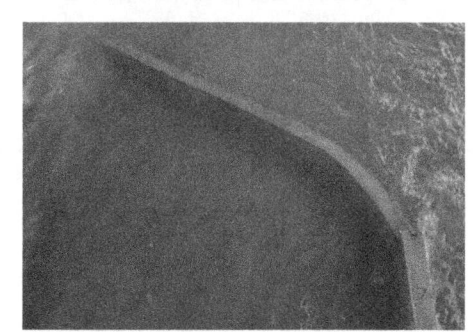　　　　　下游左岸导水墙流态

图 3.4-7　万年一遇流态

万年一遇水位下，溢流坝上游进水口流态良好，下游消力池、海漫内及导水墙水流流态与百年一遇水位、千年一遇水位下流态类似，由于下游水位进一步升高，消力池内水流旋滚掺气有一定的减弱。水流在出池后没有形成波状水跃，说明加宽尾墩后水流消能更为充分，出池流速也有所减小。

4.3　消力池、海漫内流速分布

表 3.4-2　百年一遇水位表、底孔段消力池、海漫流速沿程分布

坝段	断面桩号	右(m/s) 底部	右(m/s) 表面	中(m/s) 底部	中(m/s) 表面	左(m/s) 底部	左(m/s) 表面
底孔	0+42.1	14.51	−1.77	11.13	−2.90	14.35	−1.85
	0+57.1	13.87	−3.22	12.82	−3.06	8.79	−1.93
	0+72.1	10.48	−2.26	10.72	−1.85	12.50	−1.85
	0+87.1	7.01	−1.85	7.09	−1.45	10.08	−1.77
	0+102.1	5.48	−1.13	6.85	−0.89	6.29	−1.21
	0+117.1	1.05	2.10	1.21	2.82	1.21	3.06
	0+129.6	1.21	4.60	2.10	6.37	1.69	5.48
	0+142.1	1.13	3.87	0.81	5.97	1.29	6.69
	0+182(出池坡顶)	5.24		6.77		7.26	

续表

坝段	断面桩号	右(m/s) 底部	右(m/s) 表面	中(m/s) 底部	中(m/s) 表面	左(m/s) 底部	左(m/s) 表面
表孔	0+33.5	16.77	-4.03	17.17	-2.18	15.96	-2.02
	0+51.1	12.90	-2.02	15.08	3.71	14.27	-1.45
	0+65.1	9.51	-2.18	14.11	5.08	11.29	-1.69
	0+79.1	4.68	-1.45	8.30	1.69	6.45	-1.45
	0+93.1	4.03	2.50	7.90	4.51	5.80	3.63
	0+107.1	5.00	4.51	1.77	6.61	1.13	6.21
	0+124.6	1.69	4.68	1.29	7.34	1.53	6.85
	0+142.1	0.81	3.31	1.45	6.93	1.77	6.61
	上游溢流坝堰顶	10.48	10.96	13.71	8.95	13.95	10.56
	0+182(出池坡顶)	5.32		5.64		4.60	

表 3.4-3 千年一遇水位表、底孔段消力池、海漫流速沿程分布

坝段	断面桩号	右(m/s) 底部	右(m/s) 表面	中(m/s) 底部	中(m/s) 表面	左(m/s) 底部	左(m/s) 表面
底孔	0+42.1	13.46	-2.02	15.16	-3.87	15.00	-1.61
	0+57.1	12.42	-2.34	10.88	-4.03	14.51	-1.21
	0+72.1	12.58	-1.29	9.84	-2.82	9.67	-1.21
	0+87.1	11.53	-1.29	9.19	-1.13	8.79	-1.21
	0+102.1	5.40	-1.13	6.29	-1.29	6.05	-1.37
	0+117.1	1.37	2.66	0.89	2.42	1.21	3.06
	0+129.6	2.10	4.68	2.50	6.13	2.50	5.80
	0+142.1	1.37	4.43	1.69	6.29	2.26	6.29
	0+182(出池坡顶)	4.47		4.95		4.61	
表孔	0+33.5	16.93	-3.47	16.42	-2.18	14.67	-4.84
	0+51.1	14.43	-3.14	14.59	2.26	14.51	-2.82
	0+65.1	10.16	-2.02	15.24	4.68	11.04	-1.21
	0+79.1	6.69	-1.29	9.51	2.74	7.01	-1.61
	0+93.1	4.60	1.21	3.39	2.10	4.68	2.02
	0+107.1	1.93	3.14	3.47	4.84	1.05	3.87
	0+124.6	1.37	4.19	0.89	7.90	2.34	6.29
	0+142.1	1.77	3.71	2.98	6.69	5.80	3.87
	上游溢流坝堰顶	12.90	7.66	12.09	8.87	11.61	8.06
	0+182(出池坡顶)	4.72		5.28		4.78	

第三章 局部宽尾墩消能技术

表 3.4-4 万年一遇水位表、底孔段消力池、海漫流速沿程分布

坝段	断面桩号	右(m/s) 底部	右(m/s) 表面	中(m/s) 底部	中(m/s) 表面	左(m/s) 底部	左(m/s) 表面
底孔	0+42.1	14.03	−2.34	13.79	−4.27	12.66	−1.93
	0+57.1	14.03	−1.37	11.93	−2.66	13.46	−1.61
	0+72.1	11.93	−1.37	8.38	−2.98	12.25	−1.85
	0+87.1	9.76	−1.85	8.47	−1.77	10.72	−1.37
	0+102.1	7.18	−0.97	5.89	−0.89	8.14	−2.02
	0+117.1	1.21	2.74	0.73	2.74	1.37	3.39
	0+129.6	2.02	5.56	1.37	5.64	1.93	6.29
	0+142.1	1.45	4.60	1.53	6.05	1.21	6.61
	0+182(出池坡顶)	4.03		4.47		4.58	
表孔	0+33.5	15.32	−2.34	15.75	−1.93	16.61	−5.16
	0+51.1	14.51	−4.92	14.11	2.50	10.88	−3.39
	0+65.1	13.54	−2.98	15.40	4.60	11.93	−1.93
	0+79.1	10.40	−1.85	12.74	3.55	7.66	−1.69
	0+93.1	5.24	1.21	10.32	2.90	6.05	1.53
	0+107.1	1.29	2.66	1.61	4.76	0.97	4.35
	0+124.6	1.93	4.60	1.85	7.74	1.77	7.18
	0+142.1	1.53	3.87	1.21	7.34	3.47	6.93
	上游溢流坝堰顶	12.90	9.03	12.74	10.08	13.87	9.43
	0+182(出池坡顶)	4.6		5.48		4.92	

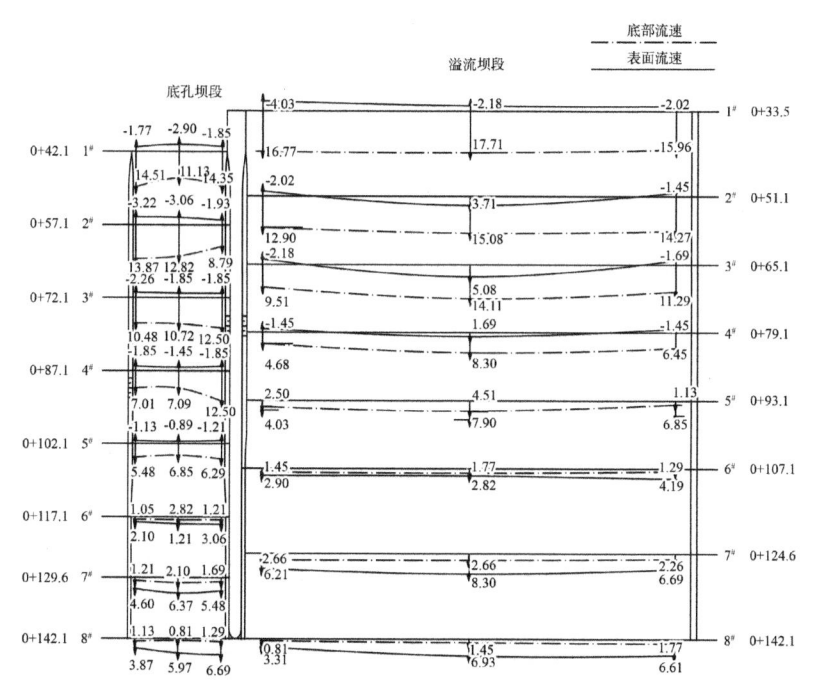

图 3.4-8 百年一遇水位消力池、海漫内流速沿程分布(m/s)

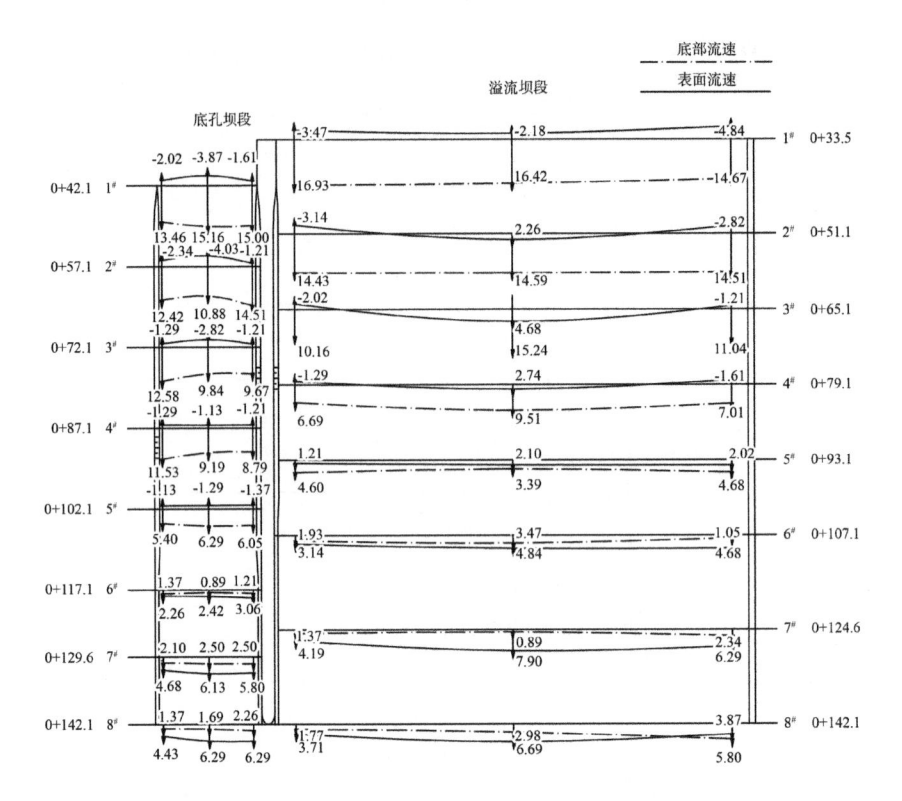

图 3.4-9　千年一遇水位消力池、海漫内流速沿程分布(m/s)

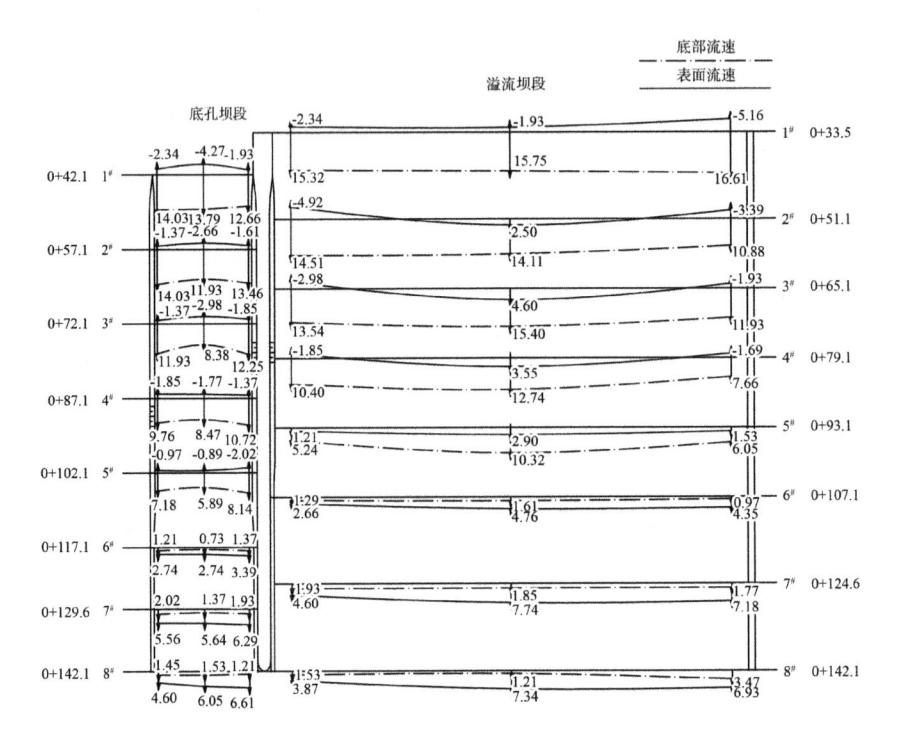

图 3.4-10　万年一遇水位消力池、海漫内流速沿程分布(m/s)

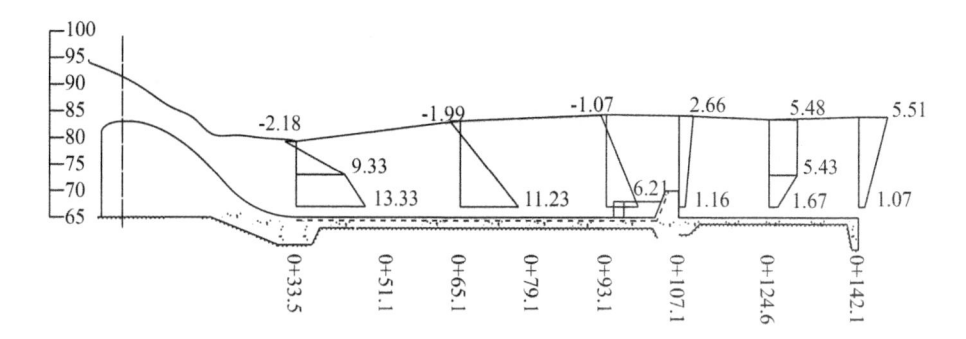

图 3.4-11 百年一遇水位溢流坝段消力池、海漫内水面线、流速断面分布

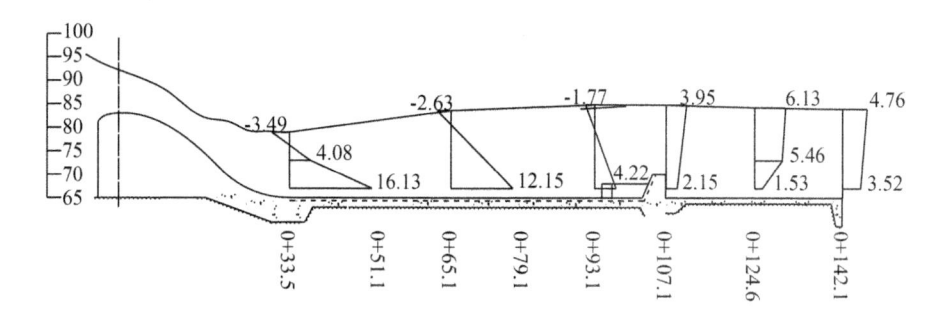

图 3.4-12 千年一遇水位溢流坝段消力池、海漫内水面线、流速断面分布

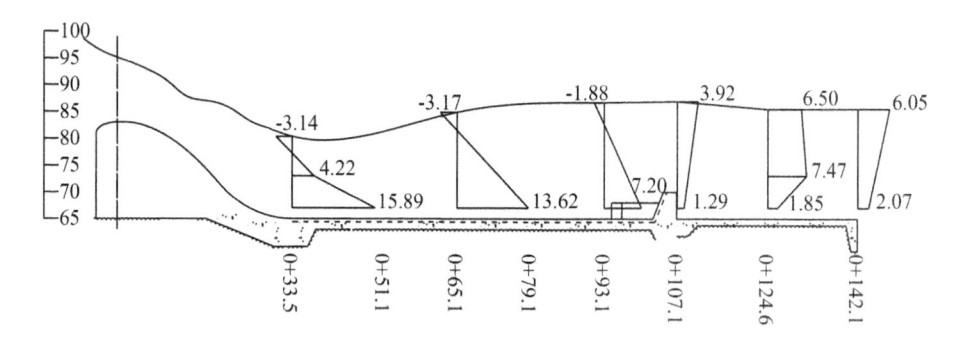

图 3.4-13 万年一遇水位溢流坝段消力池、海漫内水面线、流速断面分布

试验中发现,消力池和海漫内底部流速均向下游,消力池内左岸、右岸(1#～4#断面)表面流速由于 T 形墩对水流的阻挡作用表现为回流,方向向上游,中间由于 4#、5#表孔安装宽尾墩,水流入池横向收缩、纵向拉伸,在两孔中间入池口附近形成小范围回流区,表面流速表现为回流。

在百年一遇水位、千年一遇水位、万年一遇水位下,水流入池底部流速最大达到 17.17 m/s,入池后水流充分掺气产生旋滚,流速迅速下降,消力池内消能充分。在桩号 0+79.1(4#断面)左、右岸底部流速已经下降到 4.5～7.0 m/s,中间底部流速下降到 8.0～9.5 m/s,桩号 0+93.1(5#断面)后消力池内底部流速基本在 5.0 m/s 以下,底部流速变化不大。在海漫内,底部流速保持在较低水平,基本在 1.0～3.0 m/s 之间,最低流速为百年一遇工况右岸底部流速 0.81 m/s,最高流速为万年一遇工况左岸底部流速 5.8 m/s。

消力池内表面流速基本在 5.0 m/s 以内,经过 T 形墩后进入海漫内,表面流速变大,表面流速高于底部流速。海漫内右岸表面流速基本在 5.0 m/s 以下,中间和左岸流速在 6.0～7.0 m/s,尤其海漫中间表面流速最大到达 7.9 m/s。出池后坡面顶部(桩号 0+182)流速在 4.6～5.7 m/s,流速相比安装宽尾墩前有明显减小。

表 3.4-5 安装宽尾墩前后桩号 0+182 处流速比较

工况		0+182(出池坡顶)中部流速(m/s)		
		左	中	右
百年	加宽尾墩前	5.97	6.45	5.80
	加宽尾墩后	5.32	5.64	4.60
	降幅	0.65	0.81	1.20
千年	加宽尾墩前	6.69	6.53	6.45
	加宽尾墩后	4.72	5.28	4.78
	降幅	1.97	1.25	1.67
万年	加宽尾墩前	6.77	6.61	5.80
	加宽尾墩后	4.92	5.48	4.68
	降幅	1.85	1.13	1.12

从表 3.4-5 可以看出,在百年一遇、千年一遇、万年一遇水位下,加宽尾墩后桩号 0+182(出池坡顶)处流速均有减小,降幅在 0.6～2.0 m/s,多数情况流速下降在 1 m/s 以上,说明宽尾墩联合消能工有效降低了溢流坝段消力池出池下游流速,增强了消力池的消能功能,降低了水流对下游河道的冲刷作用。

4.4 消力池消能率研究

消能率的计算利用段前和段后断面的能量差来计算。

经溢流表孔下泄的水流经过宽尾墩,通过宽尾墩的水平束窄作用进行消能,宽尾墩水平束窄后的水流水平扩散后在消力池首部形成立轴旋滚,消力池内水位抬高并形成水跃,使下泄的水流的能量有了一定程度的降低,此为第一次消能过程。水流与上下两层水体掺混摩擦,与消力池后半段的水垫层相互撞击掺混,并经过 T 形墩缓冲后,由尾坎作用发生横向扩散和纵向跃起,从而水流倾入海漫段后进入下游河床,即为第二次消能过程。

与模型优化前相比,安装宽尾墩后对消力池的消能效果进行重复强化。在溢流表孔闸墩上装设宽尾墩,使得水流在纵向急剧扩散。经过宽尾墩、T 形墩两种辅助消能工的调整,水流的横向扩散作用明显,出池水流能量在空间上分布更均匀,对下游河床有利。

表 3.4-6　溢流坝段各工况下消力池消能率计算值

工况	消能工	断面a平均流速(m/s)	断面a水深(m)	断面a能量(m)	断面b平均流速(m/s)	断面b水深(m)	断面b能量(m)	消能率(%)
百年	T形墩	17.95	13.54	29.98	4.10	17.17	18.03	39.87
百年	宽尾墩+T形墩	19.23	14.03	32.90	4.13	17.21	18.08	45.04
千年	T形墩	16.20	13.81	27.20	3.84	17.83	18.58	31.68
千年	宽尾墩+T形墩	18.13	14.10	30.87	3.83	18.00	18.75	39.27
万年	T形墩	19.11	14.70	33.33	4.80	18.97	20.15	39.56
万年	宽尾墩+T形墩	19.46	15.37	34.69	4.18	19.06	19.95	42.49

由表 3.4-6 可以看出：

（1）百年一遇水位，原设计方案在仅安装 T 形墩消能工下溢流坝段消能率为 39.87%，在宽尾墩和 T 形墩联合消能工运用下，消能率提升到 45.04%，说明在百年一遇水位下，宽尾墩+T 形墩联合消能工使消力池消能率得到改善。

（2）千年一遇水位，溢流坝段消力池消能率为 31.68%，为所有工况中的最低值，在宽尾墩和 T 形墩联合消能工运用下，消能率提升到 39.27%，消能率得到明显提高。

（3）万年一遇水位，溢流坝段消力池消能率为 39.56%，在宽尾墩和 T 形墩联合消能工运用下，消能率提升到 42.49%，消能率得到改善。

宽尾墩+T 形墩联合消能工的运用使溢流坝段消力池消能率得到明显改善，说明宽尾墩的运用是改善本工程溢流坝消能防冲效果的有效措施。

4.5　消力池、海漫内水面线分布

水面线是描述水面沿程变化的曲线，能定量反映水流淹没范围。根据水面波动数值，以距坝轴线距离为横坐标，水位为纵坐标，可以画出相应水面线，其中最大和最小水位分别取每个断面的右、中、左平均值。

表 3.4-7　百年一遇水位消力池及海漫水面线分布

消力池位置	断面桩号	右岸水位(m) 最大	右岸水位(m) 最小	中间水位(m) 最大	中间水位(m) 最小	左岸水位(m) 最大	左岸水位(m) 最小
表孔段	0+33.5	82.23	77.74	77.22	76.38	82.75	77.87
表孔段	0+51.1	84.18	79.82	82.23	79.17	83.46	79.17
表孔段	0+65.1	85.02	80.08	83.72	82.23	84.96	80.28
表孔段	0+79.1	85.48	81.45	84.50	82.88	86.32	82.23
表孔段	0+93.1	85.48	82.23	85.02	83.40	85.80	80.80
表孔段	0+107.1	84.76	81.71	85.67	83.66	85.28	82.23
表孔段	0+124.6	84.83	82.23	84.18	82.42	83.92	81.71
表孔段	0+142.1	84.83	82.42	85.22	83.72	83.98	81.64

续表

消力池位置	断面桩号	右岸水位(m) 最大	右岸水位(m) 最小	中间水位(m) 最大	中间水位(m) 最小	左岸水位(m) 最大	左岸水位(m) 最小
底孔段	0+42.1	83.40	80.80	83.01	81.06	83.07	80.41
底孔段	0+57.1	83.72	81.12	84.18	81.06	83.53	81.12
底孔段	0+72.1	85.28	82.42	84.70	82.88	84.83	82.23
底孔段	0+87.1	85.48	82.42	85.35	83.72	85.35	83.53
底孔段	0+102.1	85.35	83.53	85.28	83.72	85.35	83.66
底孔段	0+117.1	85.48	83.72	86.45	84.96	86.13	84.37
底孔段	0+129.6	85.41	83.53	85.80	83.33	85.02	83.85
底孔段	0+142.1	85.41	83.66	86.06	83.72	84.70	83.07

表 3.4-8　表、底孔全开消力池及海漫水面线分布

消力池位置	断面桩号	右岸水位(m) 最大	右岸水位(m) 最小	中间水位(m) 最大	中间水位(m) 最小	左岸水位(m) 最大	左岸水位(m) 最小
表孔段	0+33.5	80.41	78.85	80.02	77.55	78.91	78.13
表孔段	0+51.1	83.40	81.51	82.10	81.38	82.75	81.19
表孔段	0+65.1	84.63	83.79	83.46	81.97	84.76	83.07
表孔段	0+79.1	84.83	83.79	85.28	84.18	85.28	83.46
表孔段	0+93.1	85.02	83.98	85.35	84.37	86.06	84.37
表孔段	0+107.1	84.76	84.05	85.93	84.57	85.41	84.05
表孔段	0+124.6	84.63	83.79	85.28	84.70	83.92	83.33
表孔段	0+142.1	84.57	84.11	84.11	83.98	83.98	83.14
底孔段	0+42.1	83.46	82.68	83.07	82.10	82.68	81.84
底孔段	0+57.1	83.98	83.72	83.92	82.75	84.05	83.79
底孔段	0+72.1	84.11	83.79	84.63	83.53	84.96	84.37
底孔段	0+87.1	85.02	84.37	84.83	84.44	85.28	85.02
底孔段	0+102.1	85.74	85.28	85.41	85.09	86.58	85.87
底孔段	0+117.1	86.26	85.48	86.71	85.87	86.65	86.32
底孔段	0+129.6	85.41	85.09	85.28	85.09	86.06	85.28
底孔段	0+142.1	84.96	84.37	84.63	84.37	85.28	84.83

第三章 局部宽尾墩消能技术

表 3.4-9　表、底孔全开消力池及海漫水面线分布

消力池位置	断面桩号	右岸水位(m) 最大	右岸水位(m) 最小	中间水位(m) 最大	中间水位(m) 最小	左岸水位(m) 最大	左岸水位(m) 最小
表孔段	0+33.5	82.62	82.10	78.07	77.29	81.51	80.67
	0+51.1	84.57	82.23	83.98	82.62	83.92	82.49
	0+65.1	85.87	83.98	85.87	83.33	85.87	84.44
	0+79.1	86.91	85.28	85.28	83.79	86.06	85.35
	0+93.1	87.23	85.87	87.30	86.39	87.17	86.00
	0+107.1	87.23	86.52	87.23	86.39	87.30	86.58
	0+124.6	85.41	84.63	86.00	85.74	86.19	84.83
	0+142.1	86.13	85.09	86.52	84.37	85.87	85.09
底孔段	0+42.1	84.57	83.33	84.63	83.92	84.76	84.05
	0+57.1	86.00	84.63	85.28	83.33	84.57	83.98
	0+72.1	86.32	85.28	86.06	84.63	86.97	85.28
	0+87.1	86.06	85.67	87.30	85.74	86.91	86.32
	0+102.1	86.52	86.39	87.23	87.04	88.01	87.69
	0+117.1	87.43	87.04	87.82	86.58	87.88	87.69
	0+129.6	86.91	86.32	87.17	86.71	87.23	86.97
	0+142.1	86.78	86.39	86.52	85.93	86.78	86.39

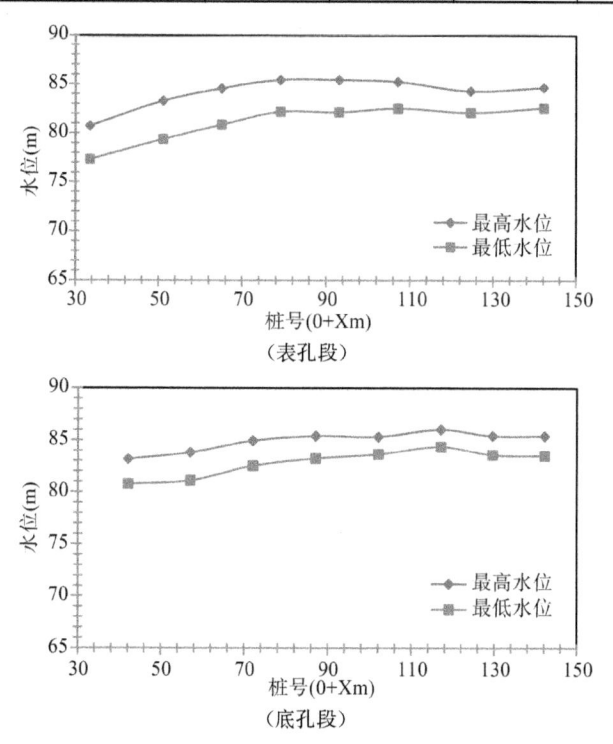

图 3.4-14　百年一遇水位表、底孔消力池、海漫内水面线分布

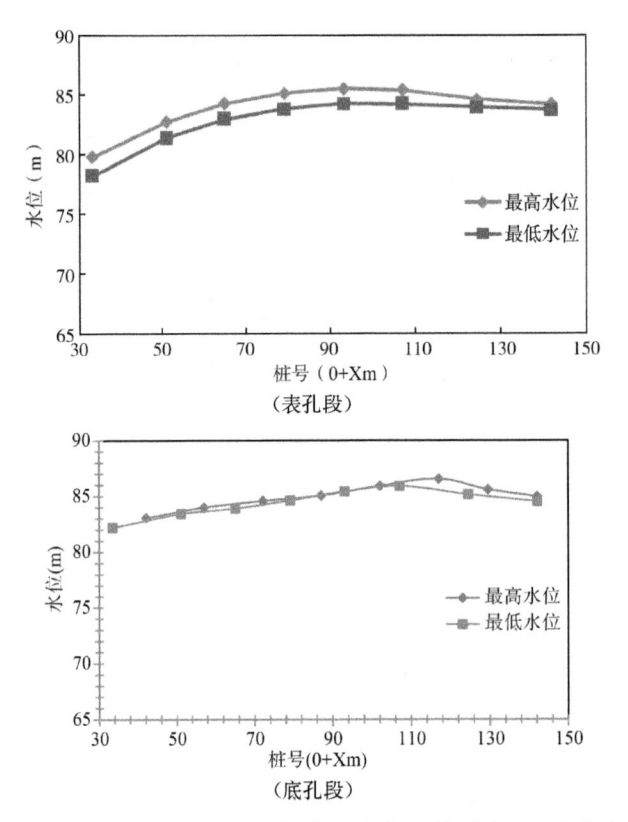

图 3.4-15 千年一遇水位表、底孔消力池、海漫内水面线分布

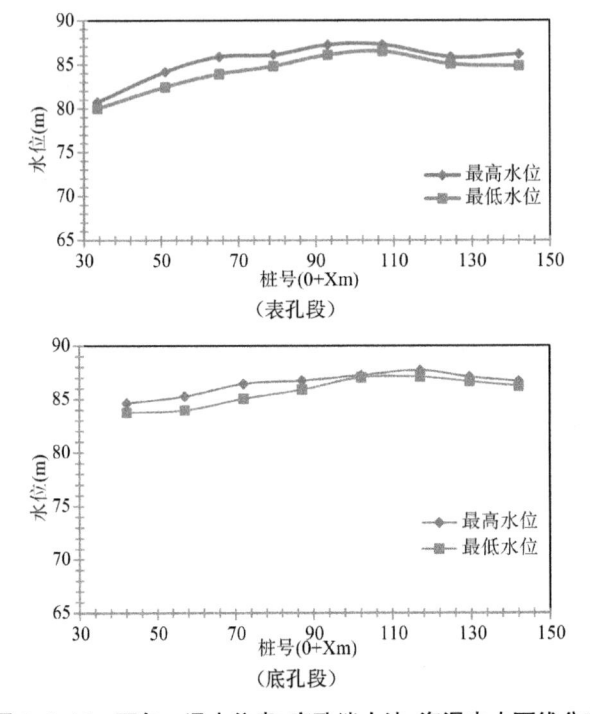

图 3.4-16 万年一遇水位表、底孔消力池、海漫内水面线分布

与原设计方案相比,在百年一遇水位、千年一遇水位、万年一遇水位下,表孔和底孔均开的条件下闸室内布置了宽尾墩后,消力池内水面高程要比没有布置宽尾墩时要高,宽尾墩的束窄作用使得水流在纵向更充分的拉伸,向上扩散的水流抬高了消力池的水面高程。

同时,消力池内沿程水面线变化规律与布置宽尾墩前规律类似。表孔段消力池水位开始上升明显,后保持平缓,水流进入消力池发生水跃,其水面线有一个局部上升的过程,达到跃后水深后基本保持水平,在消力池末端,水位达到最大;进入海漫后,水面线略有下降;当水流到达海漫末端时受到下游地形斜坡的阻挡作用,水位又略有壅高。海漫段水平保持平稳,消力池和海漫段中间水位较两岸较高。底孔段消力池水位持续升高,在T形墩后进入海漫段,水面线呈下降趋势。

百年一遇工况下,由于下游水位相对较低,水位波动较大,最高和最低水位差在2~3 m左右,千年一遇水位、万年一遇水位由于下游水位升高,下游波动程度相对降低,最高和最低水位相差在1~2 m左右。

4.6 上游左岸导水墙优化方案试验成果

1)导水墙体形修改说明

上游左岸导水墙原设计方案为直墙,水流经过上游导水墙后出现较为明显的翻滚、涌浪的不良流态,导水墙内侧附近的不良流态直接导致上游左岸1#表孔入口流态紊乱,主流不稳定,堰顶水流侧向翻滚,左岸1#表孔的泄流能力明显小于其他普通表孔。试验小组决定修改导水墙设计方案,原直墙设计方案改为平直段和圆弧段拼接而成,导水墙平直段为15 m,圆弧段纵向跨度为55 m,横向跨度为44.6 m,圆弧半径为60 m,圆弧圆心角为73°。具体平面布置形式如图3.4-17、图3.4-18所示:

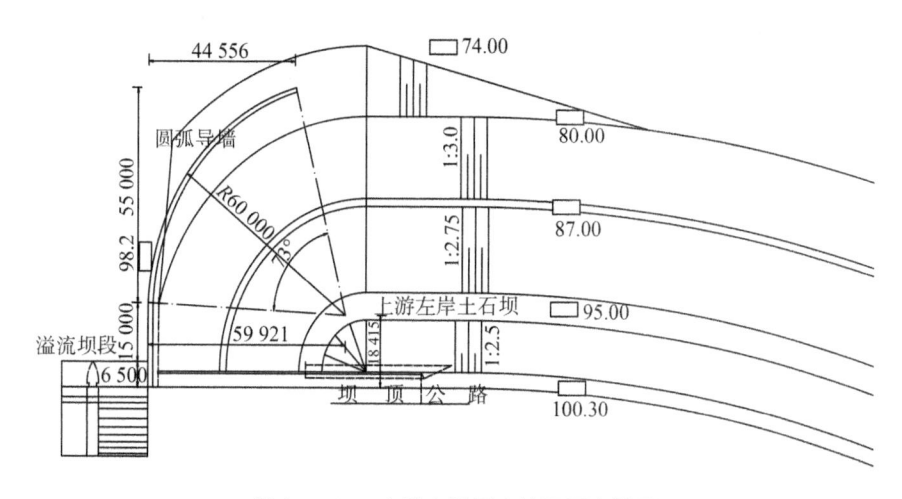

图3.4-17 上游左岸导水墙平面布置图

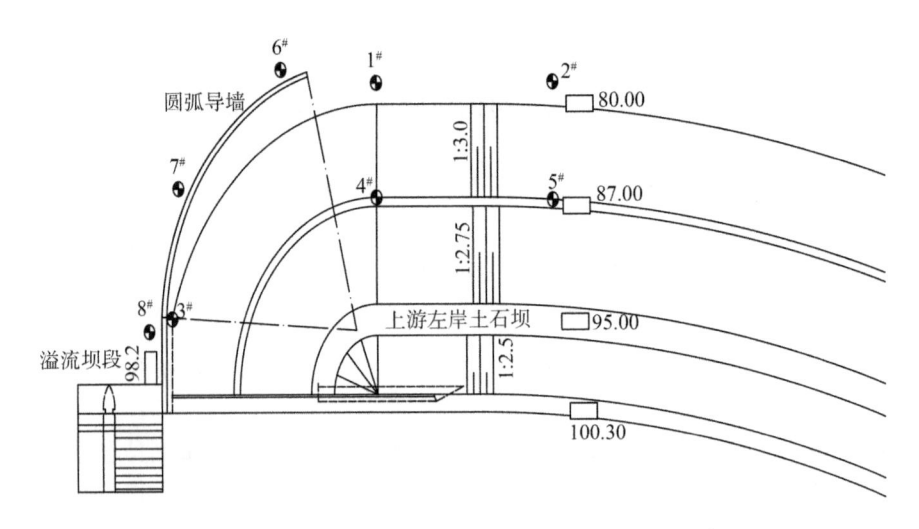

图 3.4-18　上游左岸导水墙及土石坝坡脚流速测点

2) 土坝坡脚流场试验分析

(1) 百年一遇水位,联合开启表、底孔

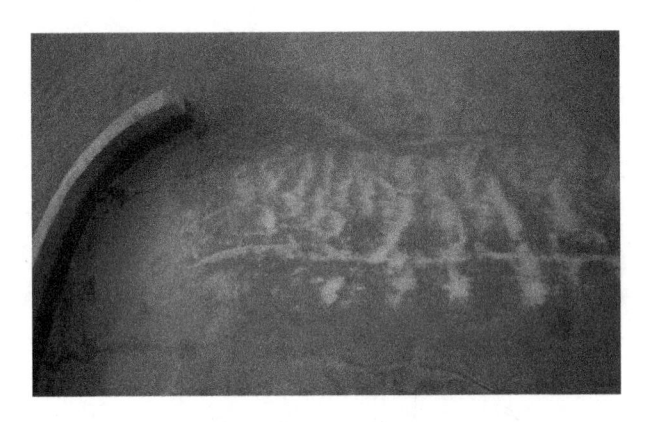

图 3.4-19　百年一遇水位上游土石坝坡脚流态

从图 3.4-19 中可以看到,上游导水墙附近土石坝坡脚几乎为静水区,流态非常稳定。

表 3.4-10　百年一遇水位土石坝附近流速分布

测点		1#	2#	3#	4#	5#
流速(m/s)	底部	0.64	0.32	0.24	0.24	0.32
	表面	0.73	0.32	0.32	0.32	0.40

从表 3.4-10 流速分布来看,1# 测点流速较大,其他地方流速均较小,所有流速均小于 1 m/s。对比导水墙优化前,导水墙优化后土石坝坡脚处流速变的更小,分析原因可能是,弧形导水墙更加顺应土石坝水流流势,有效稳定了导水墙内侧水流流态,且充当了一定挡土墙的作用,对土石坝坡脚保护更充分。

(2) 千年一遇设计水位,联合开启表、底孔

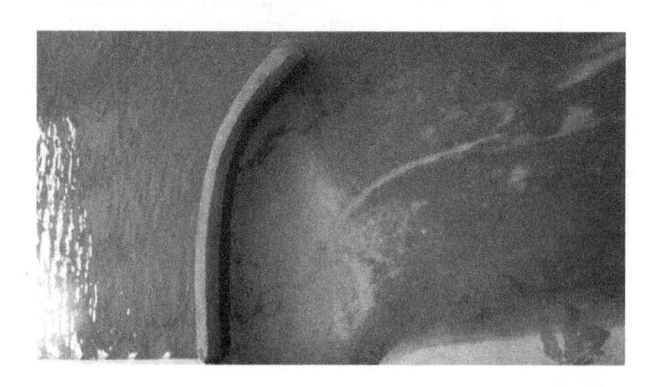

图 3.4-20　千年一遇水位上游土石坝坡脚流态

从图 3.4-20 中可以看到,上游土石坝坡脚流态稳定,水流对坝坡冲刷影响很小。

表 3.4-11　千年一遇水位土石坝附近流速分布

测点		1#	2#	3#	4#	5#
流速(m/s)	底部	0.56	0.48	0.40	0.40	0.40
	表面	0.73	0.48	0.40	0.32	0.48

在千年一遇水位条件下,流速分布大致与百年一遇水位情况类似,流速整体偏低,靠近导水墙附近的顺坝流流速较大,对土坝流态无明显的影响。由于受到砌石坝的壅水作用,土石坝坡脚会在回水的影响下产生很小幅度的涌浪,几乎不会对土石坝形成冲击作用。

从表 3.4-11 可以看出,1# 测点流速较大,其他地方流速均较小,所有流速均小于 1 m/s。对比导水墙优化前,导水墙优化后土石坝坡脚处流速变的更小,导水墙内侧水流流态稳定,水流对土石坝坡脚影响较小。

(3) 万年一遇校核水位,联合开启表、底孔

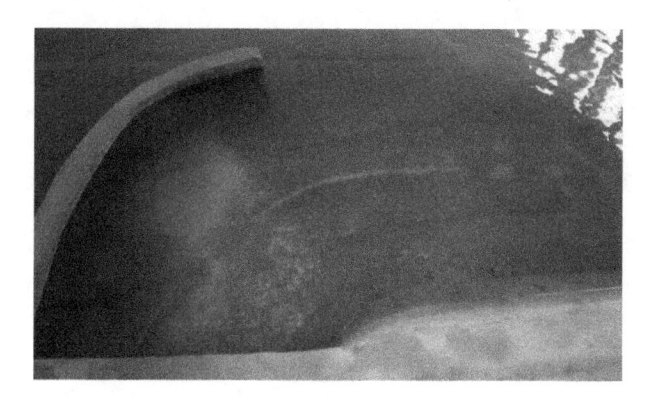

图 3.4-21　万年一遇水位上游土石坝坡脚流态

从图 3.4-21 中可以看到,万年一遇校核水位条件下,虽然水库泄流量较大,上游水位较高,但土石坝附近流态仍保持良好状态。

表 3.4-12　万年一遇水位土石坝附近流速分布

测点		1#	2#	3#	4#	5#
流速(m/s)	底部	0.48	0.73	0.48	0.40	0.56
	表面	0.64	0.48	0.40	0.48	0.40

从表 3.4-12 可以看出，在万年一遇校核水位条件下，各个测点流速较小，流速分布较均匀，所有流速均小于 1 m/s，底部流速和表面流速差别不大。对比导水墙优化前，导水墙优化后土石坝坡脚处流速变的更小，导水墙内侧水流流态稳定，水流对土石坝坡脚影响较小。

3）上游导水墙附近及左岸 1# 表孔流态试验分析

（1）百年一遇水位表、底孔全开

图 3.4-22　上游左岸 1# 表孔入口流态

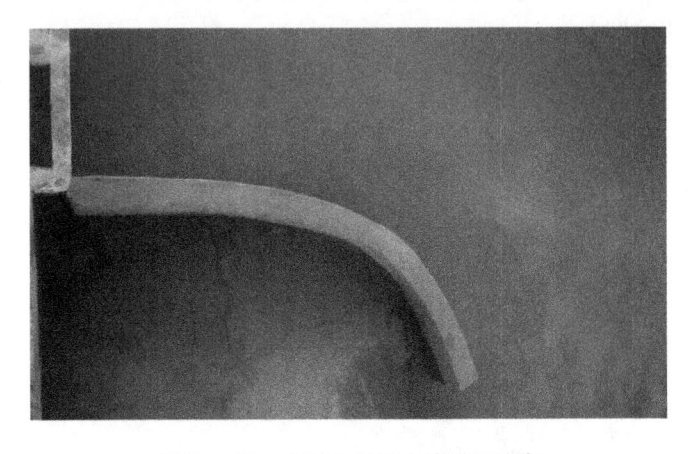

图 3.4-23　上游左岸导水墙附近流态

从图 3.4-22、图 3.4-23 中可以看到，在百年一遇水位表、底孔全开情况下，体形优化后的导水墙附近流态良好，上游左岸 1# 表孔入口泄流正常，流态稳定，无不利流态。

表 3.4-13　百年一遇水位导水墙内侧流速分布

测点	流速(m/s)	
	底部	表面
6#	1.85	2.02
7#	3.06	2.98
8#	2.58	3.47

从流速分布来看,导水墙内侧靠左岸 1# 表孔附近流速均不是很大,各测点流速在 1.5～3.5 m/s 之间,底部流速和表面流速差别较小,在 8# 测点,由于接近溢流表孔进口,表面明显高于底部流速。

(2) 千年一遇设计水位表、底孔全开

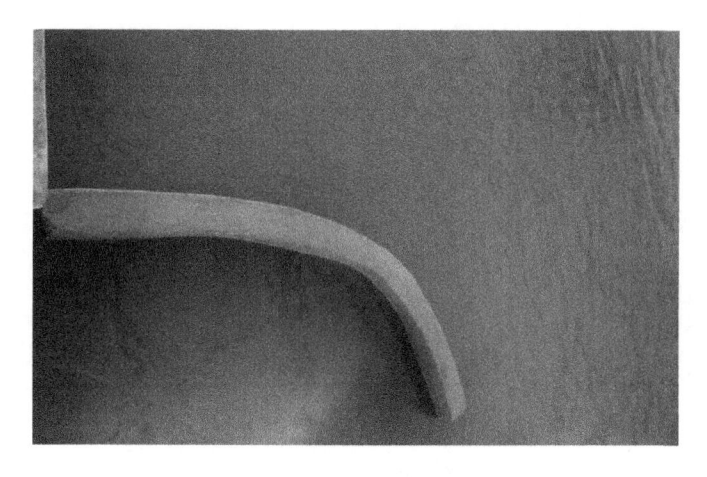

图 3.4-24　上游导水墙附近流态

图 3.4-25　上游左岸 1#～2# 表孔入口流态

从图 3.4-24、图 3.4-25 中可以看到,同百年一遇水位情况类似,在千年一遇水位表、底孔全开情况下,体形优化后的导水墙附近流态良好,上游左岸 1#～2# 表孔入口泄流正常,流态稳定,无不利流态。

表 3.4-14　千年一遇水位导水墙内侧流速分布

测点	流速(m/s) 底部	流速(m/s) 表面
6#	1.93	2.26
7#	3.95	3.31
8#	2.58	3.22

从流速分布来看,导水墙内侧靠左岸 1# 表孔附近流速均不是很大,各测点流速在 1.5~3.5 m/s 之间,底部流速和表面流速差别较小,在 8# 测点,由于接近溢流表孔进口,表面明显高于底部流速。

(3) 万年一遇校核水位表、底孔全开

图 3.4-26　上游左岸导水墙附近流态

图 3.4-27　上游左岸 1#~2# 表孔入口流态

从图 3.4-26、图 3.4-27 中可以看到,同百年一遇水位、千年一遇水位情况类似,在万年一遇水位表、底孔全开情况下,体形优化后的导水墙附近流态良好,上游左岸 1#~2# 表孔入口泄流正常,流态稳定,无不利流态。

表 3.4-15　万年一遇水位导水墙内侧流速分布

测点	流速(m/s)	
	底部	表面
6#	1.77	2.10
7#	3.55	4.03
8#	3.95	3.47

从流速分布来看，校核工况流速基本在 4.0 m/s 以下，流速较小，流场稳定，导水墙附近底部流速和表面流速差别较小。

4.7　泄流能力影响分析

为考察在溢流表孔 2#、4#、5#、7# 孔上布置宽尾墩后对整体泄流能力是否有影响，对比无宽尾墩体型下的泄流能力成果，分析该宽尾墩布置型式对泄流能力的影响。

表 3.4-16　泄流能力对比表

工况	百年一遇	千年一遇	万年一遇
上游水位	94.80	95.78	98.12
未加宽尾墩流量	12 467.07	14 374.60	17 665.09
加宽尾墩后流量	12 160.51	14 170.22	17 440.28
开孔数	八孔全开	八孔全开	八孔全开
流量偏差	2.46%	1.42%	1.27%

对比原始方案和本方案中在百年一遇、千年一遇、万年一遇水位下的泄流能力结果，在相同闸门开度和上下游水位的条件下，闸门过流量有所差别。百年一遇水位、千年一遇、万年一遇水位下，相比无宽尾墩的溢流堰，其泄流流量分别降低了 2.46%、1.42%、1.27%，流量越大泄流差别越小，流量越小泄流差别越大。分析认为，流量越大，宽尾墩束窄拉伸水流的作用减弱，流量越小，宽尾墩对水流的阻碍作用越明显。

整体来说，百年一遇、千年一遇、万年一遇水位下，安装宽尾墩后溢流坝泄流流量偏差都较小，说明宽尾墩对溢流坝泄流能力影响较小。

4.8　宽尾墩尾部水面高程测定

依据宽尾墩尾部水面高程，可以确定宽尾墩尾部顶端合理的设计高程。

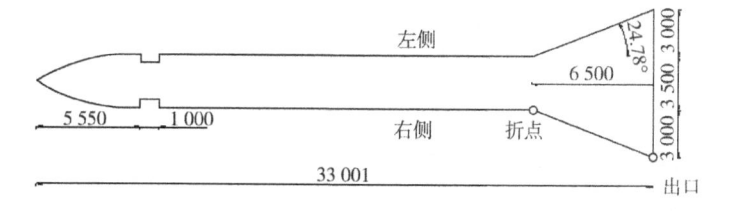

图 3.4-28　宽尾墩尾部水面高程测定示意图

表 3.4-17　各工况宽尾墩尾部水面高程

工况	表孔	水面高程(m)			
		左侧折点	左侧出口	右侧折点	右侧出口
百年	2#	80.60	78.65	80.79	78.84
	4#	80.47	78.65	80.73	78.91
	5#	80.34	79.04	80.73	79.10
	7#	80.99	79.88	80.73	79.30
千年	2#	82.22	80.34	80.86	81.18
	4#	81.83	80.73	82.03	80.92
	5#	81.31	80.79	80.79	81.12
	7#	80.47	79.49	80.47	79.62
万年	2#	83.78	83.13	83.59	83.13
	4#	83.07	83.00	82.87	82.74
	5#	83.59	82.81	83.52	82.94
	7#	83.78	83.07	83.65	83.13

从表 3.4-17 可以看出,百年一遇水位下,宽尾墩尾部水面高程在 78～81 m 之间;千年一遇水位下,宽尾墩尾部水面高程在 79～82 m 之间;万年一遇水位下,宽尾墩尾部水面高程在 82～84 m 之间,最高水面高程为 83.78 m。考虑到水面掺气后水深和水面波动情况,建议宽尾墩尾部顶端合理的设计高程在 87～88 m 之间。

4.9　试验结论

1. 在百年一遇、千年一遇、万年一遇水位下,加宽尾墩后在桩号 0+182(出池坡顶)处流速均有减小,降幅在 0.6～2.0 m/s,绝大多数情况流速下降在 1 m/s 以上,说明宽尾墩联合消能工有效降低了溢流坝段消力池出池下游流速,增强了消力池的消能功能,降低了水流对下游河道的冲刷作用。

2. 宽尾墩+T 形墩联合消能工的运用使溢流坝段消力池消能率得到明显改善,说明宽尾墩的运用是改善本工程溢流坝消能防冲效果的有效措施。

3. 对比导水墙优化前,导水墙优化后土石坝坡脚处流速变的更小,流态更稳定,分析其原因可能是弧形导水墙更加顺应土石坝水流流势,有效稳定了导水墙内侧水流流态,且充当了一定挡土墙的作用,对土石坝坡脚保护更充分。

4. 上游左岸导水墙体形优化后,导水墙附近流态良好,上游左岸 1# 表孔入口泄流正常,流态稳定,无不利流态。

5. 百年一遇、千年一遇、万年一遇水位下,安装宽尾墩后溢流坝泄流流量偏差都较小,说明宽尾墩对溢流坝泄流能力影响较小。

6. 宽尾墩尾部顶端合理的设计高程在 87～88 m 之间。

第五节 宽尾墩联合消能工动床试验成果

5.1 动床试验目的及内容

1) 试验目的

(1) 验证各工况下消力池下游一定范围内的河床冲刷情况,确定下游冲刷坑的开展范围和深度,以确保满足消能工结构安全及下游两岸、河床防冲要求。

(2) 验证泄水消能建筑物的布置和体型设计的合理性;

(3) 验证各工况下消力池内各辅助消能工运行条件是否满足设计要求;

(4) 通过闸门调度动床模型试验,分析拟定的各种闸门启闭方式的合理性。根据试验情况提出最优的控制运用办法。

(5) 验证宽尾墩+消力池 T 形墩新型消能工在本工程的适用性。

(6) 验证上游左岸导水墙修改方案的合理性。

2) 试验内容

(1) 量测各工况下消力池下游 200 米范围内河道(河床及两岸)流速(表面、底部)分布情况,并分析其流态,同时观测各种工况下消力池下游河床及两岸的冲刷范围、深度、冲坑形状并对其作出评价;

(2) 量测各工况下消力池、海漫内水面线,量测并提出各工况下出池后下游河道动床范围内的沿程水面线;

(3) 优化泄洪消能防冲建筑物的布置、结构形式及体形;

(4) 通过研究闸门调度动床模型试验,对比各闸门调度工况对下游河道冲刷的影响情况,推荐合理的闸门调度运行方式;

(5) 分析研究表孔、底孔段消能防冲设施的合理性,提出具体的消能防冲设施布置(含辅助消能工)建议。

(6) 观测上游左岸导水墙附近流量及流速分布,评价修改方案的合理性。

3) 动床模型制作

从消力池、海漫的末端(桩号 0+142.1)开始采用动床模拟,动床原型模拟范围为 200 m,即桩号 0+142.1~0+342.1。由定床部分的流速分布初步计算河床冲刷深度,原型冲坑深度及计算结果如下:

$$t_k = k * (q^{0.5}) * (H^{0.25})$$

式中:t_k——冲刷深度;

k——抗冲系数,0.9~2.0,与地质有关;

H——上下游水头差。

表 3.5-1　河床冲坑最深点初算

工况	$Q(m^3/s)$	$q(m^3/s)$	水垫深度(m)	下游水深 $ht(m \cdot s)$	冲刷深度(m)	冲坑最低高程(m)
百年	12142.00	86.11	21.93	11.03	10.90	60.10
千年	13581.00	96.32	23.26	11.85	11.41	59.59
万年	17166.00	121.74	26.59	13.30	13.29	57.71

表 3.5-2　溢流坝段各岩土层允许流速建议值表

地层时代	岩性	允许流速(m/s)
Q_4^{2al}	级配不良砂	0.3～0.6
Q_3^{alp}	级配良好砾	0.6～1.0
γ_3	全风化黑云母花岗岩	0.5～0.8
	强风化黑云母花岗岩	4.0～7.0
	弱风化黑云母花岗岩	7.0～9.0

综合考虑下游基岩分布情况以及下游河道流速大小，动床模型模拟至强风化黑云母花岗岩的下限，动床模型底部高程为 63 m。动床部分采用散粒体石料进行模拟，石料粒径选取方式如下：根据基岩上覆盖层抗冲流速相似，结合相关的河床覆盖层资料，由伊兹巴斯公式可得块石粒径与起动流速之间的关系：

$$D = \left(\frac{v_k}{K}\right)^2 / \lambda_L$$

式中：v_k——抗冲流速，m/s，本工程 v_k 取为 4.0～7.0 m/s；

D——粒径，m；

K——系数，一般为 5～7，根据地质情况确定；

λ_L——模型长度比尺，此处为 65。

因实际岩块之间存在咬合力，使得基岩的抗冲能力大于相应尺度岩块松散冲料的抗冲能力，故为了在试验中更真实地模拟实际基岩的抗冲特征，我们采用了较多棱角的偏扁平的散粒体进行动床模拟。结合天然河道岩层分布情况，为了更加真实模拟天然河道岩层分布，试验采用分层铺砂方法，不同深度铺不同粒径砂石料。花岗岩岩层按照抗冲流速为 4.0～7.0 m/s 铺粒径较大的黑色砂石料，确定主要散粒体的粒径为 6～10 mm；级配良好砾按照抗冲流速 2.0～3.0 m/s 铺较小粒径的黄砂，确定主要散粒体的粒径为 1～5 mm。

表 3.5-3　表层黄砂颗粒大小筛分试验结果

粒径(mm)	筛余百分率均值(%)	累计筛余百分率均值(%)
5	30.08	30.08
2.5	41.35	71.43

续表

粒径(mm)	筛余百分率均值(%)	累计筛余百分率均值(%)
1.25	15.76	87.19
0.63	4.65	91.84
0.315	3.91	95.75
0.16	3.50	99.25
细度模数	4.22	

图 3.5-1 动床模型下游河道模拟范围

4）测点布置

模型试验在动床模拟范围为海漫末端开始至下游 200 m 长度，横向宽度范围为 216.8 m。为了精确获取下游河床流场分布情况，试验在动床模拟范围布置了如图 3.5-2 所示流速测点。

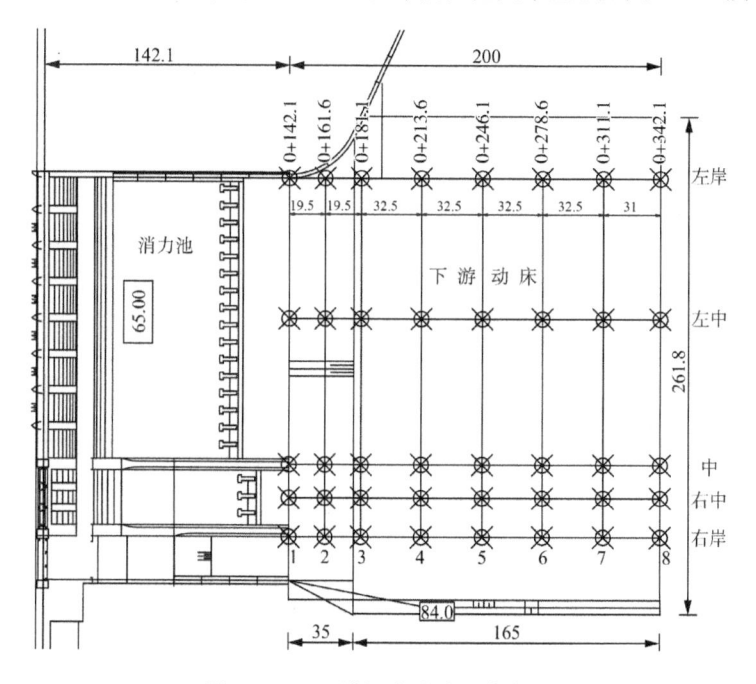

图 3.5-2 下游河床流速测点布置

5.2 流速分布

下游河道流速分布对于下游河床的冲刷范围和深度起着决定性的作用。各个工况下下游河道动床部分的流速分布情况如表3.5-4～3.5-6所示。

表3.5-4　百年一遇工况下游河道流速分布表

断面	桩号	右(m/s) 底部	右(m/s) 表面	右中(m/s) 底部	右中(m/s) 表面	中(m/s) 底部	中(m/s) 表面	左中(m/s) 底部	左中(m/s) 表面	左(m/s) 底部	左(m/s) 表面
1	0+142.1	1.56	4.53	1.88	4.49	2.61	4.97	1.06	4.69	2.01	6.30
2	0+161.6	2.33	4.81	1.24	5.09	2.97	5.17	1.28	5.29	2.53	6.10
3	0+181.1	2.77	4.65	2.41	4.61	2.53	5.13	1.76	4.41	1.88	3.85
4	0+213.6	4.53	5.13	3.41	4.09	3.65	4.81	2.01	4.17	2.61	4.77
5	0+246.1	5.45	5.85	4.97	4.77	5.93	5.57	4.85	4.21	4.89	4.29
6	0+278.6	5.29	5.69	5.01	5.33	5.29	5.85	4.57	5.09	5.29	5.49
7	0+311.1	5.49	6.14	5.33	5.61	5.69	6.26	5.25	5.41	5.45	5.25
8	0+342.1	6.05	6.66	5.37	6.10	6.02	6.22	5.45	5.25	4.57	5.25

表3.5-5　千年一遇工况下游河道流速分布表

断面	桩号	右(m/s) 底部	右(m/s) 表面	右中(m/s) 底部	右中(m/s) 表面	中(m/s) 底部	中(m/s) 表面	左中(m/s) 底部	左中(m/s) 表面	左(m/s) 底部	左(m/s) 表面
1	0+142.1	1.76	4.81	1.52	4.25	2.01	4.89	0.80	4.73	1.44	5.93
2	0+161.6	2.57	5.21	1.36	5.13	2.65	4.97	1.12	5.61	2.09	5.69
3	0+181.1	3.29	4.65	2.25	4.65	1.68	4.09	1.92	4.65	1.44	3.05
4	0+213.6	5.13	5.45	3.85	3.77	3.53	4.25	1.76	4.25	2.97	4.97
5	0+246.1	5.53	5.77	4.73	4.65	5.85	5.13	5.13	4.09	4.33	3.69
6	0+278.6	5.37	6.02	5.05	5.21	6.10	5.85	5.05	5.21	5.69	5.05
7	0+311.1	5.53	6.18	5.45	5.61	6.34	6.50	4.73	5.21	5.37	4.65
8	0+342.1	6.10	6.90	5.21	6.26	6.10	6.42	4.81	5.05	3.93	4.41

表3.5-6　万年一遇工况下游河道流速分布表

断面	桩号	右(m/s) 底部	右(m/s) 表面	右中(m/s) 底部	右中(m/s) 表面	中(m/s) 底部	中(m/s) 表面	左中(m/s) 底部	左中(m/s) 表面	左(m/s) 底部	左(m/s) 表面
1	0+142.1	1.36	4.25	2.25	4.73	3.21	5.05	1.31	4.65	2.57	6.66
2	0+161.6	2.09	4.41	1.12	5.05	3.29	5.37	1.44	4.97	2.97	6.50
3	0+181.1	2.25	4.65	2.57	4.57	3.37	6.18	1.60	4.17	2.33	4.65

续表

断面	桩号	右(m/s) 底部	右(m/s) 表面	右中(m/s) 底部	右中(m/s) 表面	中(m/s) 底部	中(m/s) 表面	左中(m/s) 底部	左中(m/s) 表面	左(m/s) 底部	左(m/s) 表面
4	0+213.6	3.93	4.81	2.97	4.41	3.77	5.37	2.25	4.09	2.25	4.57
5	0+246.1	5.37	5.93	5.21	4.89	6.02	6.02	4.57	4.33	5.45	4.89
6	0+278.6	5.21	5.37	4.97	5.45	4.49	5.85	4.09	4.97	4.89	5.93
7	0+311.1	5.45	6.10	5.21	5.61	5.05	6.02	5.77	5.61	5.53	5.85
8	0+342.1	6.10	6.42	5.53	5.93	5.93	6.02	6.10	5.45	5.21	6.10

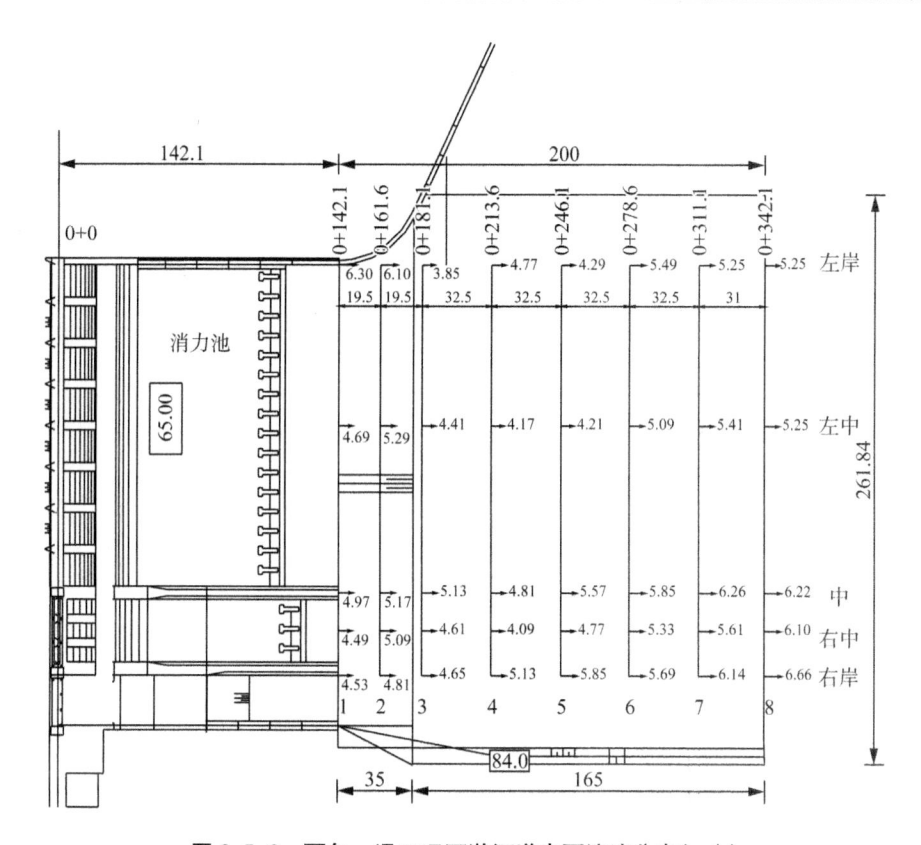

图 3.5-3 百年一遇工况下游河道表面流速分布(m/s)

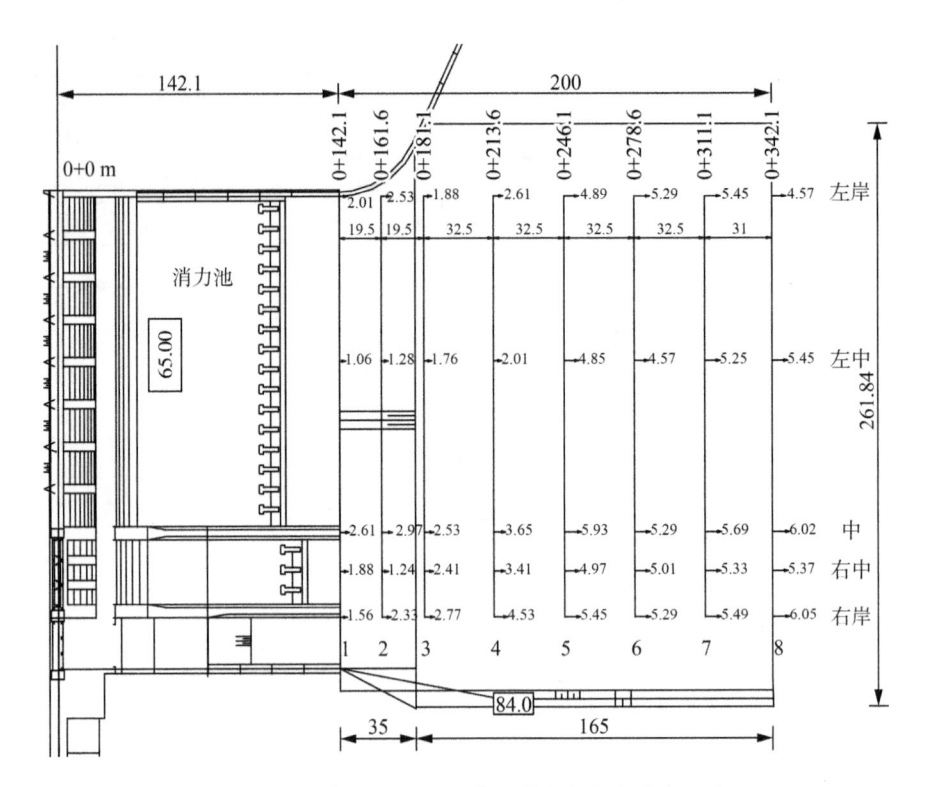

图 3.5-4　百年一遇工况下游河道底部流速分布(m/s)

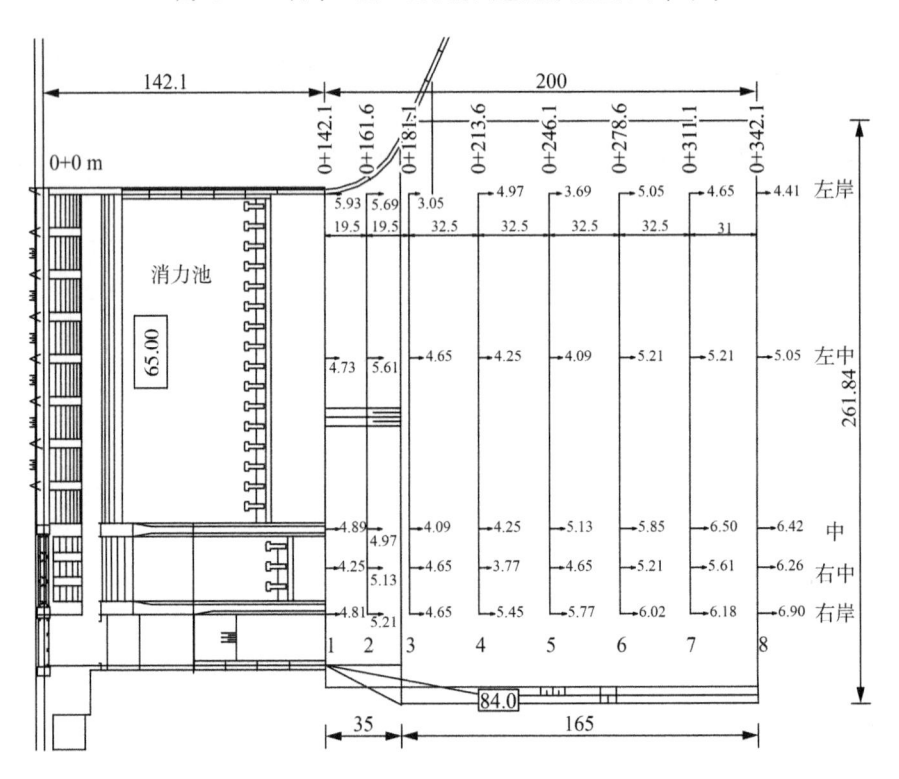

图 3.5-5　千年一遇工况下游河道表面流速分布(m/s)

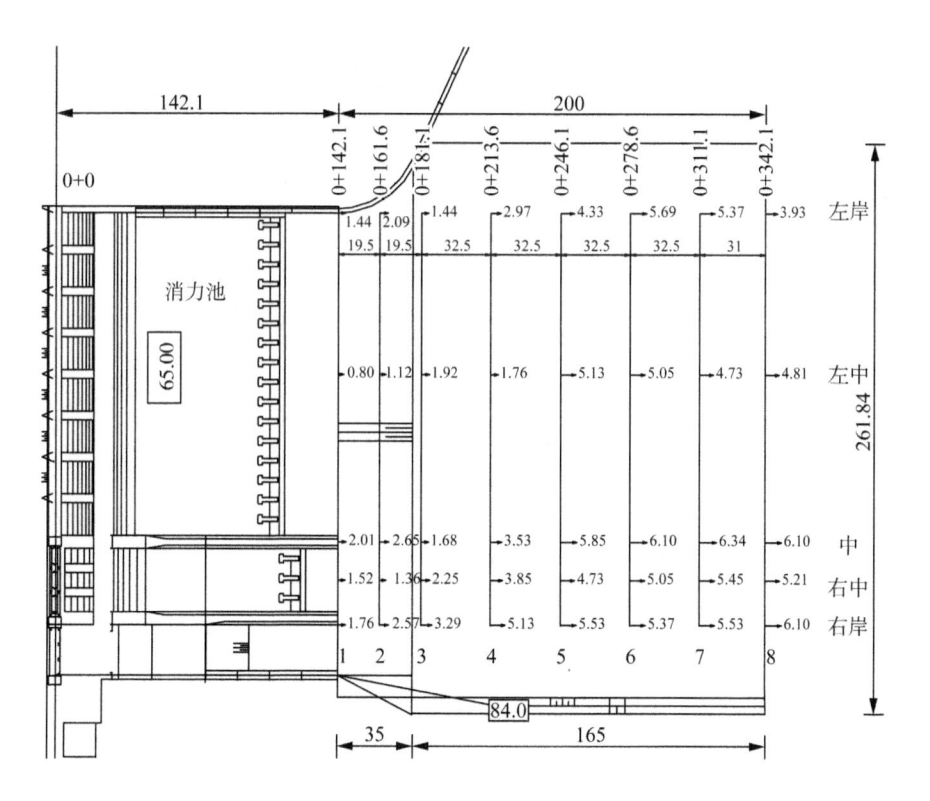

图 3.5-6　千年一遇工况下游河道底部流速分布(m/s)

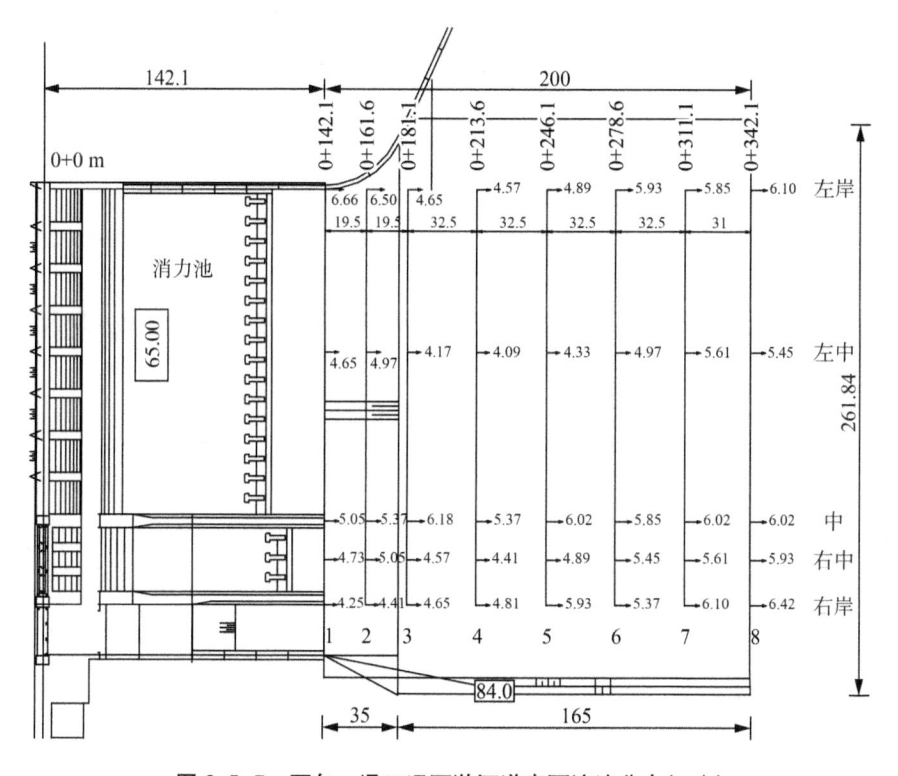

图 3.5-7　万年一遇工况下游河道表面流速分布(m/s)

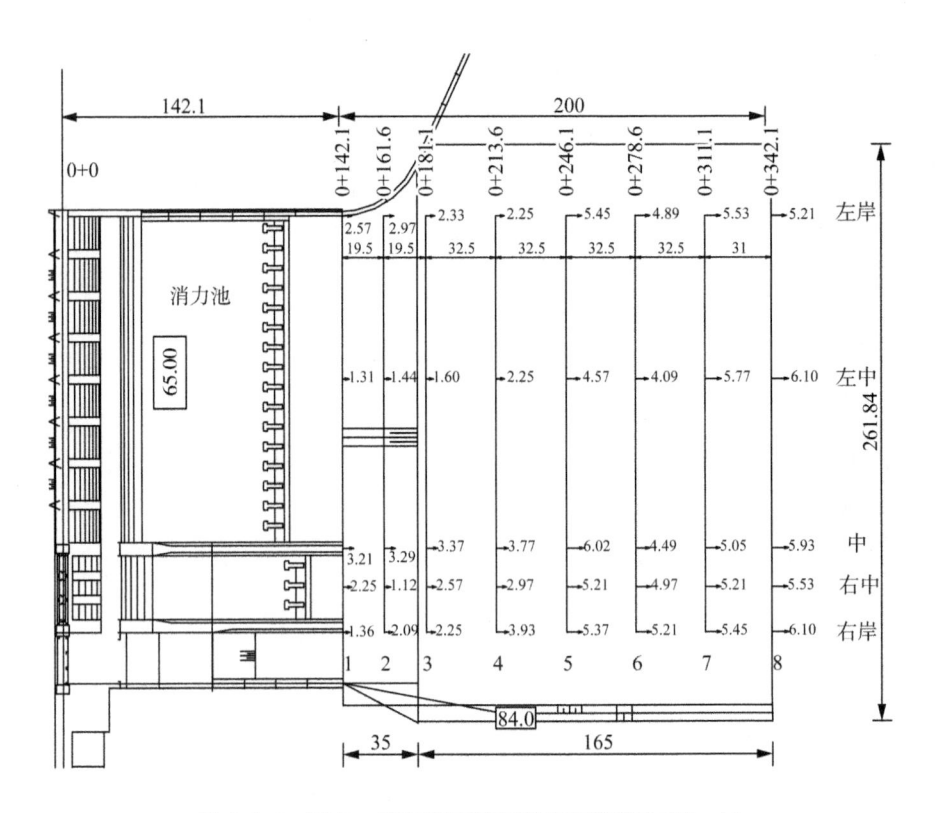

图 3.5-8　万年一遇工况下游河道底部流速分布(m/s)

从百年、千年、万年一遇工况下游河道流速分布(图 3.5-3～3.5-8)来看,流速沿程呈上升趋势,各工况下游河道流速分布规律类似。从纵向沿程分布看,河道底部流速分布在 1.0～6.1 m/s,沿程上升较快,表面流速分布在 4.0～7.0 m/s,沿程上升较慢。海漫出池后(桩号 0+132.1),表面流速明显高于底部流速,到下游较远处(桩号 0+333.6)表面流速与底部流速较接近。底部流速较低,表面流速较高,说明下游河道水流能量主要集中在水面表面,但由于底部流速上升较快,下游较远处底部流速较高,仍然对下游河床有较强的冲刷作用。从流速横向分布来看,河道中部(底孔消力池出池左部)及左岸(表孔段消力池出池左部)流速较大,其他部位流速较接近。

5.3　水面线分布

由水面高程列表(表 3.5-7、表 3.5-8)和水面线分布图(图 3.5-9)可以看出,各个工况下,消力池、海漫及下游河道水面线衔接较好。消力池中尾坎造成池内水面线沿程雍高,尾坎过后水位出现突降的变化。下游河道中水面线由于下游海漫出口的反坡段,造成水位一定的雍高,之后河道水位下降并趋于稳定。百年一遇工况下游水位稳定在 82.8 m 左右,千年一遇工况下游水位稳定在 83.7 m 左右,万年一遇工况下游水位稳定在 85.8 m 左右。

表 3.5-7　消力池内水面线分布

水面线分布	断面	桩号	水位(m) 百年	水位(m) 千年	水位(m) 万年
表孔段	1	0+33.5	78.59	80.54	82.06
表孔段	2	0+51.1	79.85	81.09	84.83
表孔段	3	0+65.1	81.58	83.85	84.18
表孔段	4	0+79.1	82.29	84.83	86.55
表孔段	5	0+93.1	82.91	85.09	86.61
表孔段	6	0+107.1	77.97	80.44	82.42
表孔段	7	0+124.6	82.42	84.99	86.29
表孔段	8	0+142.1	82.55	85.09	86.06
底孔段	1	0+42.1	78.00	82.55	83.36
底孔段	2	0+57.1	77.97	82.81	84.50
底孔段	3	0+72.1	78.65	84.18	85.48
底孔段	4	0+87.1	78.94	85.15	86.16
底孔段	5	0+102.1	79.27	85.74	86.87
底孔段	6	0+117.1	78.98	81.02	82.16
底孔段	7	0+129.6	78.78	85.31	86.87
底孔段	8	0+142.1	79.43	84.99	87.10

表 3.5-8　下游河床水面线分布

水面线分布	断面	桩号	水位(m) 百年	水位(m) 千年	水位(m) 万年
下游动床	1	0+142.1	83.39	84.77	86.85
下游动床	2	0+161.6	83.46	85.22	86.78
下游动床	3	0+181.1	83.39	85.16	87.17
下游动床	4	0+213.6	83.33	85.03	86.98
下游动床	5	0+246.1	83.33	84.05	86.39
下游动床	6	0+278.6	83.00	83.47	85.74
下游动床	7	0+311.1	82.81	83.66	85.87
下游动床	8	0+342.1	82.81	83.66	85.81

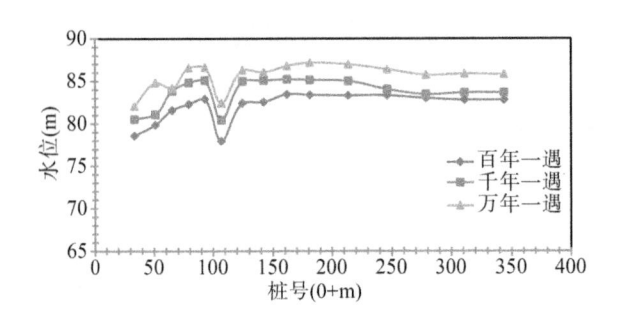

图 3.5-9　下游河床水面线分布

5.4　下游河道冲刷特性

　　试验过程中,每个工况上游水位未达到指定水位之前采取抬高下游尾水位的方法保护动床不被冲刷,冲刷试验按模型时间 2h 控制,此时冲坑稳定,采取关闭上游流量的同时关闭尾水闸门,缓慢降低下游水位,保证已经形成的冲坑不被破坏。动床模拟范围实体图见图 3.5-10。

(1)

(2)

图 3.5-10　下游动床模拟范围实体图

从冲刷效果来看,下游河道在百年、千年、万年一遇工况下冲刷明显,下游河道冲刷规律相似,下游河床冲刷强度依次增强。水流自消力池尾坎出池后,表面流速较大,底部流速较小。水流经过海漫进入下游河道,最开始冲刷出口斜坡,由于起始水流表面流速较大,斜坡顶部被纵向拉长,坡度变缓,动床散粒体中颗粒较小的黄砂的冲刷距离较远。颗粒较大的黑色砂石料从底部被掀起到表面,在海漫出口形成冲坑,并有一段河床见底区域。从横向来看,消力池出池形成冲坑分布规律明显。表孔消力池出池冲坑形成明显的左、中、右三个冲坑,冲坑两侧散粒体堆高,易形成堆丘。其中,左冲坑、中冲坑较大,右冲坑较小。底孔消力池出池冲坑形成一个较小的冲坑,下游反坡段后基本冲到了基础岩体,形成一部分的裸露见底区域。分析认为,溢流坝段由于在 2#、4#、5#、7# 表孔闸墩中安装宽尾墩,消力池内水流在左、中、右方向水流流速较集中,出池水流能量也较集中,冲刷距离较远,所以形成了左、中、右三个冲坑。

(1)

(2)

图 3.5-11　百年一遇工况下游河道冲刷地形

从图 3.5-11 可知,百年一遇工况下,海漫出口形成几个明显的冲坑,冲刷最低点为河床底部 63m 高程的基岩。其中,表孔段消力池下游形成左、中、右三个冲坑,左冲坑较大,底孔段消力池下游出口冲坑也较明显。

对于溢流坝段下游河道,从冲刷形成基础岩体见底空白区域距离来看,左冲坑的岩体裸露纵向延伸长度为 19.5 m；中冲坑还未见底，但是基础岩体已经冲刷了部分；右冲坑冲刷较弱，岩体未见底。冲坑两侧散粒体明显堆高形成堆丘，最高点位于溢流坝段下游右侧堆丘，高程为 74.1 m。

对于底孔坝段下游河道，海漫出口形成了明显的冲坑，基础岩体见底区域纵向延伸长度为 16.3 m。水流冲刷同时造成反坡段下游部分基岩冲刷裸露。水流出池后冲刷下游散粒体向两侧堆积，两侧堆高，中间形成缓坡。

(1)

(2)

图 3.5-12　千年一遇工况下游河道冲刷地形

从图 3.5-12 可知，千年一遇工况下，海漫出口形成几个明显的冲坑，冲刷最低点为河床底部 63 m 高程的基岩。其中，表孔段消力池下游形成左、中、右三个冲坑，左、中部冲坑较大，右冲坑较小；底孔段消力池下游出口同样形成明显冲坑。

对于溢流坝段下游河道，从冲刷形成基础岩体见底空白区域距离来看，左冲坑的岩体裸露纵向延伸长度为 41.6 m；中冲坑冲刷较强，岩体裸露纵向延伸长度为 52 m；右冲坑冲刷较弱，岩体未见底。冲坑两侧散粒体明显堆高形成堆丘，局部堆丘最高点位于溢流坝段下游左、中部冲坑之间的下游堆丘，高程为 74.1 m。

对于底孔坝段下游河道，海漫出口形成了明显的冲坑，基础岩体见底区域纵向延伸长度为 19.5 m。水流冲刷同时造成反坡段下游部分基岩冲刷裸露。水流出池后冲刷下游散粒体向两侧堆积,两侧堆高,中间形成缓坡。

图 3.5-13　万年一遇工况下游河道冲刷地形

从图 3.5-13 可知,万年一遇工况下,下游河道冲刷破坏明显增强,海漫出口形成几个明显的冲坑,冲刷最低点为河床底部 63 m 高程的基岩。其中,表孔段消力池下游形成左、中、右三个较大冲坑,左、中部冲坑几乎连成一体,右侧冲坑也形成岩体见底区域;底孔段消力池下游出口同样形成更大冲坑。

对于溢流坝段下游河道,从冲刷形成基础岩体见底空白区域距离来看,左冲坑的岩体裸露纵向延伸长度为 65 m;中冲坑冲刷较强,岩体裸露纵向延伸长度为 61.8 m;右冲坑冲刷相比其他工况变强,岩体裸露纵向延伸长度为 19.5 m。冲坑两侧散粒体明显堆高形成堆丘,局部堆丘最高点位于溢流坝段下游左、中部冲坑之间的下游堆丘,高程为 74.6 m。

对于底孔坝段下游河道,海漫出口形成了明显的冲坑,基础岩体见底区域纵向延伸长度为 23.4 m。水流冲刷同时造成反坡段下游部分基岩冲刷裸露。水流出池后冲刷下游散粒体向两侧堆积,两侧堆高,中间形成缓坡。

5.5　上游左岸弧形导水墙设计优化

在前期弧形导水墙优化方案的基础上,制定上游左岸弧形导水墙新的优化设计方案如下:导水墙仍然由平直段和圆弧段拼接而成,导水墙纵向总跨度为 74.5 m,平直段长为 15 m。在圆弧段纵向跨度为 53.3 m 处,圆弧导水墙顶部高程由 98.2 m 渐变至导水墙末端的 88.0 m。圆弧半径为 60 m，圆弧圆心角为 50°，渐变段圆弧圆心角为 20°。具体平面布置形式如图 3.5-14 所示。

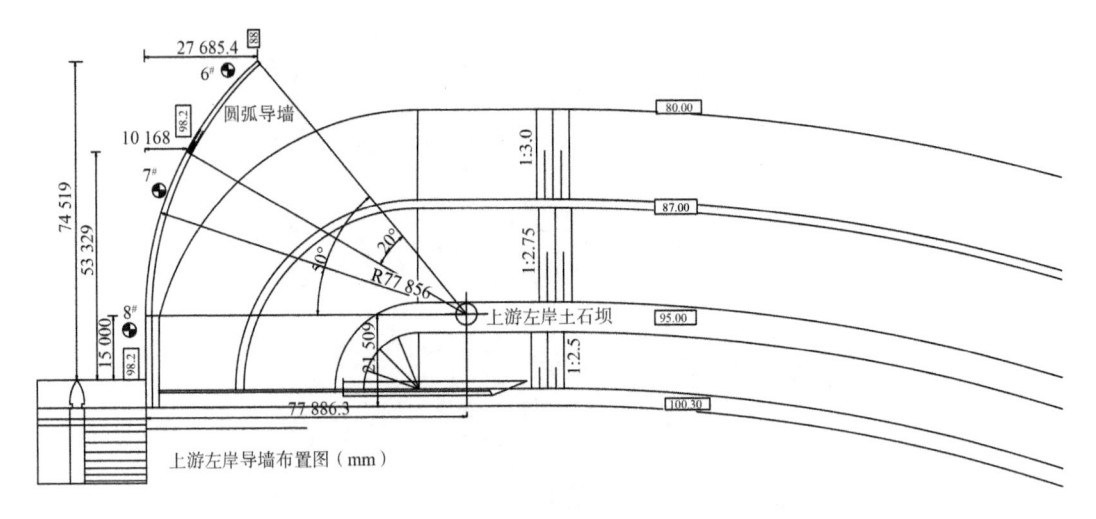

图 3.5-14　上游左岸弧形导水墙优化设计方案

1. 百年一遇工况

图 3.5-15　百年一遇工况上游导水墙附近流态

对于上游左岸导水墙的优化方案，在百年一遇水位表、底孔全开情况下，导水墙内侧靠上游渐变段出现小范围的漩涡，这种不良流态在导水墙的平直段逐渐消除，进入左岸1#表孔堰顶水流流态正常。

表 3.5-9　百年一遇工况导水墙内侧流速分布

测点	流速(m/s)	
	底部	中部
6#	1.43	1.68
7#	1.42	1.63
8#	2.31	1.38

从流速分布来看,导水墙内侧靠左岸 1# 表孔附近流速均不是很大,各测点流速在 1.3~2.5 m/s 之间。在 8# 测点,由于接近溢流表孔进口,表面流速明显高于底部流速。

2. 千年一遇工况

图 3.5-16　千年一遇工况上游导水墙附近流态

对于上游左岸导水墙的优化方案,在千年一遇水位表、底孔全开情况下,导水墙内侧靠上游渐变段同样出现小范围的漩涡,且较百年一遇工况漩涡更强,这种不良流态在导水墙的平直段逐渐消除,进入左岸 1# 表孔堰顶水流流态基本正常。

表 3.5-10　千年一遇工况导水墙内侧流速分布

测点	流速(m/s)	
	底部	表面
6#	1.53	2.42
7#	1.53	1.87
8#	2.26	1.65

从流速分布来看,导水墙内侧靠左岸 1# 表孔附近流速均不是很大,各测点流速在 1.5~2.5 m/s 之间。在 8# 测点,由于接近溢流表孔进口,表面流速明显高于底部流速。

3. 万年一遇工况

图 3.5-17　万年一遇工况上游导水墙附近流态

对于上游左岸导水墙的优化方案,在万年一遇水位表、底孔全开情况下,导水墙内侧靠上游渐变段同样出现更大范围的漩涡,水流翻滚更强,这种不良流态在导水墙的平直段逐渐减弱,进入左岸1#表孔堰顶水流流态基本正常。

表 3.5-11 万年一遇工况导水墙内侧流速分布

测点	流速(m/s)	
	底部	表面
6#	1.77	1.68
7#	2.34	2.12
8#	2.50	1.78

从流速分布来看,导水墙内侧靠左岸1#表孔附近流速均不是很大,各测点流速在1.5~2.5 m/s之间。在8#测点,由于接近溢流表孔进口,表面流速明显高于底部流速。

从模型试验分析来看,对于上游左岸弧形导水墙优化方案,在三种工况下位于弧形导水墙渐变段过水临界区域流态存在一定漩涡、翻滚不良流态,在导水墙直线段这种流态逐渐减弱,1#表孔堰顶流态基本正常。从流速分布来看,上游左岸弧形导水墙附近流速较小,流场分布正常。相比于墙顶高程一致的圆弧导水墙优化方案,本导水墙优化方案优化效果较差。综合比较原始直线段导水墙设计方案、带渐变段圆弧导水墙优化设计方案以及墙顶高程一致的圆弧导水墙优化设计方案,在经济成本允许的情况下,推荐墙顶高程一致的圆弧导水墙优化设计方案。

5.6 试验结论

1. 下游河道在百年、千年、万年工况下冲刷明显。表孔消力池出池冲坑形成明显的左、中、右三个冲坑,冲坑两侧散粒体堆高,易形成堆丘。其中,左冲坑、中冲坑较大,右冲坑较小。百年、千年、万年工况下游堆丘最高点高程分别为 74.1 m、74.1 m、74.6 m。底孔消力池出池冲坑形成一个较小的冲坑,下游反坡段后基本冲到了 63 m 高程的基础岩体,形成一部分的裸露见底区域。

2. 对于上游左岸弧形导水墙新的优化方案,在三种工况下位于弧形导水墙渐变段过水临界区域流态存在一定漩涡、翻滚不良流态,在导水墙直线段这种流态逐渐减弱和消除,1#表孔堰顶流态基本正常。从流速分布来看,上游左岸弧形导水墙附近流速较小,流场分布正常。综合比较不同导水墙方案,推荐墙顶高程一致的圆弧导水墙优化设计方案。

第六节　增加辅助消能工优化设计方案试验成果

6.1　体形修改说明

(1) 辅助消能工优化

经过前期宽尾墩联合消能工的优化设计方案,溢流坝段和底孔坝段消力池消能率都有所提高。考虑到进一步加强消力池内水流紊动强度,以达到提高消力池消能率的目的,试验决定增加辅助消能工,在消力池中部增加梯形中墩。梯形中墩高 3 m,横向宽度为 2.25 m,梯形剖面上边宽 0.75 m,下边宽 3.75 m,斜坡角为 45°。梯形中墩布置间距为 2.25 m,在溢流坝段布置 32 个,底孔坝段布置 7 个。具体布置平面示意图以及剖面图如图 3.6-1～图 3.6-3 所示。

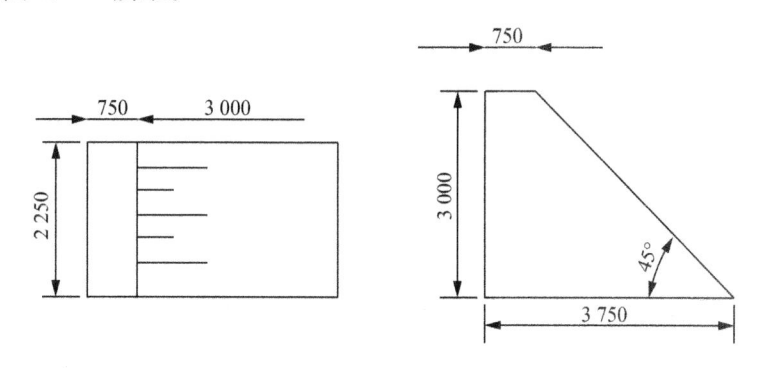

图 3.6-1　梯形中墩设计尺寸(单位:mm)

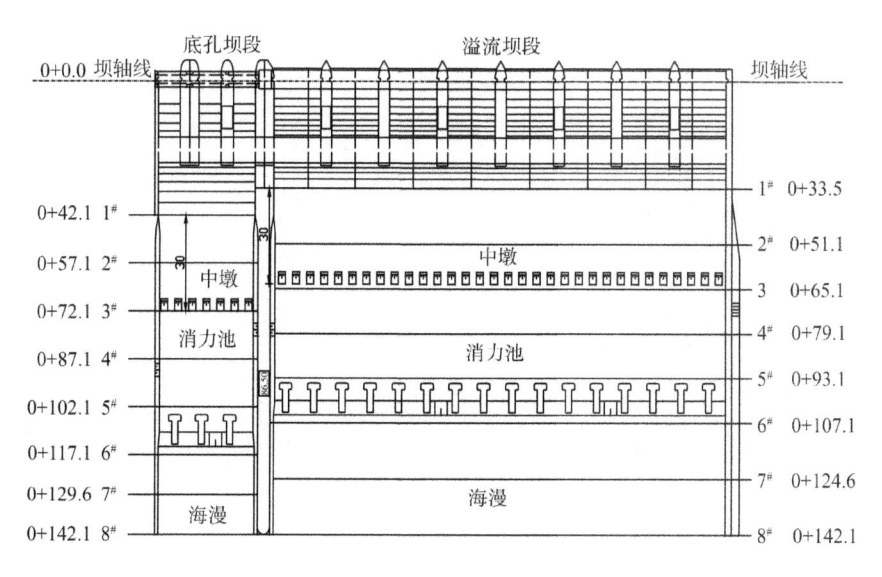

图 3.6-2　梯形中墩平面布置

图 3.6-3 梯形中墩模型实图

（2）下游右岸切滩

考虑到底孔坝段出池后下游河床冲刷较明显，对下游右岸岸滩进行了切滩处理，具体切滩方案布置如图 3.6-4～图 3.6-5 所示。

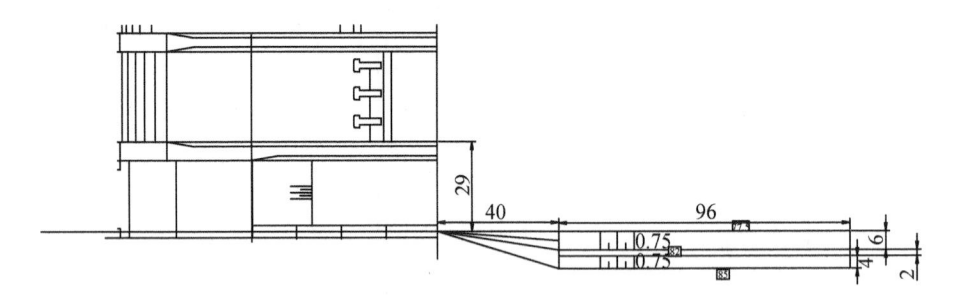

图 3.6-4 下游右岸切滩示意图

图 3.6-5 下游右岸切滩模型图

6.2 小流量闸门调度试验

在前期试验中确定小流量工况下开启底孔坝段三孔或者溢流坝段八孔方案为推荐运行工况。增加辅助消能工后,试验将对均匀开启各孔的推荐运行工况进行研究。

1. 试验工况介绍

1) 施工导流工况:单开底孔

坝上水位 83.94 m,坝下水位 77.10 m,开三孔,开度 3.8 m,流量 788 m³/s;

2) 工况 1:5 年一遇洪水以下,单开底孔

坝上水位 88 m,坝下水位 77.10 m,开三孔,开度 4.7 m,流量 1 200 m³/s;

3) 工况 2:5~20 年一遇洪水,单开底孔

坝上水位 92.3 m,坝下水位 76.38 m,开三孔,开度 1.9 m,流量 600 m³/s;

4) 工况 4:20~百年一遇洪水,单开底孔

坝上水位 94.8 m,坝下水位 77.40 m,开三孔,开度 4.5 m,流量 1500 m³/s;

5) 工况 7:20~百年一遇洪水,单开表孔

坝上水位 94.8 m,坝下水位 77.40 m,开八孔,开度 1.2 m,流量 1500 m³/s。

2. 下游河床流速分布

表 3.6-1 施工导流工况下游河床流速分布($Q=788$ m³/s)

桩号		左(m/s)		中(m/s)		右(m/s)	
		表面	底部	表面	底部	表面	底部
1	0+142.1	2.42	1.69	2.42	1.45	1.85	1.29
2	0+161.6	1.61	1.69	2.10	1.61	1.29	1.29
3	0+181.1	2.42	2.26	1.77	1.77	1.21	1.21
4	0+213.6	1.45	1.45	—	—	1.85	1.85
5	0+246.1	1.29	1.05	—	—	1.93	1.93
6	0+278.6	0.97	0.73	—	—	1.61	1.13
7	0+311.1	0.64	0.48	—	—	1.37	0.73
8	0+342.1	0.64	0.56	—	—	1.13	1.05

表 3.6-2 工况 1 下游河床流速分布($Q=1200$ m³/s)

桩号		左(m/s)		中(m/s)		右(m/s)	
		表面	底部	表面	底部	表面	底部
1	0+142.1	3.39	0.89	2.66	1.45	2.02	0.89
2	0+161.6	2.66	1.29	2.50	1.77	1.61	0.81
3	0+181.1	1.93	2.58	2.26	1.77	1.13	1.45
4	0+213.6	2.66	1.93	—	—	3.14	2.82
5	0+246.1	2.66	1.85	—	—	2.82	1.93

续表

桩号		左(m/s)		中(m/s)		右(m/s)	
		表面	底部	表面	底部	表面	底部
6	0+278.6	2.50	2.02	—	—	1.61	1.13
7	0+311.1	1.45	1.13	—	—	2.42	1.85
8	0+342.1	1.37	0.97	—	—	2.02	1.69

表 3.6-3 工况 2 下游河床流速分布($Q=600$ m³/s)

桩号		左(m/s)		中(m/s)		右(m/s)	
		表面	底部	表面	底部	表面	底部
1	0+142.1	2.26	0.73	1.85	0.81	1.05	0.48
2	0+161.6	1.93	0.97	1.53	1.13	0.81	0.48
3	0+181.1	1.93	1.69	1.45	1.45	1.13	1.05
4	0+213.6	1.69	1.29	—	—	1.85	1.53
5	0+246.1	1.53	1.13	—	—	1.13	1.45
6	0+278.6	0.97	0.64	—	—	1.53	1.21
7	0+311.1	1.13	0.89	—	—	1.61	1.05
8	0+342.1	0.89	0.73	—	—	1.21	0.73

表 3.6-4 工况 4 下游河床流速分布($Q=1\,500$ m³/s)

桩号		左(m/s)		中(m/s)		右(m/s)	
		表面	底部	表面	底部	表面	底部
1	0+142.1	5.64	1.61	3.63	1.69	2.74	0.48
2	0+161.6	4.84	3.22	3.63	1.45	2.26	1.37
3	0+181.1	4.19	3.79	3.39	2.66	2.26	2.02
4	0+213.6	0.81	2.34	—	—	3.87	4.27
5	0+246.1	3.47	1.37	—	—	4.84	2.58
6	0+278.6	3.22	2.74	—	—	2.58	1.85
7	0+311.1	3.63	2.98	—	—	1.77	1.61
8	0+342.1	2.82	2.26	—	—	3.22	2.02

表 3.6-5 工况 7 下游河床流速分布($Q=1\,500$ m³/s)

桩号		左(m/s)		中(m/s)		右(m/s)	
		表面	底部	表面	底部	表面	底部
1	0+142.1	0.97	0.81	1.61	0.89	1.45	1.13
2	0+161.6	1.93	1.21	1.61	1.13	1.13	0.81
3	0+181.1	1.69	1.53	1.77	1.45	1.53	1.53
4	0+213.6	1.45	1.29	1.61	1.45	1.53	1.37

续表

桩号		左(m/s)		中(m/s)		右(m/s)	
		表面	底部	表面	底部	表面	底部
5	0+246.1	1.77	0.89	1.61	0.97	1.37	1.05
6	0+278.6	—	—	—	—	—	—
7	0+311.1	—	—	—	—	—	—
8	0+342.1	—	—	—	—	—	—

表 3.6-6　下游河床岸坡流速分布

断面	桩号	施工导流工况(m/s)		工况1(m/s)		工况2(m/s)		工况4(m/s)		工况7(m/s)	
		左岸	右岸	左岸	右岸	左岸	右岸	左岸	右岸	左岸	右岸
1	0+182.1	0.32	0.24	0.24	0.36	0.40	0.24	0.24	0.24	0.24	0.24
2	0+247.1	0.40	0.28	0.32	0.44	0.25	0.24	0.77	0.32	0.24	0.24
3	0+312.1	0.36	0.28	0.36	0.32	0.25	0.36	0.60	0.32	0.36	0.24
4	0+377.1	0.32	0.24	0.64	0.28	0.25	0.28	0.32	0.24	0.36	0.28
5	0+442.1	0.24	0.24	0.32	0.28	0.25	0.24	0.28	0.24	0.24	0.40
6	0+507.1	0.24	0.24	0.28	0.32	0.24	0.24	0.28	0.52	0.24	0.24

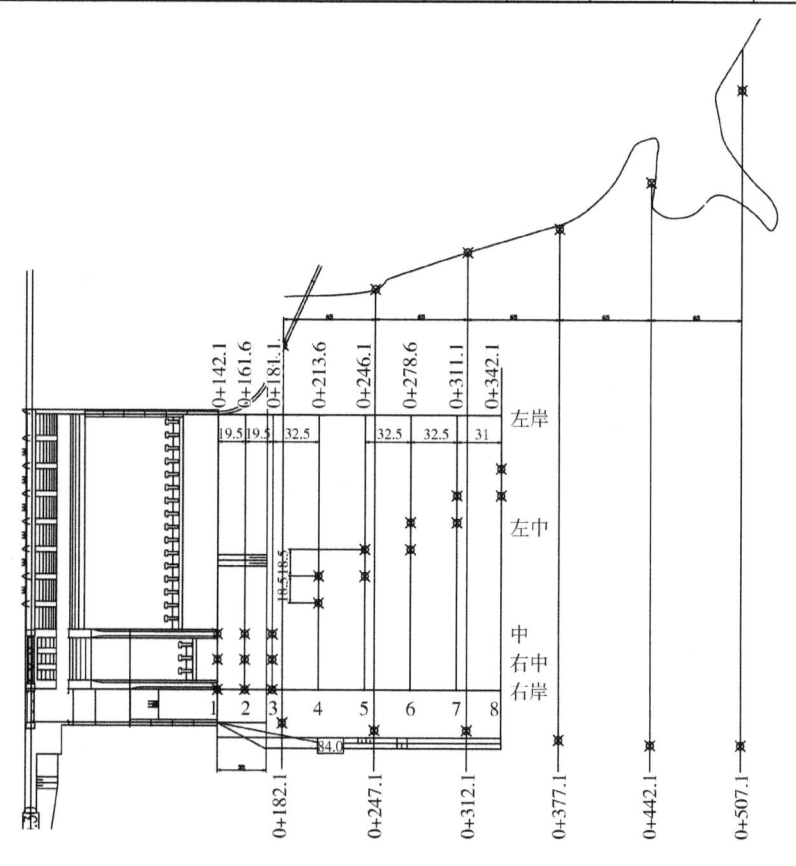

图 3.6-6　下游河床流速测点布置

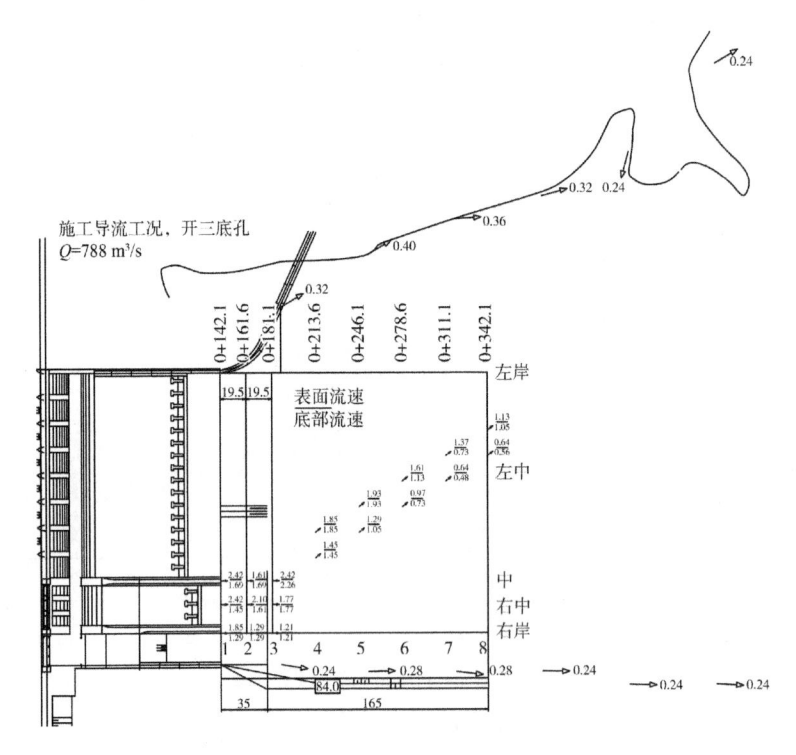

图 3.6-7 施工导流工况($Q=788 \text{ m}^3/\text{s}$)底孔出池折冲水流流速分布

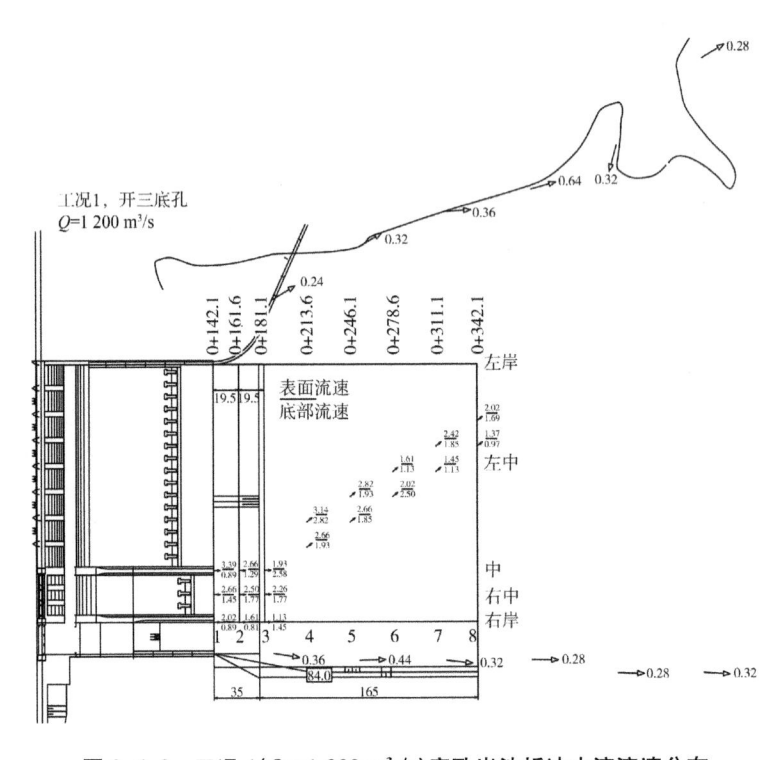

图 3.6-8 工况 1($Q=1\,200 \text{ m}^3/\text{s}$)底孔出池折冲水流流速分布

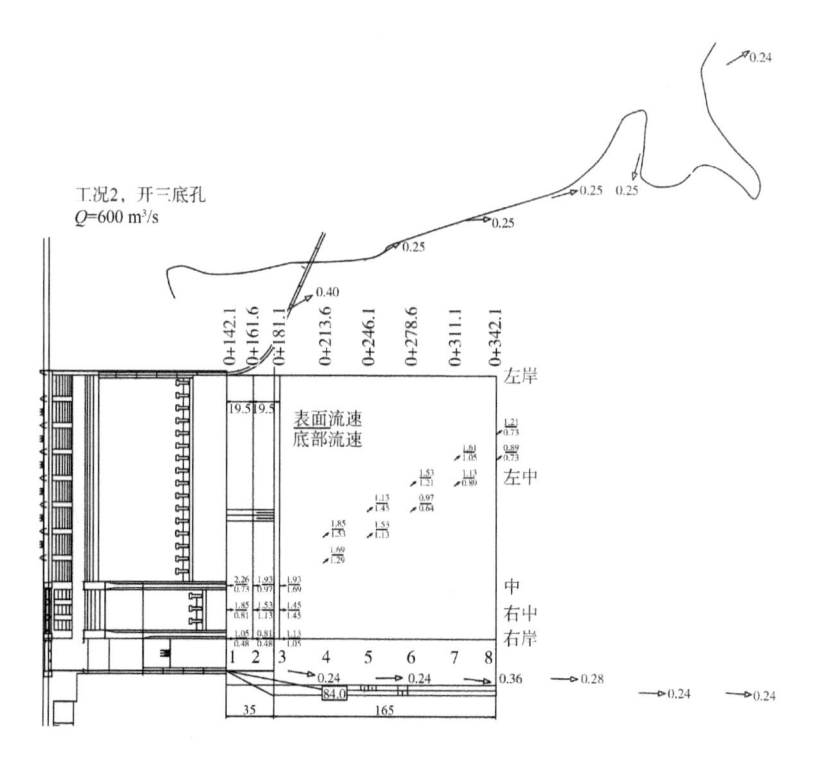

图 3.6-9　工况 2($Q=600$ m³/s)底孔出池折冲水流流速分布

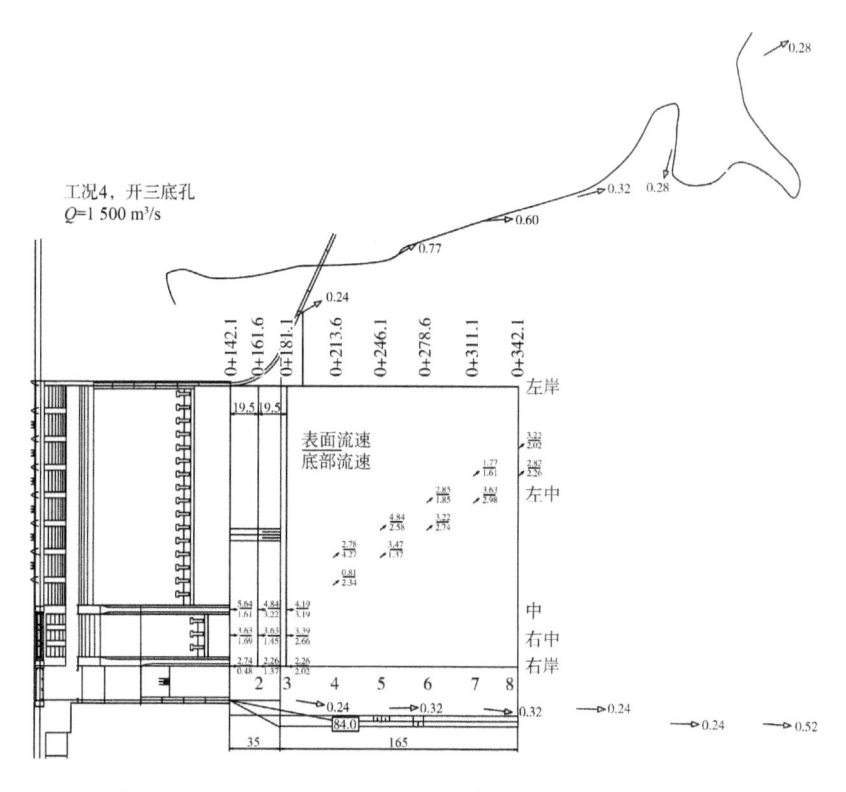

图 3.6-10　工况 4($Q=1\,500$ m³/s)底孔出池折冲水流流速分布

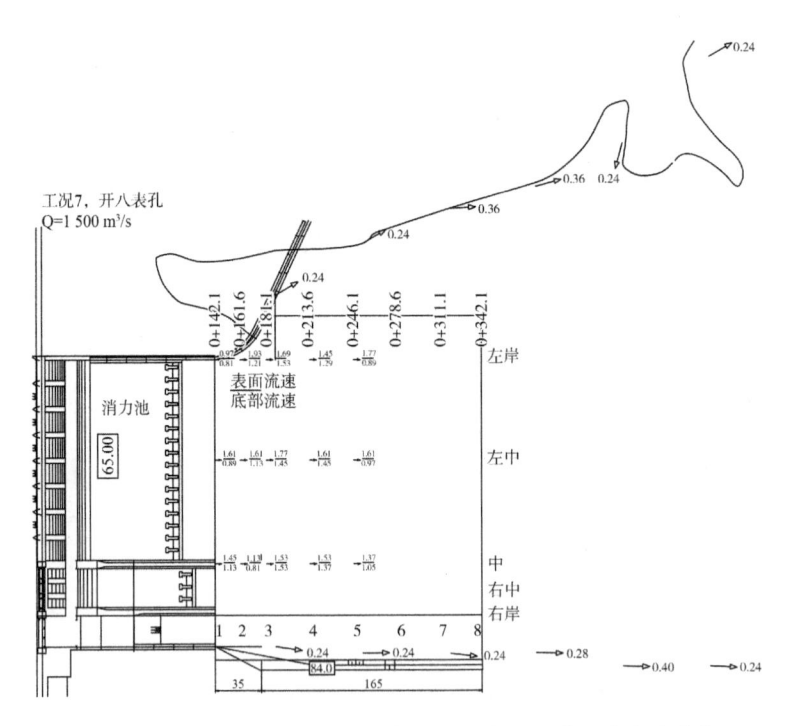

图 3.6-11　工况 7($Q=1\,500\,\mathrm{m^3/s}$)开八表孔下游河床流速分布

从下游河床流速分布来看，施工导流工况($Q=788\,\mathrm{m^3/s}$)、工况 1($Q=1\,200\,\mathrm{m^3/s}$)、工况 2($Q=600\,\mathrm{m^3/s}$)均匀开启三底孔以及工况 7($Q=1\,500\,\mathrm{m^3/s}$)均匀开启八表孔工况下游流速均在 3.5 m/s 以下，水流对河床的冲刷影响较小，无不良流态。其中，底孔出池后的折冲水流流速均在 3.0 m/s 以下，对下游左岸的冲刷影响较小。工况 4($Q=1\,500\,\mathrm{m^3/s}$)均匀开启三底孔，在海漫出口附近流速较大，尤其左边流速达到 5.64 m/s，折冲水流流速在 2.0~5.0 m/s，流速沿程减小，达到左岸附近的流速在 2.0~3.0 m/s。

从各个工况两岸岸坡流速分布来看，均匀开启底孔或者表孔的小流量工况岸坡流速均在 1.0 m/s，水流对岸坡冲刷影响较小。

3. 流态

增加梯形中墩的辅助消能工后，消力池内水流紊动消能增强，尤其在中墩附近水流旋滚较优化前明显增强。各个工况下水流出池流速减小，水流对下游冲刷较弱具体见图 3.6-12。

(1) 施工导流工况

(2) 工况 1

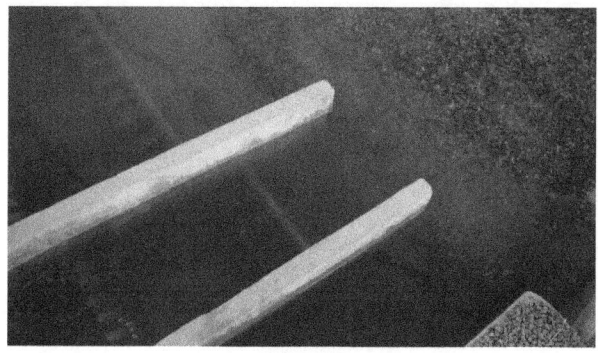

(3) 工况 2

(4)工况4

(5)工况7

图 3.6-12　小流量各工况消力池、海漫流态

4. 下游河道冲刷特性

小流量工况下,由于流量、流速较小,同时又增加了梯形中墩使消力池内消能增强,出池水流流速较小,水流对下游冲刷较弱。施工导流工况、工况 2、工况 7 均未形成明显冲刷;工况 1、工况 4 形成的折冲水流造成了一定程度的冲刷,但不明显。具体冲刷效果如图 3.6-13 所示。

(1)施工导流工况

(2) 工况 1

(3) 工况 2

(4) 工况 4

(5) 工况 7

图 3.6-13　各工况下游河道冲刷地形

6.3 不同水库特征水位下闸门开度-流量调度运行

试验得到了 86 m、88 m、90 m、92.3 m、94.8 m 不同水库特征水位下闸门开度-流量关系曲线,闸门开度-流量曲线可以指导水库正常的调度运行。

表 3.6-7 不同水库特征水位下闸门开度-流量关系

坝段	开度(m)	流量(m³/s)				
		86 m 水位	88 m 水位	90 m 水位	92.3 m 水位	94.8 m 水位
表孔坝段	1	626.76	926.51	1 004.20	1 195.61	1 457.90
	2	1 100.24	1 842.81	2 104.50	2 718.23	2 915.80
	3	1 447.68	2 469.57	3 085.40	3 832.09	4 295.35
	4	1 652.06	3 348.40	3 887.40	4 520.17	5 262.74
	5	1 876.87	3 447.18	4 214.40	5 129.89	6 022.35
底孔坝段	2	517.76	596.10	654.40	763.01	923.11
	3	797.08	841.36	974.30	1 130.89	1 308.02
	4	1 025.30	1 069.58	1 147.40	1 376.15	1 434.05
	5	1 205.83	1 308.02	1 487.50	1 750.84	1 890.50
	6	1 386.37	1 583.93	1 788.40	2 033.56	2 159.60

(1) 表孔坝段

(2) 底孔坝段

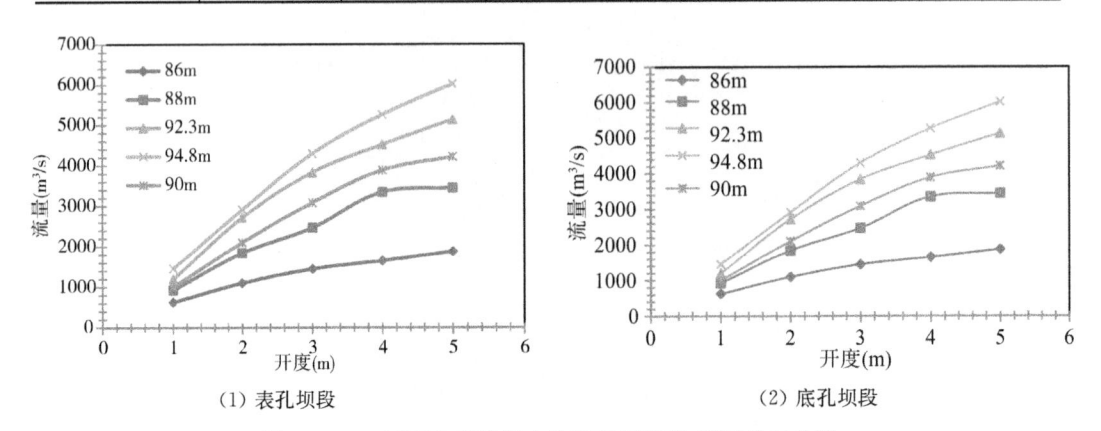

图 3.6-14 不同水库特征水位下闸门开度-流量关系曲线

6.4 大流量工况试验

1）流态

(1) 百年一遇工况

(2) 千年一遇工况

(3) 万年一遇工况

图 3.6-15 大流量工况消力池、海漫内流态

增加梯形中墩辅助消能工后,消力池内前区水位壅高、出池水面壅高减弱,出池水流没有形成二次水跃。出闸水流进入消力池后,消力池底部水流冲击辅助消能工后撞击尾坎,在尾部跃升至表面,整体消力池、海漫内流态良好,水流掺混充分,消能作用明显。分析认为,增加中墩后,底部主流的阻水作用明显。底部主流一部分向上跃起至水面,在水面处形成小范围壅水,一部分穿过中墩之间的间隙或越过中墩,冲击消力池末端的T形墩,主流能量得到充分耗散。

2) 流速分布

表 3.6-8 百年一遇工况消力池、海漫流速分布

坝段	断面桩号	右(m/s) 底部	右(m/s) 表面	中(m/s) 底部	中(m/s) 表面	左(m/s) 底部	左(m/s) 表面
底孔	0+42.1	14.91	−4.35	13.71	−2.42	14.59	−2.02
	0+57.1	14.67	−3.39	11.45	−3.22	15.32	−2.18
	0+72.1	2.10	−1.53	3.47	−1.69	12.25	−2.02
	0+87.1	1.13	1.45	2.10	2.10	1.77	0.97
	0+102.1	0.56	3.22	1.29	4.43	1.61	2.42
	0+117.1	0.81	4.84	0.97	5.80	0.48	5.64
	0+129.6	0.97	5.00	0.97	6.05	0.81	5.89
	0+142.1	1.77	5.24	0.81	5.80	1.21	5.24
	0+182(出池坡顶)	4.75		6.12		6.54	
表孔	0+33.5	15.32	−4.76	11.29	−1.93	15.08	−2.42
	0+51.1	12.17	−4.03	8.47	−1.37	12.33	−4.03
	0+65.1	4.51	−1.93	5.00	−1.21	7.34	−2.10
	0+79.1	3.22	0.81	3.55	3.31	3.39	1.29
	0+93.1	2.10	2.90	2.90	4.03	3.79	3.55
	0+107.1	0.97	3.47	0.81	4.03	0.56	5.00
	0+124.6	1.29	3.47	0.81	4.03	0.81	4.76
	0+142.1	1.77	3.22	1.77	3.71	1.93	4.76
	0+182(出池坡顶)	4.78		5.01		4.11	

表 3.6-9　千年一遇工况消力池、海漫流速分布

坝段	断面桩号	右(m/s) 底部	右(m/s) 表面	中(m/s) 底部	中(m/s) 表面	左(m/s) 底部	左(m/s) 表面
底孔	0+42.1	13.79	−3.63	12.74	−3.22	12.90	−1.61
	0+57.1	13.87	−2.42	12.90	−2.42	14.75	−1.77
	0+72.1	1.85	−2.02	2.18	−1.93	4.76	−1.29
	0+87.1	1.37	1.05	1.21	2.18	2.58	2.02
	0+102.1	1.21	3.39	2.42	4.27	1.05	3.63
	0+117.1	0.40	4.35	3.87	5.48	0.40	4.84
	0+129.6	1.45	4.68	1.05	5.64	1.05	5.48
	0+142.1	2.02	5.00	0.89	5.32	1.05	5.32
	0+182(出池坡顶)	4.04		4.12		4.21	
表孔	0+33.5	14.43	−4.84	12.90	−1.77	15.96	−4.84
	0+51.1	10.64	−3.31	12.17	−4.03	14.51	−3.95
	0+65.1	5.32	−1.61	8.87	−2.82	6.05	−1.45
	0+79.1	5.97	1.13	5.40	3.63	3.22	2.42
	0+93.1	2.90	3.87	4.60	7.66	4.43	3.95
	0+107.1	1.05	5.89	1.45	7.58	0.97	5.24
	0+124.6	0.89	5.08	1.21	7.01	0.64	6.53
	0+142.1	1.77	5.24	1.37	6.77	2.34	6.21
	0+182(出池坡顶)	4.24		4.87		4.14	

表 3.6-10　万年一遇工况消力池、海漫流速分布

坝段	断面桩号	右(m/s) 底部	右(m/s) 表面	中(m/s) 底部	中(m/s) 表面	左(m/s) 底部	左(m/s) 表面
底孔	0+42.1	16.53	−1.61	14.11	−4.27	16.45	−2.02
	0+57.1	13.71	−2.02	12.58	−2.02	14.67	−1.85
	0+72.1	9.67	−2.42	2.74	−1.85	8.47	−1.85
	0+87.1	1.53	1.21	2.18	1.37	3.63	2.42
	0+102.1	1.29	2.42	1.21	4.27	1.37	3.22
	0+117.1	0.48	3.87	0.73	5.40	0.48	4.84
	0+129.6	1.93	4.51	1.05	5.72	0.97	5.40
	0+142.1	2.02	4.51	0.97	5.24	1.69	5.32
	0+182(出池坡顶)	3.51		4.12		4.21	

续表

坝段	断面桩号	右(m/s) 底部	右(m/s) 表面	中(m/s) 底部	中(m/s) 表面	左(m/s) 底部	左(m/s) 表面
表孔	0+33.5	17.25	−5.32	12.82	−2.90	16.69	−5.56
	0+51.1	13.22	−3.63	14.27	−3.47	15.48	−4.51
	0+65.1	8.79	−1.77	16.77	−5.64	9.03	−1.77
	0+79.1	6.05	1.85	4.03	4.11	4.43	2.98
	0+93.1	3.87	4.84	3.79	6.69	4.43	5.72
	0+107.1	0.87	5.48	1.12	6.12	1.21	6.24
	0+124.6	2.26	6.77	1.21	6.38	2.26	6.47
	0+142.1	2.02	5.34	1.29	6.51	2.26	6.14
	0+182(出池坡顶)	4.11		5.01		4.15	

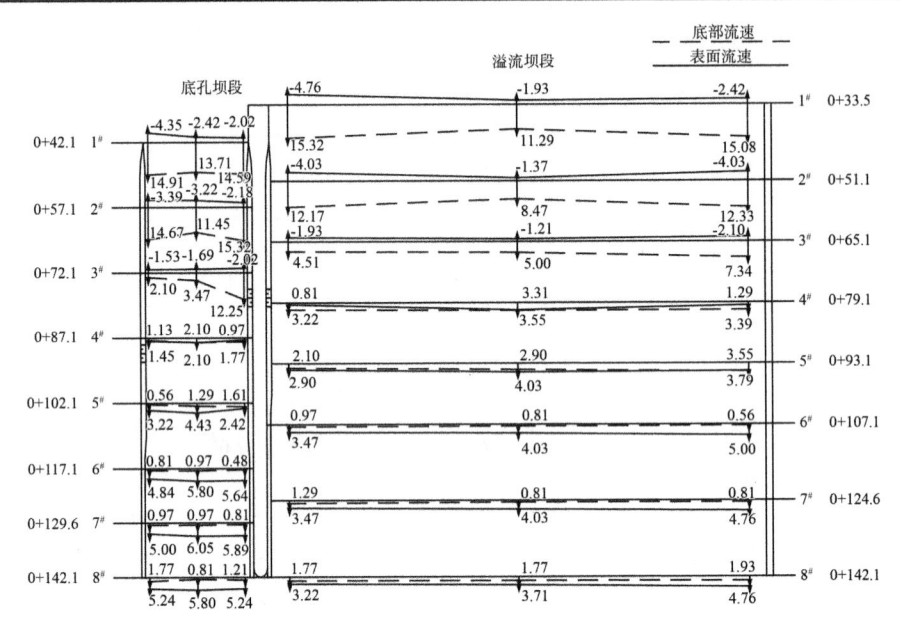

图 3.6-16　百年一遇工况消力池、海漫流速分布

试验中发现，消力池和海漫内底部流速均向下游，消力池内(1#～3#断面)表面流速由于中墩对水流的阻挡作用表现为回流，方向向上游。中墩的增加使消力池前区消能更加充分，消力池内流速减小。

对于底孔坝段，在百年一遇水位、千年一遇水位、万年一遇水位下，水流入池底部流速达到14～17 m/s，入池后水流充分掺气产生旋滚，流速迅速下降，消力池内消能充分。由于中墩阻流的作用，水流纵向流速降低，横向扩散，墩前表面形成回流，中墩之后流速快速下降到5.0 m/s以内。相比未加中墩前，增加中墩辅助消能工后消力池内流速有所减小。各个工况水流通过T形墩和尾坎进入海漫，底部流速减小，表面流速增大，最后海漫出口流速在5.0～6.0 m/s。

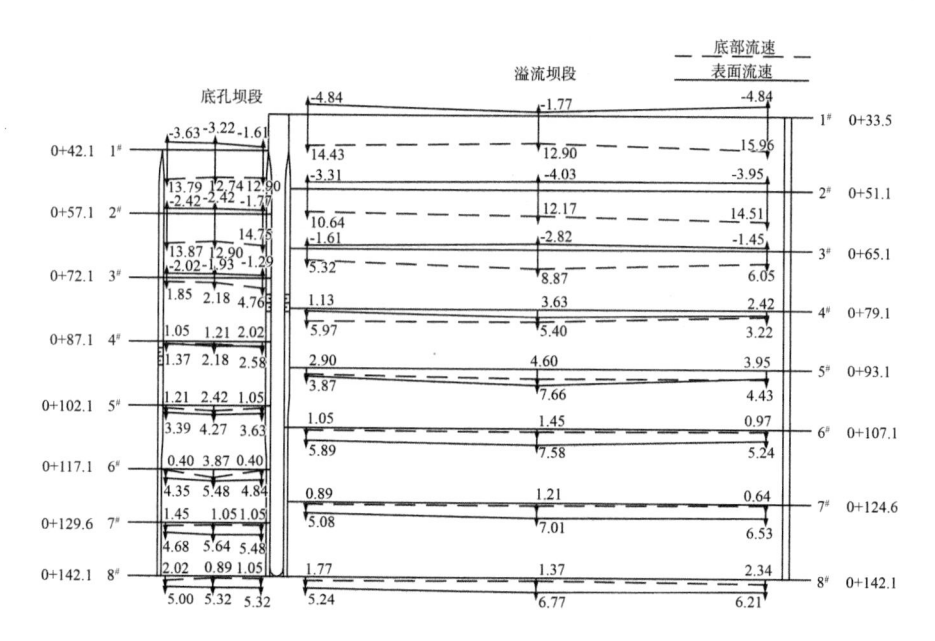

图 3.6-17 千年一遇工况消力池、海漫流速分布

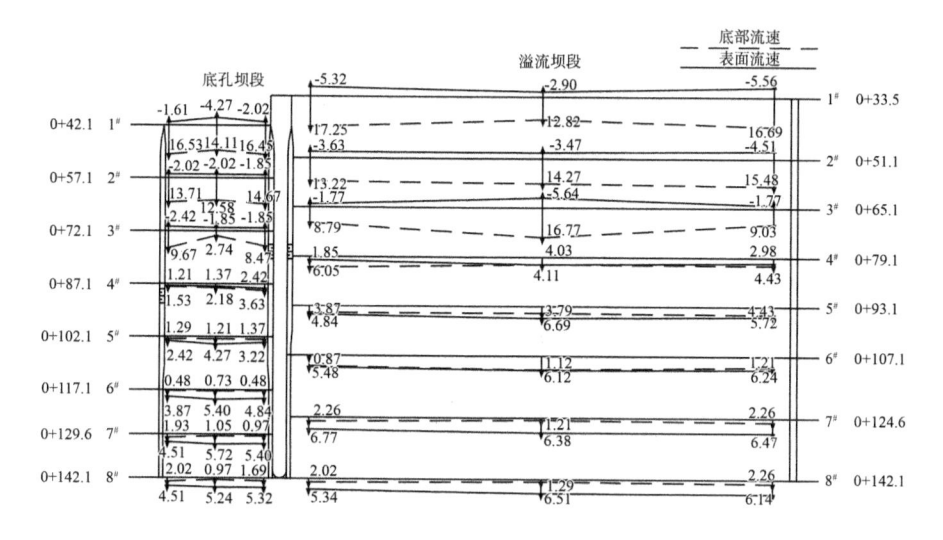

图 3.6-18 万年一遇工况消力池、海漫流速分布

对于表孔坝段，在百年一遇水位、千年一遇水位、万年一遇水位下，水流入池底部流速达到 15～18 m/s，入池后水流掺混剧烈，流速迅速下降。由于中墩阻流的作用，水流纵向流速迅速降低，中墩之后流速快速下降到 8.0 m/s 以内。相比未加中墩前，增加中墩辅助消能工后消力池内流速有所减小，尤其百年一遇工况中墩之后消力池、海漫内流速均在 5.0 m/s 以内。各个工况水流通过 T 形墩和尾坎进入海漫，底部流速减小，表面流速增大。百年一遇工况海漫出口流速在 3.0～5.0 m/s，千年一遇工况、万年一遇工况海漫出口流速在 5.0～7.0 m/s。

表 3.6-11　安装中墩前后桩号 0+182 处流速比较

工况	出口位置	消能工	右(m/s)	中(m/s)	左(m/s)	平均降幅(m/s)
百年	底孔	宽尾墩+T形墩	5.24	6.77	7.26	0.62
		宽尾墩+T形墩+中墩	4.75	6.12	6.54	
	表孔	宽尾墩+T形墩	5.32	5.64	4.6	0.55
		宽尾墩+T形墩+中墩	4.78	5.01	4.11	
千年	底孔	宽尾墩+T形墩	4.47	4.95	4.61	0.55
		宽尾墩+T形墩+中墩	4.04	4.12	4.21	
	表孔	宽尾墩+T形墩	4.72	5.28	4.78	0.51
		宽尾墩+T形墩+中墩	4.24	4.87	4.14	
万年	底孔	宽尾墩+T形墩	4.03	4.47	4.58	0.41
		宽尾墩+T形墩+中墩	3.51	4.12	4.21	
	表孔	宽尾墩+T形墩	4.6	5.48	4.92	0.58
		宽尾墩+T形墩+中墩	4.11	5.01	4.15	

从表 3.6-11 可以看出，在百年一遇、千年一遇、万年一遇水位下，加中墩辅助消能工后桩号 0+182（出池坡顶）处流速均有减小，降幅在 0.4~0.65 m/s。宽尾墩+T形墩+中墩联合消能工有效降低了溢流坝段消力池出池下游流速，增强了消力池的消能功能，降低了水流对下游河道的冲刷作用。

3）水面线分布

表 3.6-12　百年、千年、万年工况水面线分布

水面线分布	断面	桩号	水位(m) 百年	千年	万年
表孔段	1	0+33.5	79.95	82.06	82.29
	2	0+51.1	81.48	81.90	83.46
	3	0+65.1	83.20	83.85	85.15
	4	0+79.1	83.33	83.85	86.61
	5	0+93.1	83.88	85.15	85.80
	6	0+107.1	84.40	84.83	85.31
	7	0+124.6	84.14	84.34	85.64
	8	0+142.1	84.24	84.34	86.78
底孔段	1	0+42.1	80.47	82.13	83.36
	2	0+57.1	81.61	83.20	84.01
	3	0+72.1	83.04	84.83	84.99
	4	0+87.1	84.40	86.13	86.03
	5	0+102.1	84.11	85.83	86.06
	6	0+117.1	83.59	85.41	86.19
	7	0+129.6	83.46	85.22	85.80
	8	0+142.1	84.21	85.15	85.64

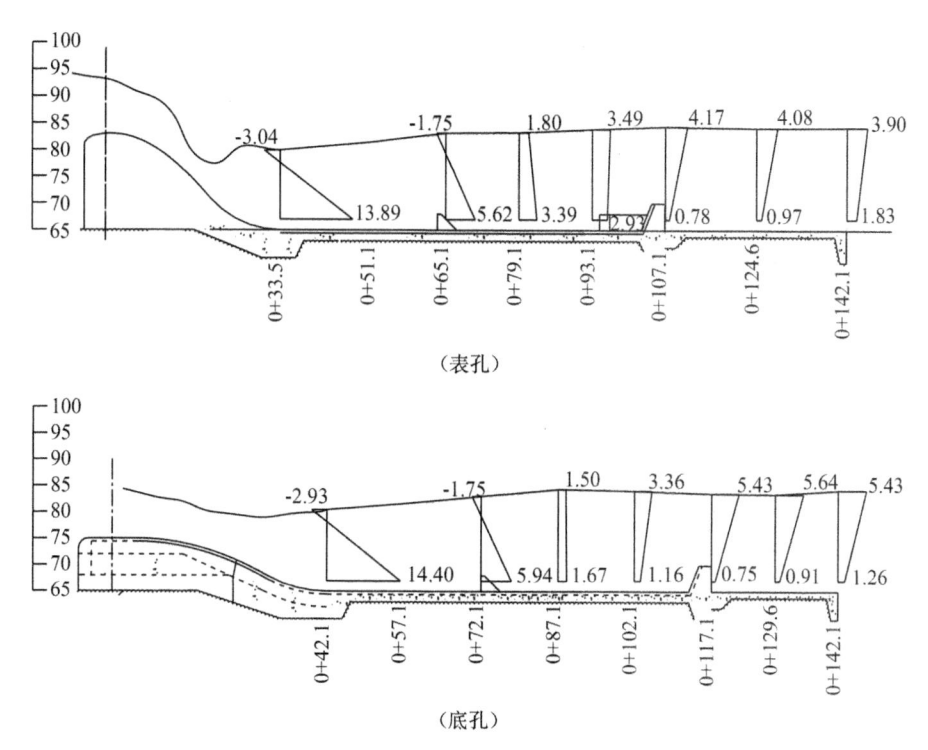

图 3.6-19　百年一遇水位消力池、海漫内水面线、流速断面分布

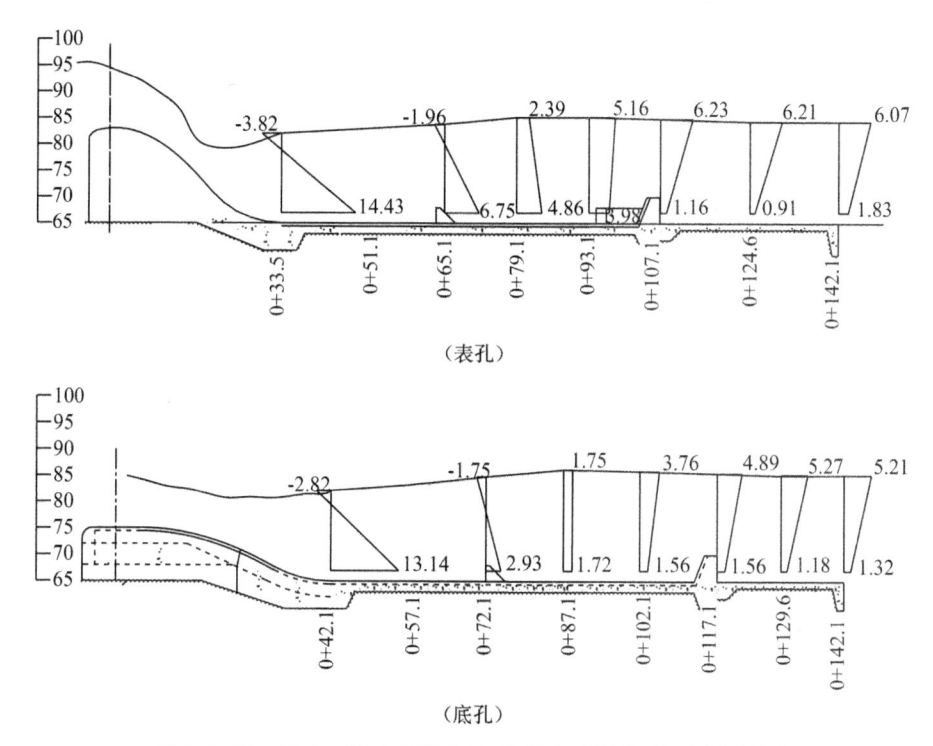

图 3.6-20　千年一遇水位消力池、海漫内水面线、流速断面分布

（表孔）

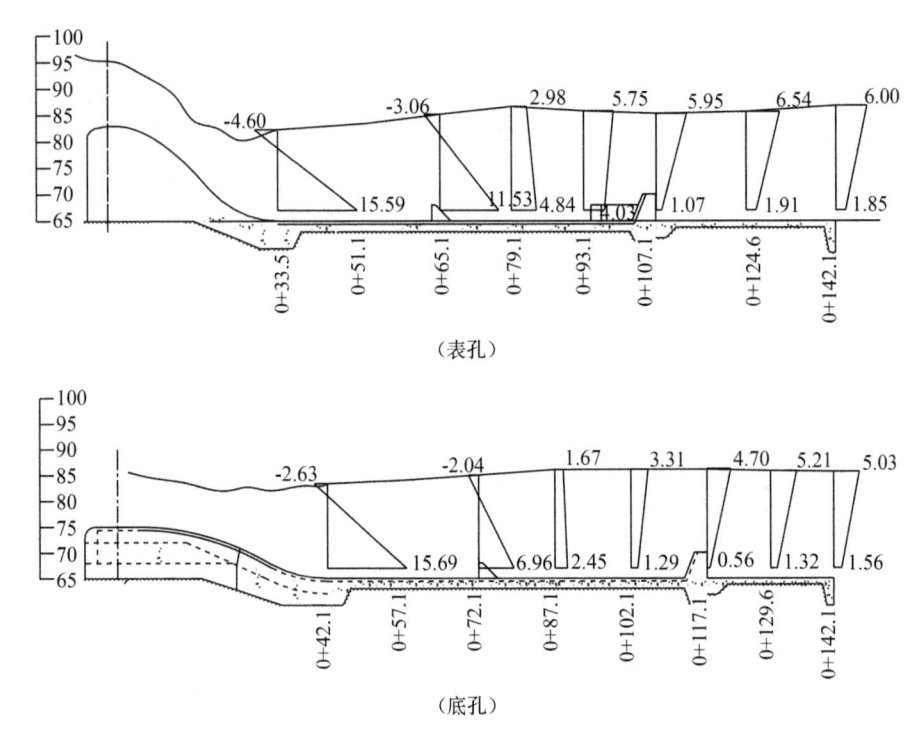

（底孔）

图 3.6-21 万年一遇水位消力池、海漫内水面线、流速断面分布

由水面高程列表（表 3.6-12）和水面线分布图（图 3.6-19～图 3.6-21）可以看出，各个工况下，消力池、海漫及下游河道水面线衔接较好。由于增加了中墩辅助消能工，消力池前段水面线略有升高，水位最高位于中墩和 T 形墩之间，进入海漫后水面线趋于稳定。百年一遇工况下游水位稳定在 84.2 m 左右，千年一遇工况下游水位稳定在 84.7 m 左右，万年一遇工况下游水位稳定在 86.0 m 左右。

4）消能情况分析

消能率的计算利用段前和段后断面的能量差来计算。具体计算成果如表 3.6-13 所示。

表 3.6-13 百年、千年、万年工况消能率计算值

工况	消力池	断面1流速(m/s)	断面1水深(m)	断面1能量(m)	断面2流速(m/s)	断面2水深(m)	断面2能量(m)	消能率(%)
百年	表孔	19.33	13.98	33.04	2.85	16.21	16.62	49.69
	底孔	19.58	16.22	35.78	3.11	18.81	19.30	46.05
千年	表孔	18.88	14.02	32.21	3.16	17.04	17.55	45.52
	底孔	19.46	16.58	35.90	3.22	19.22	19.74	45.00
万年	表孔	19.66	16.68	36.40	3.55	18.24	18.88	48.12
	底孔	18.81	17.77	35.82	3.27	19.80	20.35	43.20

由未加中墩消能率计算值表 3.4-6 及本表可以看出：

（1）在百年一遇水位，未加中墩之前表孔消力池消能率为 45.04%，增加中墩之后表孔消力池消能率为 49.69%，底孔消能率达到 46.05%。

（2）在千年一遇水位，未加中墩之前表孔消力池消能率为 39.27%，增加中墩之后表孔消力池消能率为 45.52%，底孔消能率达到 45.00%。

（3）在万年一遇水位，未加中墩之前表孔消力池消能率为 42.49%，增加中墩之后表孔消力池消能率为 48.12%，底孔消能率达到 43.20%。

在宽尾墩＋T形墩联合消能工的基础上，增加梯形中墩使百年、千年、万年各工况消力池内消能率提升到了 40.0%～50.0%，消力池消能率得到一定程度改善，说明梯形中墩的运用是改善本工程消力池消能效果的有效措施。

5）下游河道冲刷特性

图 3.6-22　百年一遇工况下游河道冲刷地形

从图 3.6-22 可知，百年一遇工况下，表孔段消力池下游形成左、中、右三个冲坑，左冲坑较大，底孔段消力池下游出口也形成一定冲坑。冲刷形成一定的缓坡，冲刷最低点为 64.7 m，未冲到河床底部 63 m 高程的基岩。下游右岸堆积体最高点为 78.2 m，最低点为底孔海漫出口冲坑和表孔海漫出口左岸冲坑，高程为 64.7 m。相比没有加中墩辅助消能工情况，增加中墩后下游冲刷明显减弱。

图 3.6-23　千年一遇工况下游河道冲刷地形

从图 3.6-23 可知,千年一遇工况下,由于在消力池内增加了中墩辅助消能工,出池水流对下游冲刷明显减弱。

对于溢流坝段下游河道,左岸冲刷最强,中部冲刷较弱,右边无明显冲刷。从冲刷形成基础岩体见底空白区域距离来看,左冲坑的岩体裸露纵向延伸长度为 31.2 m。对于底孔坝段下游河道,海漫出口形成了一定的冲坑,基础岩体未见底。地形最低点高程为 63.8 m,最高点高程为 73.6 m。

图 3.6-24　万年一遇工况下游河道冲刷地形

从图 3.6-24 可知,万年一遇工况下,下游河道冲刷破坏明显增强,海漫出口形成几个明显的冲坑,冲刷最低点为河床底部 63 m 高程的基岩,最高点高程为下游左岸堆丘 73.6 m。相比没有加中墩辅助消能工情况,增加中墩后下游冲刷明显减弱。

其中,表孔段消力池下游形成左、中两个较大冲坑并形成岩体见底区域,右侧冲坑未形成岩体见底区域。从冲刷形成基础岩体见底空白区域距离来看,左冲坑的岩体裸露纵向延伸长度为 39 m;中冲坑冲刷较强,岩体裸露纵向延伸长度为 26 m;右冲坑冲刷没有形成岩体裸露区域。

对于底孔坝段下游河道,海漫出口形成了明显的冲坑,但未形成基础岩体见底区域。水流出池后冲刷下游散粒体向两侧堆积,两侧堆高,中间形成缓坡。

6.5　试验结论

1. 从下游河床流速分布来看,施工导流工况($Q=788$ m³/s)、工况 1($Q=1\,200$ m³/s)、工况 2($Q=600$ m³/s)、工况 4($Q=1\,500$ m³/s)均匀开启三底孔以及工况 7($Q=1\,500$ m³/s)均匀开启八表孔工况下游流速均在 3.5 m/s 以下;工况 4($Q=1\,500$ m³/s)均匀开启三底孔,折冲水流流速在 2.0~5.0 m/s,流速沿程减小,达到左岸附近的流速在 2.0~3.0 m/s,各工况水流对河床的冲刷影响较小。

均匀开启底孔或者表孔的小流量工况岸坡流速均在 1.0 m/s,水流对岸坡冲刷影响较小。

2. 增加了梯形中墩辅助消能工后，施工导流工况、工况1、工况2、工况4、工况7均未形成明显冲刷。

3. 试验得到了86 m、88 m、92.3 m、94.8 m不同水库特征水位下闸门开度-流量关系曲线，可以指导水库正常的调度运行。

4. 在百年一遇、千年一遇、万年一遇水位下，增加中墩辅助消能工后桩号0+182（出池坡顶）处流速均有减小，降幅在0.4～0.65 m/s。宽尾墩＋T形墩＋中墩联合消能工有效降低了溢流坝段消力池出池下游流速，增强了消力池的消能功能，降低了水流对下游河道的冲刷作用。

5. 在宽尾墩＋T形墩联合消能工的基础上，增加梯形中墩使百年、千年、万年各工况消力池内消能率提升到了40.0%～50.0%，消力池消能率得到改善，说明梯形中墩的运用是改善本工程消力池消能效果的有效措施。

6. 相比没有加中墩辅助消能工情况，增加中墩后百年、千年、万年工况下游地形冲刷明显减弱。

7. 综合分析认为，增加各优化消能工后，消力池的长度、深度以及导水墙高度符合工程运行的要求，不需要进一步优化。

第七节　结论与建议

7.1　原设计方案

1. 原设计方案针对表孔和底孔进行过流能力试验，试验结果表明表孔泄洪和底孔泄洪以及联合泄洪的过流能力均大于设计值，满足工程泄流能力要求。

2. 百年一遇水位、千年一遇水位、万年一遇水位工况下，在海漫的末端有波状水跃出现。

3. 消力池的长度、宽度设计以及两岸的导水墙高度设计基本符合要求。

4. 底孔段消力池内，起始断面底部最大流速达到14.0～18.0 m/s，最后出池底部流速保持在1.5～2.0 m/s。对于表面流速，消力池内流速大小变化较小，流速保持在1.0～4.0 m/s。海漫内表面流速相对消力池内较大，流速分布在3.0～7.0 m/s。海漫内表面流速明显高于底部流速，说明出池水流能量主要集中在上层。

表孔段消力池内，水流出消力池后流速普遍降低到5 m/s以下，海漫内底部流速变化不大，基本保持在1.0～2.0 m/s。海漫段内表面流速上升较快，出池流速在5.0～7.0 m/s。

5. 百年、千年、万年水位下消力池内消能率均在30%～40%，池内消能率仍有一定的提升空间。

7.2 宽尾墩联合消能工优化方案

1. 水流经过 T 形墩的调整后稳定流入下游河道,在尾坎处基本没有形成壅水,水流出池后也没形成波状水跃。

2. 出池后坡面顶部(桩号 0+182)流速在 4.6～5.7 m/s,流速相比安装宽尾墩前有明显减小。加宽尾墩后桩号 0+182(出池坡顶)处流速均有减小,降幅在 0.6～2.0 m/s,说明宽尾墩联合消能工有效降低了溢流坝段消力池出池下游流速,增强了消力池的消能功能,降低了水流对下游河道的冲刷作用。

3. 宽尾墩+T 形墩联合消能工的运用使溢流坝段消力池在百年、千年、万年水位下消能率分别提升到 45.04%、39.27%、42.49%,消能率得到明显改善,说明宽尾墩的运用是改善本工程溢流坝消能防冲效果的有效措施。

4. 在百年一遇、千年一遇、万年一遇水位下,安装宽尾墩优化方案后溢流坝泄流流量偏差都较小,说明宽尾墩消能工对溢流坝泄流能力影响较小。

5. 宽尾墩尾部顶端合理的设计高程在 87～88 m 之间。

6. 通过闸门调度试验分析,推荐单开表孔泄流均匀开启八孔方案和单开底孔泄流均匀开启三孔方案。

7.3 增加中墩消能工优化方案

增加了梯形中墩辅助消能工后,施工导流期工况等小流量工况下游形成的折冲水流流速均在 3.5 m/s 以下,河床均未形成明显冲刷;百年、千年、万年水位下增加中墩辅助消能工后,桩号 0+182(出池坡顶)处流速降幅在 0.4～0.65 m/s,消力池内消能率提升到了 40.0%～50.0%,下游河床冲刷明显减弱。试验说明宽尾墩+T 形墩+中墩联合消能工有效降低了消力池出池下游流速,增强了消力池的消能功能,降低了水流对下游河道的冲刷作用,推荐采用此消能工方案。

综合各种优化方案成果,试验最终达成如下结论性意见:

1. 推荐宽尾墩加中墩以及 T 形墩的联合消能工优化设计方案。

2. 综合比较上游左岸导水墙的原始直线段导水墙设计方案、带渐变段圆弧导水墙优化设计方案以及墙顶高程一致的圆弧导水墙优化设计方案,在经济成本允许的情况下,推荐墙顶高程一致的圆弧导水墙优化设计方案。

3. 综合分析认为,增加各优化消能工后,消力池的长度、深度以及导水墙高度符合工程运行的要求;上游左岸导水墙流态、泄水建筑物上游进口流态、下游消力池、海漫内流态以及出池水流流态正常。

4. 通过整体模型试验分析上下游流态、流速以及水面线分布情况,可以认为泄水建筑物总体平面布置符合工程正常运行要求。

第四章
混凝土坝温控防裂与缓倾角断层处理

第一节　混凝土坝温控防裂

1.1　概述

混凝土是脆性材料,抗拉强度只有抗压强度的 0.08～0.10 倍,极限拉伸变形只有 $(0.6～1.0)\times10^{-4}$,约相当于温度降低 6～10℃时的变形。在重力坝设计中,在水压力和自重作用下要求不出现拉应力,但在施工和运行期间,由混凝土温度变化引起的拉应力,往往超过了混凝土抗拉强度,从而导致裂缝。

大体积混凝土温度应力主要由于变形受到约束而产生。基础混凝土在降温过程中受基岩或老混凝土的约束;由非线性温度场引起各单元体之间变形不一致的内部约束;以及在气温骤降情况下,表层混凝土的急剧收缩变形,受内部热胀混凝土的约束等,都是产生混凝土温度应力的原因。混凝土的抗拉强度远低于抗压强度,在温度压应力作用下不致破坏的混凝土,当受到温度拉应力作用时,常因抗拉强度不足而产生裂缝。

1. 表面裂缝

混凝土浇筑后,其内部由于水化热温升,体积膨胀,如受到岩石或老混凝土约束,在初期将产生较小的压应力,当后期出现较小的降温时,即可将压应力抵消。而当混凝土温度继续下降时,混凝土块内将出现较大的拉应力,但混凝土的强度和弹模随龄期而增长,只要对基础块混凝土进行适当的温度控制即可防止开裂。但最危险的情况是遇寒潮,气温骤降,表层降温收缩。内胀外缩,在混凝土内部产生压应力,表层产生拉应力。在混凝土内处于内外温度平均值的点应力为零,高于平均值的点承受压应力,低于平均值的点承受拉应力。

当表层温度拉应力超过混凝土的允许抗拉强度时,形成表面裂缝,其深度不超过

30 cm。这种裂缝多发生在浇筑块侧壁,方向不定,短而浅,数量较多。随着混凝土内部温度下降,外部气温回升,有重新闭合的可能。

2. 贯穿裂缝和深层裂缝

变形和约束是产生应力的两个必要条件。由于混凝土浇筑温度过高,加上混凝土的水化热温升,形成混凝土的最高温度,当降到施工期的最低温度或降到水库运行期的稳定温度时,即产生基础温差,这种均匀降温会产生混凝土裂缝,这种裂缝是混凝土的变形受外界约束而发生的,所以它整个端面均匀受拉应力,一旦发生,就形成贯穿性裂缝。由温度变化引起温度变形是普遍存在的,有无温度应力出现的关键在于有无约束。人们不仅把基岩视为刚性基础,也把已凝固、弹模较大的下部老混凝土视为刚性基础。这种基础对新浇不久的混凝土产生温度变形所施加的约束作用,称为基础约束。这种约束在混凝土升温膨胀期引起压应力,在降温收缩时引起拉应力。当任一应力超过混凝土的极限抗拉强度时,就会产生裂缝,称为基础束裂缝。由于这种裂缝自基础面向上开展,严重时可能贯穿整个坝段,故又称为贯穿裂缝。此种裂缝宽度随气温变化很敏感,表面宽度沿延伸方向的变化也是很明显的。此外,裂缝在接近基岩部位到顶端,是逐渐尖灭的。切割的深度可达3～5 m以上,故又称为深层裂缝。裂缝的宽度可达1～3 mm,且多垂直基面向上延伸,既可能平行纵缝贯穿,也可能沿流向贯穿。

贯穿裂缝破坏坝的整体性和稳定性,其危害性是严重的,如与迎水面相通,还可能引起漏水和混凝土溶蚀,降低坝的耐久性。深层裂缝也有一定危害性,表面裂缝一般危害性较小。

为防止坝体内外温差过大引起混凝土表面产生裂缝,结合混凝土浇筑温度、浇筑时间、天气气温等综合因素,施工中需严格控制坝体内外温差。在仿真计算结果和温控指标要求的基础上,结合以往类似工程的经验,考虑工程实际情况,本着现场操作应简单、易行的原则,制定混凝土浇筑温控措施。

出山店混凝土坝为常态混凝土坝,单位体积混凝土的胶凝材料用量大,所用的水泥非低热水泥,表孔坝段及底孔坝段的底板(堰体)和闸墩厚度大,非溢流坝段混凝土用量大,混凝土温控防裂难度高。工程通过现场试验和实测温度反演获取混凝土进行热学参数,对通水冷却坝体进行仿真计算,从而制定温控防裂方案,并严格落实执行,加强施工时的温度监测,较好控制大坝混凝土温度裂缝。

1.2 温控仿真分析

1.2.1 混凝土热学参数现场试验

图4.1-1～图4.1-2所示为混凝土立方体试块,尺寸为1 m×1 m×1 m,混凝土配合比同坝体混凝土。上表面覆盖2层土工布加1层塑料膜(防雨),底面和四周采用施工钢模板固定,左侧和右侧面布置施工钢模板外贴2.5 cm厚的聚乙烯苯板,前后两面布置施工钢模板外贴5 cm厚的聚乙烯苯板,试块底部架空,离地面约50厘米。试块内部布置8

个数字式温度探头,用导线从温度探头接到混凝土外部的温度自动采集仪上。为方便布置温度探头,在试块里面布置钢筋。图 4.1-1～图 4.1-2 为现场设置图片。

混凝土入仓温度采用温度自动采集仪每隔 1 小时记录一次温度,每天 6 点、13 点、20 点各测量一次气温。拆模时间为 4～5 天。

(1) 未粘贴保温板　　(2) 粘贴保温板

图 4.1-1　框架和模板现场图

图 4.1-2　温度探头现场布置图

1.2.2　混凝土热学参数反演

1.2.2.1　原理与方法

混凝土结构温度场和应力场的仿真计算受诸多因素影响,其中之一就是施工材料特性参数的实际模拟。不同混凝土结构的导温系数 a、导热系数 λ、表面散热系数 β 和绝热

温升 θ 规律都是不同的,而且同样一种混凝土结构由于环境条件(包括温度、湿度和风速等)的不同,其实际热力学参数值也可能不一样。为了使混凝土温度场和应力场的仿真计算模型能更好地反映实际情况,通过试验和数值计算求得具体工程在不同环境条件下的各项热力学参数是很必要的,本工程运用改进加速遗传算法对相关参数进行反演计算。

1.2.2.2 参数辨识方法

根据问题的性质和寻找准则函数极值点算法的不同,参数辨识法可分为正法和逆法,正法和逆法都是寻求准则函数的极小点,但寻求的算法不一样。正法比逆法具有更广泛的适用性,它既适用于模型输出是参数的线性函数的情形,也适用于非线性的情况。其基本思路为首先对待求参数指定初值,然后计算模型输出值,并和输出量测值比较。如果吻合良好,假设的参数初值就是要找的参数值,否则修改参数值,重新计算模型输出值,再和量测值进行比较,直到准则函数达到极小值,此时的参数值即为所要求的值。其中模式搜索法(也称步长加速法)、变量轮换法、单纯形法、鲍威尔法等方法都是最优化技术中广泛应用的正法中的直接法。逆法需要有较明确的解析解,正法可以采取数值解法,在实际运用中用的更为广泛。

1.2.2.3 遗传算法原理

对于一个最优化问题,目标函数和约束条件种类繁多,有的是线性的,有的是非线性的;有的是连续的,有的是离散的;有的是单峰值的,有的是多峰值的。随着研究的深入,人们逐渐认识到在很多复杂情况下要想完全精确地求出其最优解既不可能,也不现实,因而求出其近似最优解或满意解是人们的主要着眼点之一。

遗传算法为我们解决最优化问题提供了一个有效的途径和通用框架,开创了一种新的全局优化搜索算法。遗传算法中,将 n 维决策向量 $\boldsymbol{X}=[x_1,x_2,\cdots,x_n]^\mathrm{T}$ 用 n 个记号 X_i ($i=1,2,\cdots n$)所组成的符号串 $\boldsymbol{X}$ 来表示:

$$\boldsymbol{X}=X_1 X_2 \cdots X_n \Rightarrow \boldsymbol{X}=[x_1,x_2,\cdots x_n]^\mathrm{T} \tag{4.1-1}$$

把每一个 X_i 看作一个遗传基因,它的所有可能取值称为等位基因,这样, $\boldsymbol{X}$ 就可看做是由 n 个遗传基因所组成的一个染色体。一般情况下,染色体长度 n 是固定的,但对一些问题 n 也可以是变化的。根据不同的情况,这里的等位基因可以是一组整数,也可以是某一范围内的实数值,或者是纯粹的一个记号。最简单的等位基因是由 0 和 1 这两个整数组成的,相应的染色体就表示为一个二进制符号串。这种编码所形成的排列形式 $\boldsymbol{X}$ 是个体的基因型,与它对应的 $\boldsymbol{X}$ 值是个体的表现型。通常个体的表现型和其基因型是一一对应的,但有时也允许基因型和表现型是多对一的关系。染色体 $\boldsymbol{X}$ 也称为个体 $\boldsymbol{X}$,对于每一个个体 $\boldsymbol{X}$,要按照一定的规则确定出其适应度。个体的适应度与其对应的个体表现型 $\boldsymbol{X}$ 的目标函数值相关联, $\boldsymbol{X}$ 越接近目标函数的最优点,其适应度越大;反之,其适应度越小。

遗传算法中,决策变量 $\boldsymbol{X}$ 组成了问题的解空间。对问题最优解的搜索是通过对染色体 $\boldsymbol{X}$ 的搜索过程来进行的,从而由所有的染色体 $\boldsymbol{X}$ 就组成了问题的搜索空间。

生物的进化是以集团为主体的。与此相对应,遗传算法的运动对象是由 M 个个体所组成的集合,称为种群。与生物一代一代的自然进化过程相类似,遗传算法的运算过程也是一个反复迭代过程,第 t 代种群记做 $P(t)$,经过一代遗传和进化后,得到第 $t+1$ 代种群,它们也是由多个个体组成的集合,记做 $P(t+1)$。这个群体不断地经过遗传和进化操作,并且每次都按照优胜劣汰的规则将适应度较高的个体更多地遗传到下一代,这样最终在群体中将会得到一个优良的个体 X,它所对应的表现型 X 将达到或接近于问题的最优解 X^*。

生物的进化过程主要是通过染色体之间的交叉和染色体的变异来完成的。与此相对应,遗传算法中最优解的搜索过程也模仿生物的这个进化过程,使得所谓的遗传算子作用于种群 $P(t)$ 中,从而得到新一代种群 $P(t+1)$。

• 选择:根据各个个体的适应度,按照一定的规则或方法,从第 t 代种群 $P(t)$ 中选择出一些优良的个体遗传到下一代种 $P(t+1)$ 中。

• 交叉:将种群 $P(t)$ 内的各个个体随机搭配成对,对每一对个体,以某个概率(称为交叉概率)交换它们之间的部分染色体。

• 变异:对种群 $P(t)$ 中的每一个个体,以某一概率(称为变异概率)改变某一个或某一些基因座上的基因值为其他的等位基因。

1.2.2.4 改进加速遗传算法

加速遗传算法和基本遗传算法相比,虽然进化迭代的速度和效率有所提高,但并没有从根本上解决算法局部搜索能力低及早熟收敛的问题,另外,基本遗传算法及加速遗传算法都未能解决存优的问题。在此基础上提出的改进加速遗传算法,其核心是,一是按适应度对染色体进行分类操作,分别按比例 x_1、x_2、x_3 将染色体分为最优染色体、普通染色体和最劣染色体,$x_1+x_2+x_3=1$,一般 $x_1 \leq 5\%$,$x_2 \leq 85\%$,$x_3 \leq 10\%$,取值和进化代数 l 有关,最优染色体直接复制,普通染色体参与交叉运算,最劣染色体参与变异运算,从而产生拟子代种群,这主要解决存优问题及提高算法的局部搜索能力;二是引入小生境淘汰操作,先将分类操作前记忆的前 NR 个体和拟子代种群合并,再对新种群两两比较海明距离,令 $NT=NR+n$ 定义海明距离

$$s_{ij} = \|V_i - V_j\| = \sqrt{\sum_{k=1}^{m}(v_{ik}-v_{jk})^2} \qquad i=1,2,\cdots,NT-1; j=i+1,\cdots,NT \tag{4.1-2}$$

设定 S 为控制阈值,若 $s_{ij}<S$,比较 $\{V_i,V_j\}$ 个体间适应度大小,对适应度较小的个体处以较大的罚函数,极大地降低其适应度,这样受到惩罚的个体在后面的进化过程中被淘汰的概率极大,从而保持种群的多样性,消除早熟收敛现象。

另外,对通常的种群收敛判别条件提出改进,设第 l 和 $l+1$ 代运算并经过优劣降序排列后前 NS 个(一般取 $NS=(5\%\sim10\%)\cdot n$)个体目标函数值分别为 $f_1^l,f_2^l,\cdots,f_{NS}^l$ 和 $f_1^{l+1},f_2^{l+1},\cdots,f_{NS}^{l+1}$,记

$$EPS = n_1 \tilde{f}_1 + n_2 \tilde{f}_2 \tag{4.1-3}$$

式中：$\tilde{f}_1 = \left| NS \cdot f_1^{t+1} - \sum_{j=1}^{NS} f_j^{t+1} \right| / (NS \cdot f_1^{t+1})$，$\tilde{f}_2 = \sum_{j=1}^{NS} \left| (f_j^{t+1} - f_j^t)/f_j^{t+1} \right|$；

n_1——同一代种群早熟收敛指标控制系数；

n_2——不同进化代种群进化收敛控制系数。

根据这一改进的加速遗传算法，编制了相应的温度场反分析计算程序。

1.2.2.5 混凝土热学参数

对比利用反演参数得出的计算值与实测值，两者较吻合。混凝土实测值反演得出的热学参数具有较好的可信度，反演计算方法可靠。反演所获取的参数能够较好地反映工程现场的一些实际条件，可用于施工期温度场仿真计算。

表 4.1-1　各标号混凝土的热学参数

热学参数	C15	C20	C25	C30
导温系数（m²/h）	0.004 33	0.004 31	0.004 26	0.004 22
导热系数[kJ/(m·h·℃)]	9.665	9.617	9.551	9.473

表 4.1-2　各材料表面散热系数　　　　　　　　单位：kJ/(m²·h·℃)

状态	塑料膜+两层土工布	钢模板外贴 2.5 cm 厚聚乙烯苯板	钢模板外贴 5 cm 厚聚乙烯苯板	钢模板	塑料膜
干燥时	13.05	19.58	15.42	36.67	20.0
潮湿时	19.17	39.58	23.75	试块底部未遭雨潮湿	防水

注：表面散热系数是三个试块反演后的平均值，塑料膜的散热系数由盖重层数据反演得到。

综合实测数据反演值和试块的反演值，得到 C20 三级配混凝土的绝热温升的表达式（4.1-4），相应的曲线如图 4.1-3 所示。

$$\theta = 39.5 \times [1 - \exp(-0.1 \times \tau^{1.95})] \tag{4.1-4}$$

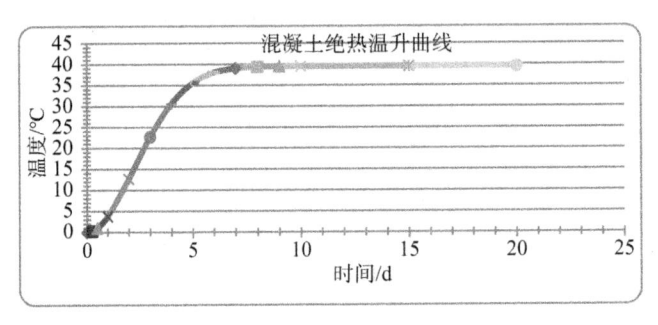

图 4.1-3　C20 混凝土绝热温升历时曲线

1.2.2.6 气温资料

当地多年月平均气温如表 4.1-3 所示，多年平均风速为 2.2 m/s，极端最高气温发生在 7 月—8 月，为 40.9℃，极端最低气温发生在 1 月，为 -20.0℃。

表 4.1-3　当地多年月平均气温和坝址附近水温

月份	1	2	3	4	5	6	7	8	9	10	11	12	年平均
气温/℃	2.5	4.5	9.5	16	21	25.5	28	27	22.5	17	10.5	4.5	15.7
拟合/℃	2.7	4.4	9.2	15.7	22.2	27	28.7	27	22.2	15.7	9.2	14.4	15.7
水温/℃	5.1	6.2	13.9	17.4	20	22.6	23.3	24.9	21.2	17.2	13.3	7.1	

计算时多年平均日气温变化拟合为下式

$$T_a(t) = 15.7 + 13 \times \cos\left[\frac{\pi}{6}(t-6)\right], t \text{ 为月份} \quad (4.1-5)$$

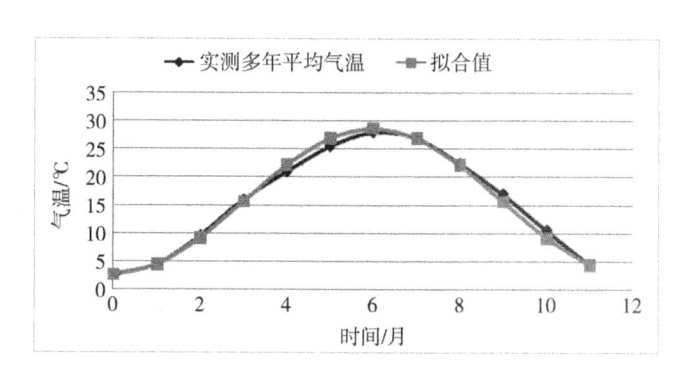

图 4.1-4　多年平均日气温的历时曲线

春季的昼夜温差公式如下：

$$T_{aD}(t) = T_a + 8.0 \times \cos\left[\frac{\pi}{12}(TT-12)\right], TT \text{ 为时刻(单位:h)} \quad (4.1-6)$$

1.2.2.7　其他热学与力学参数

参考工程混凝土配合比资料和反演结果，初拟盖重层计算时主要材料的热学和力学参数见表 4.1-4。

表 4.1-4　材料的热学与力学参数

材料	导热系数 λ[kJ/(m·h·℃)]	绝热温升终值 θ_0(℃)	导温系数 a(m²/h)	线胀系数 α(10⁻⁶/℃)	泊松比 μ	密度 ρ(kg/m³)	最终弹性模量 E_0(GPa)
C15	9.663	34.0	0.00445	8.363	0.167	2350	28.8
C20	9.613	39.5	0.00444	8.378	0.167	2353	30.3
C25	9.546	41.5	0.00441	8.373	0.167	2357	31.7
C30	9.465	45.0	0.00439	8.374	0.167	2360	33.2
C35	9.381	50.0	0.00437	8.600	0.167	2381	34.5
地基	10.50	0.0	0.00548	7.00	0.20	2680	55.0

根据抗压强度折算得到 C20 混凝土弹模公式为：

$$E(\tau) = 30.3[1 - \exp(-0.1 \times \tau^{1.95})] \quad (4.1-7)$$

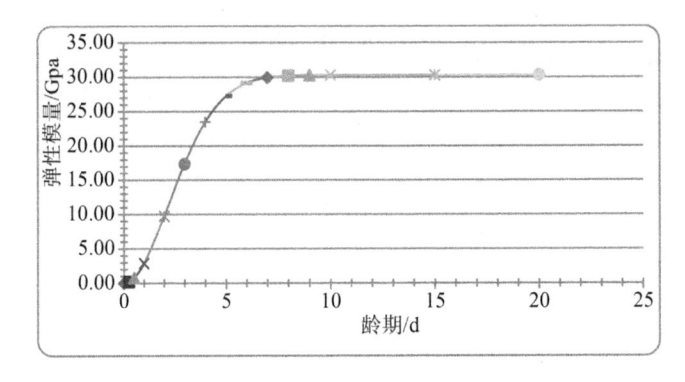

图 4.1-5　C20 混凝土弹性模量发展曲线

C20 混凝土抗拉强度发展规律：

$$f_t(\tau) = 2.29[1 - \exp(-0.1 \times \tau^{1.95})] \qquad (4.1-8)$$

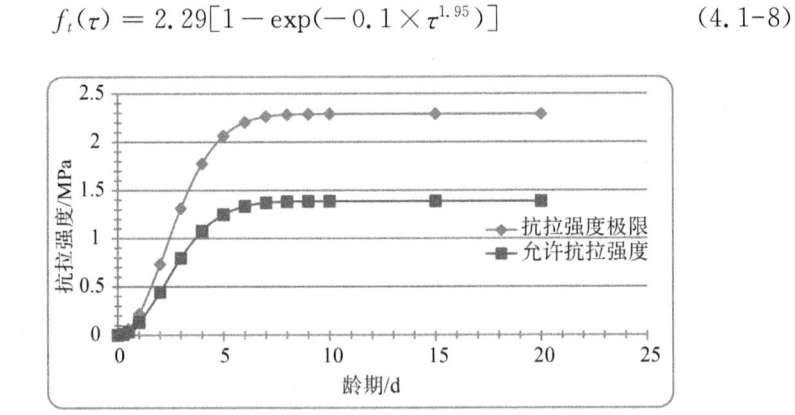

图 4.1-6　C20 混凝土抗拉强度发展曲线

其他标号混凝土的弹模和抗拉强度历时曲线(图 4.1-5)与 C20 混凝土的曲线发展规律(图 4.1-6)非常类似，故不再展示。

表面热交换系数根据现场各结构不同时段的表面覆盖情况和风速而定。

混凝土的自生体积变形和徐变根据工程经验取值。

1.2.3　混凝土温度场及应力场仿真计算方法

仿真计算是对混凝土施工全过程、边界条件变化及材料性质的变化等因素尽可能细致的数值模拟，以得到与实际情况尽可能相符合的解。一般水工混凝土结构是分层分块浇筑的，需要复杂动态变化的施工过程，且混凝土的温度计算参数、应力计算参数和施工环境条件等都是随时间变化的，所以计算时必须充分考虑这些因素对计算的影响，要尽可能深入细致地进行仿真模拟计算。

1.2.3.1　混凝土非稳定温度场的有限单元法计算

(1) 非稳定温度场的基本理论

在混凝土计算域 R 内任何一点处，不稳定温度场 $T(x,y,z,t)$ 必须满足热传导控制

方程

$$\frac{\partial T}{\partial t} = a\left(\frac{\partial^2 T}{\partial x^2} + \frac{\partial^2 T}{\partial y^2} + \frac{\partial^2 T}{\partial z^2}\right) + \frac{\partial \theta}{\partial \tau}, \forall (x,y,z) \in R \tag{4.1-8}$$

式中：T——温度，℃；

α——导温系数，m²/h；

θ——混凝土绝热温升，℃；

t——时间，d；

τ——龄期，d。

初始条件：
$$T = T(x,y,z,t_0) \tag{4.1-10}$$

边界条件：混凝土结构温度场计算域 **R** 的边界常分为三类：

(1) 第一类为已知温度边界 Γ^1：

$$T(x,y,z,t) = f(x,y,z,t) \tag{4.1-11}$$

(2) 第二类为绝热边界 Γ^2：

$$\frac{\partial T(x,y,z,t)}{\partial n} = 0 \tag{4.1-12}$$

(3) 第三类为表面热交换边界 Γ^3：

$$-\lambda \frac{\partial T(x,y,z,t)}{\partial n} = \beta(T(x,y,z,t) - T_a(x,y,z,t)) \tag{4.1-13}$$

式中：β——放热系数，kJ/(m²·h·℃)；

λ——导热系数，$kJ/(m \cdot h \cdot ℃)$；

T_a——环境温度，℃。

(2) 非稳定温度场的有限单元法隐式解法

众所周知，据变分原理，不稳定温度场式(1-9)微分方程在式(4.1-10)～(4.1-13)定解条件下的解等价于下述泛函 $I(T)$ 的极值问题。

$$I(T) = \iiint_R \left\{ \frac{1}{2}\left[\left(\frac{\partial T}{\partial x}\right)^2 + \left(\frac{\partial T}{\partial y}\right)^2 + \left(\frac{\partial T}{\partial z}\right)^2\right] + \frac{1}{a}\left(\frac{\partial T}{\partial t} - \frac{\partial \theta}{\partial \tau}\right)T \right\} \mathrm{d}x\mathrm{d}y\mathrm{d}z$$

$$+ \iint_{\Gamma^3} \frac{\beta}{\lambda}\left(\frac{T}{2} - T_a\right)T \mathrm{d}s \tag{4.1-14}$$

将区域 **R** 用有限个单元离散后，有

$$I(t) = \sum_e I^e = \sum_e I_1^e + \sum_e I_2^e \tag{4.1-15}$$

$$I_1^e = \iiint_R \left\{ \frac{1}{2}\left[\left(\frac{\partial T}{\partial x}\right)^2 + \left(\frac{\partial T}{\partial y}\right)^2 + \left(\frac{\partial T}{\partial z}\right)^2\right] + \frac{1}{a}\left(\frac{\partial T}{\partial \tau} - \frac{\partial \theta}{\partial \tau}\right)T \right\} \mathrm{d}x\mathrm{d}y\mathrm{d}z \tag{4.1-16}$$

$$I_2^e = \iint_{\Gamma^3} \frac{\beta}{\lambda}\left(\frac{T}{2} - T_a\right)T \mathrm{d}s \tag{4.1-17}$$

每个单元内任何一点的温度插值公式为

$$T = \sum_{i=1}^{m} N_i T_i \tag{4.1-18}$$

将式(2-10)代入式(2-6)，由泛函的驻值条件 $\frac{\delta I}{\delta T} = 0$ 可得温度场解的递推方程组，向后差分时为下式：

$$\left([H] + \frac{1}{\Delta t_n}[R]\right)\{T_{n+1}\} - \frac{1}{\Delta t_n}[R]\{T_n\} + \{F_{n+1}\} = 0 \tag{4.1-19}$$

式中，

$$H_{ij} = \sum_e (h_{ij}^e + g_{ij}^e) \tag{4.1-20}$$

$$R_{ij} = \sum_e r_{ij}^e \tag{4.1-21}$$

$$F_i = \sum_e (-f_i^e - p_i^e) \tag{4.1-22}$$

其中：

$$h_{ij}^e = \iiint_{\Delta R_i} \left(\frac{\partial N_i}{\partial x}\frac{\partial N_j}{\partial x} + \frac{\partial N_i}{\partial y}\frac{\partial N_j}{\partial y} + \frac{\partial N_i}{\partial z}\frac{\partial N_j}{\partial z}\right) dxdydz$$

$$= \int_{-1}^{1}\int_{-1}^{1}\int_{-1}^{1}\left(\frac{\partial N_i}{\partial x}\frac{\partial N_j}{\partial x} + \frac{\partial N_i}{\partial y}\frac{\partial N_j}{\partial y} + \frac{\partial N_i}{\partial z}\frac{\partial N_j}{\partial z}\right)|J|d\xi d\eta d\zeta \tag{4.1-23}$$

$$g_{ij}^e = \frac{\beta}{\lambda}\iint_{\Delta S} N_i N_j dS = \frac{\beta}{\lambda}\int_{-1}^{1}\int_{-1}^{1} N_i N_j \sqrt{E_\eta E_\zeta - E_\zeta^2}|_{\xi=\pm 1})d\eta d\zeta \tag{4.1-24}$$

$$r_{ij}^e = \iiint_{\Delta R} \frac{1}{a} N_i N_j dxdydz = \frac{1}{a}\int_{-1}^{1}\int_{-1}^{1}\int_{-1}^{1} N_i N_j |J|d\xi d\eta d\zeta \tag{4.1-25}$$

$$f_{ij}^e = \iiint_{\Delta R} \frac{1}{a}\left(\frac{\partial \theta}{\partial \tau}\right)_{t_i} N_i dxdydz = \frac{1}{a}\left(\frac{\partial \theta}{\partial \tau}\right)_{t_i}\int_{-1}^{1}\int_{-1}^{1}\int_{-1}^{1} N_i |J|d\xi d\eta d\zeta \tag{4.1-26}$$

$$p_{ij}^e = \frac{\beta}{\lambda}\iint_{\Delta S} T_a N_i dS = T_a \frac{\beta}{\lambda}\int_{-1}^{1}\int_{-1}^{1} N_i \sqrt{E_\eta E_\zeta - E_\zeta^2}|_{\xi=\pm 1}d\eta d\zeta \tag{4.1-27}$$

1.2.3.2 水管冷却混凝土温度场的有限元迭代求解

1) 水管冷却空间温度场

混凝土中有冷却水管时，混凝土表面散热与冷却水管的导热同时作用，是一个典型的空间温度场问题。当用金属管时，冷却水管属于强制对流换热，对流换热系数足够大，管壁可近似视为第一类冷却边界；否则应视为第三类吸热边界，在理论上会更严密些，当为第一类冷却边界时，可用式4.1-28表示：

$$\Gamma^0 : T = T_w(t) \tag{4.1-28}$$

式中：$T_w(t)$——管内冷却水温，沿程变化，且事先只知道其入口水温；

Γ^0——水管冷却边界(图1-2-8)。

冷却水管大多采用钢管或铝管，近来也常有塑料质水管。当用金属水管时，由于金属的导热系数远比混凝土大，管厚度对冷却效果实际上影响很小，可以忽略不计。因此，在计算中可以认为管壁内外温度相同，即取金属水管的热阻近似为零，而在决算中可忽略管壁的厚度，水管边界可视为第一类边界。当用塑料质水管，管壁厚度很小时，也可近似地视为第一类冷却边界，计算精度足以能够满足工程精度的要求；当管壁厚度较大时，须将水管视为第三类热交换边界。

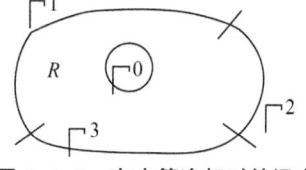

图 4-1-7　有水管冷却时的温度场边界条件示意图

根据不稳定温度场有限单元法计算的支配方程(式 4.1-19)，由 t 时刻的温度场即可求解 $t+\Delta t$ 时刻的温度场。

2) 沿程水温增量的计算

任取一段带有冷却水管的混凝土块元，如图 4.1-8 所示。

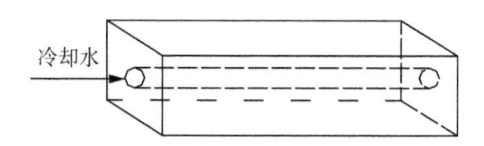

图4.1-8　带有冷却水管的混凝土坝示意图

根椐傅立叶热传导定律和热量平衡条件，水管壁面单位面积上的热流量为 $q=-\lambda\frac{\partial T}{\partial n}$。

(1) 经水管壁面 Γ^0 从混凝土向水体释放或吸收的热量为

$$\mathrm{d}Q_c = \iint_{\Gamma^0} q_i \mathrm{d}s \cdot \mathrm{d}t = -\lambda \iint_{\Gamma^0} \frac{\partial T}{\partial n}\mathrm{d}s \cdot \mathrm{d}t \tag{4.1-29}$$

(2) 从水管段元入口断面 $W1$ 进入管中水体的热量为

$$\mathrm{d}Q_{w1} = c_w \rho_w T_{w1} \cdot q_w \mathrm{d}t \tag{4.1-30}$$

(3) 从水管段元出口断面 $W2$ 流出的水体热量为

$$\mathrm{d}Q_{w2} = c_w \rho_w T_{w2} \cdot q_w \mathrm{d}t \tag{4.1-31}$$

式中：q_w、c_w 和 ρ_w ——冷却水的流量、比热和密度；
　　　T_{w1} 和 T_{w2} ——水管段元的入口水温和出口水温。

(4) 两个截面之间的水体由于增温或降温所增加或减少的热量为：

$$\mathrm{d}Q_w = \int c_w \rho_w \left(\frac{\partial T_{wP}}{\partial t} \cdot \mathrm{d}t\right) \mathrm{d}v \tag{4.1-32}$$

式中：T_{uP}——截面之间水体的温度。

热量的平衡条件为

$$dQ_{w2} = dQ_{w1} + dQ_c - dQ_w \qquad (4.1\text{-}33)$$

将式(4.1-29)、(4.1-30)、(4.1-31)和(4.1-32)代入式(4.1-33)，可推得式(4.1-34)。

$$\Delta T_{ui} = \frac{-\lambda}{c_w \rho_w q_w} \iint_{\Gamma^0} \frac{\partial T}{\partial n} ds + \frac{1}{q_w} \int \frac{\partial T_{uP}}{\partial t} dv \qquad (4.1\text{-}34)$$

考虑到水管中水体的体积很小，且通常水管的入口水温与出口水温变化不是很大，对于大坝工程温控防裂问题而言，式(4.1-34)可简化为

$$\Delta T_{ui} = \frac{-\lambda}{c_w \rho_w q_w} \iint_{\Gamma^0} \frac{\partial T}{\partial n} ds \qquad (4.1\text{-}35)$$

具体有限元计算时，曲面积分 $\iint_{\Gamma^0} \frac{\partial T}{\partial n} ds$ 可沿冷却水管外缘面逐个混凝土单元地作高斯数值积分。

由于冷却水的入口温度已知，利用上述公式，对每一根冷却水管沿水流方向可以逐段推求沿程管内水体的温度。设某一根冷却水管共分成 m 段，入口水温为 T_{u0}，第 i 段内水温增量为 ΔT_{ui}，则显然有

$$T_{ui} = T_{u0} + \sum_{j=1}^{i} \Delta T_{uj}，i = 1, 2, 3, \cdots, m \qquad (4.1\text{-}36)$$

3）水管冷却混凝土温度场的迭代求解

有了水管内水温的计算公式后，在算法理论上就可严密地处理冷却水管的边界条件。在式(4.1-35)和式(4.1-36)中，水管的沿程水温计算与边界法向温度梯度 $\partial T/\partial n$ 有关，因此带冷却水管的混凝土温度场是一个边界非线性问题，温度场的解无法一步得出，须采用迭代解法逐步逼近真解。

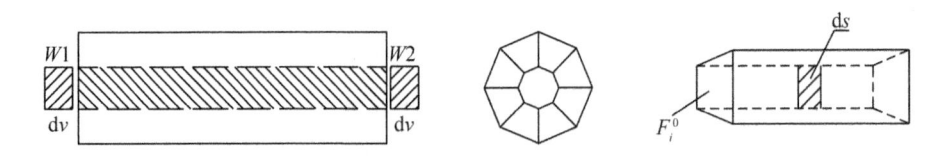

图 4.1-9 水管冷却水与混凝土之间的热交换示意

第一次迭代时可先假定整根冷却水管的沿程初始水温均等于冷却水的入口温度，用式(4.1-35)和式(4.1-36)得到水管的沿程水温；再以此水温作为水管中各处水体的初始水温，重复上述过程，直到混凝土温度场和水管中冷却水温都收敛于稳定值，迭代结束。

1.2.3.3 混凝土徐变应力的有限单元法计算

1) 徐变应力求解的基本理论

混凝土在复杂应力状态下的应变增量常常包括弹性应变增量、徐变应变增量、温度应变增量、干缩应变增量和自生体积变形增量，因此有

$$\{\Delta\varepsilon_n\} = \{\Delta\varepsilon_n^e\} + \{\Delta\varepsilon_n^c\} + \{\Delta\varepsilon_n^T\} + \{\Delta\varepsilon_n^s\} + \{\varepsilon_n^0\} \tag{4.1-37}$$

式中：$\{\Delta\varepsilon_n^e\}$——弹性应变增量；

$\{\Delta\varepsilon_n^c\}$——徐变应变增量；

$\{\Delta\varepsilon_n^T\}$——温度应变增量；

$\{\Delta\varepsilon_n^s\}$——干缩应变增量；

$\{\Delta\varepsilon_n^0\}$——自生体积变形增量。

弹性应变增量 $\{\Delta\varepsilon_n^e\}$ 由式(4.1-38)计算。

$$\{\Delta\varepsilon_n^e\} = \frac{1}{E(\bar{\tau}_n)}[Q][\Delta\sigma_n] \qquad (\bar{\tau}_n = \frac{\tau_{n-1}+\tau_n}{2}，以下同) \tag{4.1-38}$$

式中

$$[Q] = \begin{bmatrix} 1 & -\mu & -\mu & 0 & 0 & 0 \\ & 1 & -\mu & 0 & 0 & 0 \\ & & 1 & 0 & 0 & 0 \\ & 对 & & 2(1+\mu) & 0 & 0 \\ & & 称 & & 2(1+\mu) & 0 \\ & & & & & 2(1+\mu) \end{bmatrix} \tag{4.1-39}$$

$$[Q]^{-1} = \frac{1-\mu}{(1+\mu)(1-2\mu)} \begin{bmatrix} 1 & \frac{\mu}{1-\mu} & \frac{\mu}{1-\mu} & 0 & 0 & 0 \\ & 1 & \frac{\mu}{1-\mu} & 0 & 0 & 0 \\ & & 1 & 0 & 0 & 0 \\ & 对 & & \frac{1-2\mu}{2(1+\mu)} & 0 & 0 \\ & & 称 & & \frac{1-2\mu}{2(1+\mu)} & 0 \\ & & & & & \frac{1-2\mu}{2(1+\mu)} \end{bmatrix} \tag{4.1-40}$$

据常规混凝土的试验结果，弹性模量 $E(\bar{\tau}_n)$ 一般可由式(2-33)形式的双指数关系式来估算。

$$E(\tau) = E_0(1 - e^{-a\tau^b}) \quad (E_0 \text{为最终弹性模量}) \tag{4.1-41}$$

徐变应变增量 $\{\Delta\varepsilon_n^c\}$ 由式 4.1-42 计算。

$$\{\Delta\varepsilon_n^c\} = \{\eta_n\} + C(t_n, \bar{\tau}_n)[Q]\{\Delta\sigma_n\} \tag{4.1-42}$$

式中

$$\{\eta_n\} = \sum_s (1-e^{-r_s \Delta \tau_n})\{\omega_{sn}\} \tag{4.1-43}$$

$$\{\omega_{sn}\} = \{\omega_{s,n-1}\}e^{-r_s \Delta \tau_{n-1}} + [Q]\{\Delta \sigma_{n-1}\}\bar{\Psi}_s(\tau_{n-1})e^{-0.5r_s \Delta \tau_{n-1}} \tag{4.1-44}$$

$$C(t_n, \tau_n) = \sum_s \Psi_s(\tau)[1-e^{-r_s(t-\tau)}] \tag{4.1-45}$$

温度应变增量 $\{\Delta \varepsilon_n^T\}$ 由非稳定温度场计算结果求得,求出温度场后再由式(4.1-46)计算：

$$\{\Delta \varepsilon_n^T\} = \{\alpha \Delta T_n, \alpha \Delta T_n, \alpha \Delta T_n, 0, 0, 0\} \tag{4.1-46}$$

式中：α——热线膨胀系数；

ΔT_n——温差。

干缩应变增量 $\{\Delta \varepsilon_n^s\}$ 由式(4.1-47)与式(4.1-48)计算：

$$\{\varepsilon_n^s\} = \{\varepsilon_0^s\}(1-e^{-\alpha_n^d}) \tag{4.1-47}$$

$$\{\Delta \varepsilon_n^s\} = \{\varepsilon_n^s\} - \{\varepsilon_{n-1}^s\} \tag{4.1-48}$$

式中：$\{\varepsilon_0^s\}$——最终干缩应变。

在任一时刻 Δt_i 内,由弹性徐变理论的基本假定可得增量形式的物理方程：

$$\{\Delta \sigma_n\} = [\bar{D}_n](\{\Delta \varepsilon_n\} - \{\eta_n\} - \{\Delta \varepsilon_n^T\} - \{\Delta \varepsilon_n^s\}) \tag{4.1-49}$$

$$[\bar{D}_n] = \bar{E}_n [Q]^{-1} \tag{4.1-50}$$

$$\bar{E}_n = \frac{E(\bar{\tau}_n)}{1+E(\bar{\tau}_n)C(t_n, \bar{\tau}_n)} \tag{4.1-51}$$

2) 徐变应力场的有限单元法隐式解法

由物理方程、几何方程和平衡方程可得任一时段 Δt_i 在区域 R_i 上的有限单元法支配方程：

$$[K]\{\Delta \delta\}_i = \{\Delta P_i^G\} + \{\Delta P_i^C\} + \{\Delta P_i^T\} + \{\Delta P_i^S\} \tag{4.1-52}$$

式中：$\{\Delta \delta_i\}$——R_i 区域内所有节点三个方向上的位移增量；

$\{\Delta P_i^G\}$——Δt_i 时段内由外荷载引起的等效节点力增量；

$\{\Delta P_i^C\}$——徐变引起的等效节点力增量；

$\{\Delta P_i^T\}$——变温引起的等效节点力增量；

$\{\Delta P_i^S\}$——由于收缩和其他因素引起的等效节点力增量。对各个单元进行叠加计算,可得到：

$$\{\Delta P_i^G\} = \sum_e \{\Delta P_i^{Ge}\} = \sum_e \iiint_{\Delta R_i^e} [B]^T [D] \{\Delta \varepsilon^{Ge}\} \mathrm{d}x \mathrm{d}y \mathrm{d}z \quad (4.1-53)$$

$$\{\Delta P_i^{\,C}\} = \sum_e \{\Delta P_i^{\,Ce}\} = \sum_e \iiint_{\Delta R_i^e} [B]^T [D] \{\Delta \varepsilon^{Ce}\} \mathrm{d}x \mathrm{d}y \mathrm{d}z \quad (4.1-54)$$

$$\{\Delta P_i^{\,T}\} = \sum_e \{\Delta P_i^{\,Te}\} = \sum_e \iiint_{\Delta R_i^e} [B]^T [D] \{\Delta \varepsilon^{Te}\} \mathrm{d}x \mathrm{d}y \mathrm{d}z \quad (4.1-55)$$

$$\{\Delta P_i^{\,S}\} = \sum_e \{\Delta P_i^{\,Se}\} = \sum_e \iiint_{\Delta R_i^e} [B]^T [D] \{\Delta \varepsilon^{Se}\} \mathrm{d}x \mathrm{d}y \mathrm{d}z \quad (4.1-56)$$

式中：$[K]$——计算域整体劲度矩阵，其元素计算如下：

$$K_{rs} = \sum_e k^e_{\ ij} \quad (4.1-57)$$

由上述各式即可求得任意时段 Δt_i 的位移增量 $\Delta \delta_i$，再由下式可算得 Δt_i 内各个单元的应力增量

$$[\Delta \sigma_i] = [D][B]\{\Delta \delta_i^e\} - [D](\{\Delta \varepsilon_i^C\} + \{\Delta \varepsilon_i^T\} + \{\Delta \varepsilon_i^S\}) \quad (4.1-58)$$

将各时段的位移、应力增量累加，即可求得计算域任意时刻的位移场和徐变应力场。

$$\delta_i = \sum_{j=1}^N \Delta \delta_j, \quad \sigma_i = \sum_{j=1}^N \Delta \sigma_j \quad (4.1-59)$$

1.2.3.4 基于水化度的混凝土绝热温升计算模型

混凝土绝热温升不仅与龄期有关，还与自身温度和温度历程或成熟度有关，在试验结果和目前研究成果的基础上，提出新的基于水化度的混凝土绝热温升计算模型，以更全面地描述混凝土的水化放热特性。

1) 水化反应速率与温度的关系

水泥的水化反应是放热反应，随着水化反应的进行，混凝土内部温度将发生变化，温度的改变又会对水泥的水化反应产生重要影响。研究表明，水化反应速率随温度的升高而加快，且服从如下 Arrhenius 函数：

$$k(T) = A e^{-\frac{E_a}{RT}} \quad (4.1-60)$$

式中：$k(T)$——水化反应速率；

A——常数；

E_a——混凝土活化能，J/mol；

R——气体常数，J/(mol·K)，$R = 8.3144$ J/(mol·K)；

T 为混凝土的绝对温度，K。

从式(4.1-60)可知，温度对水化反应速率的影响服从以下 Arrhenius 方程：

$$\frac{\mathrm{d}(\ln k(T))}{\mathrm{d}T} = \frac{E_a}{RT^2} \quad (4.1-61)$$

由式(4.1-61)可以看出,在温度分别为 T_1 和 T_2 时,水化反应速率之比 k_1/k_2 可以表示为:

$$\frac{k_2}{k_1} = \exp\left[\frac{E_a}{R}\left(\frac{1}{T_1} - \frac{1}{T_2}\right)\right] \tag{4.1-62}$$

当温度高于 10℃ 时,普通水泥的活化能 E_a 可以近似地取为 63 552 J/mol(E_a/R = 7 640 K)。从上式得出,当水化温度分别为 10℃、20℃、30℃、40℃ 时,水泥水化反应速率比(k_2/k_1)分别为 2.51、5.94、13.30、28.31。也就是说,温度对普通水泥水化反应速率有很大的影响,早期混凝土的温度发展大大依赖于混凝土的温度历史。

2)等效龄期成熟度

成熟度的概念与方法最初用来描述在水泥水化过程中温度与龄期对混凝土强度、弹性模量等力学特性的影响。研究发现,混凝土的养护温度和龄期对其强度的发展具有重要影响,混凝土的强度随龄期的增加而增大,养护温度越高,早期混凝土强度发展越快。针对上述现象,研究者在试验的基础上建立基于温度和龄期的函数,用来描述混凝土的强度随水化反应变化的特性,这就是成熟度函数。

成熟度函数的发展经历了一个长期的过程。1951 年,Saul 建议成熟度函数可表示为温度与龄期的乘积,且认为,对于同种配比的混凝土而言,无论其养护温度和龄期如何,只要成熟度相同,则混凝土的强度也相同,这就是成熟度的核心思想。基于这种思想,Bergstorm 于 1953 年提出如下成熟度函数:

$$M = \sum_0^\tau (T - T_0)\Delta\tau \tag{4.1-63}$$

式中:M——成熟度;

τ——混凝土龄期;

$\Delta\tau$——计算时段;

T——$\Delta\tau$ 时段内的混凝土平均温度;

T_0——参考温度。

从 Arrhenius 函数可知,混凝土温度对强度产生影响的本质在于对水化反应速率的影响,式(4.1-63)表示的成熟度函数在一定程度上能够反映混凝土温度与龄期对强度发展的影响,但并不能从本质进行描述,有一定的局限性。

随着 Arrhenius 函数逐渐被人们接受,基于该函数的成熟度方法被广泛采用,在描述混凝土强度的同时,也更多地被用来反映混凝土的水化反应等热学特性。

Freiesleben 和 Pedersen 于 1977 年提出基于 Arrhenius 函数的等效龄期成熟度函数,形式如下:

$$t_e = \sum_0^t \exp\left[\frac{E_a}{R}\left(\frac{1}{273 + T_r} - \frac{1}{273 + T}\right)\right] \cdot \Delta t \tag{4.1-64}$$

式中:T_r——混凝土参考温度,℃,一般取 20℃;

T——时段 Δt 内的混凝土平均温度,℃;

t_e——相对于参考温度的混凝土等效龄期成熟度,d。

之后,Freiesleben 和 Pedersen 对上述模型进行完善,从而建立如下积分形式的等效龄期成熟度模型:

$$t_e = \int_0^t \exp\left[\frac{E_a}{R} \cdot \left(\frac{1}{273+T_r} - \frac{1}{273+T}\right)\right] dt \qquad (4.1-65)$$

该模型即为在国外较为普遍采用的等效龄期成熟度模型。

运用等效龄期成熟度方法,可以采用等效龄期的方式将不同养护温度条件下的水泥水化过程转化为恒定的参考温度下的水泥水化过程,从而可以比较不同温度历史过程时混凝土的水化反应状态和热力学特性。

3)水化度

水化度即水化反应程度,亦即与胶凝材料完全水化的状态相比,某一时刻水化反应所达到的程度。混凝土的各热力学特性,例如导温、导热、比热、水化反应、强度、弹性模量等都与水化度有关,且可用水化度来表示。

水化度的表达方式有多种,随研究内容的不同而不同,研究混凝土水化放热特性时主要采用基于水化放热量的水化度表达式,研究强度特性时则主要采用基于抗压强度发展的水化度表达式。基本的水化度公式如下:

$$\alpha(\tau) = \frac{W_c(\tau)}{W_{ctol}} \qquad (4.1-66)$$

式中:$\alpha(\tau)$——龄期 τ 时的水化度;

$W_c(\tau)$——龄期 τ 时累积参加水化反应的胶凝材料量,kg;

W_{ctol}——胶凝材料总量,kg。

在实际水化过程中,胶凝材料不可能完全参加水化反应,因此当 $\tau \to \infty$ 时,$\alpha(\tau) \to \alpha_u$($\alpha_u$ 为 $\tau \to \infty$ 时的最终水化度,$\alpha_u < 1$)。这样的水化度定义便于理解,但从研究的角度来讲,水化反应最终结束时参加反应的胶凝材料量比胶凝材料总量更有意义。为此,可作如下定义:

$$\alpha(\tau) = \frac{W_c(\tau)}{W_{cu}} \qquad (4.1-67)$$

式中:$\alpha(\tau)$——龄期 τ 时的水化度,当 $\tau \to \infty$ 时,$\alpha(\tau) \to 1$;

$W_c(\tau)$——龄期 τ 时累积参加水化反应的胶凝材料量,kg;

W_{cu}——最终参加水化反应的胶凝材料量,kg。

由于单位质量胶凝材料所产生的水化热不变,因此可采用水化放热量来定义水化度,如下所示:

$$\alpha(\tau) = \frac{Q(\tau)}{Q_u} \qquad (4.1-68)$$

式中：$Q(\tau)$——龄期 τ 时的累积水化反应放热量，J；

Q_u——最终水化放热量，J。

混凝土的水化放热特性可通过绝热温升来体现，根据其热学特性，有

$$Q(\tau) = c\theta(\tau), Q_u = c\theta_u$$

式中：c——混凝土比热，kJ/(kg·℃)；

$\theta(t)$——龄期 τ 时的混凝土绝热温升，℃；

θ_u——混凝土最终绝热温升，℃。

从而建立基于混凝土绝热温升的水化度表达式：

$$\alpha(\tau) = \frac{\theta(\tau)}{\theta_u} \quad (4.1-69)$$

由上式可知，和混凝土绝热温升一样，水化度受混凝土材料组成、自身温度的影响。对于同种混凝土而言，不同的龄期和温度历史、水化度也不同。进一步讲，混凝土的绝热温升完全可以用水化度来描述。

4）水化度与等效龄期成熟度的关系

根据水化度的定义和混凝土的热力学特性，对于同种混凝土而言，无论其养护温度和龄期如何变化，只要具有相同的水化度，则其热力学性能也应该相同，这和成熟度的概念正好一致。因此，水化度和成熟度之间存在一定的函数关系。基于上述思想，国外研究者在试验基础上提出了一些水化度与等效龄期成熟度的关系式，常用的主要包括以下四种：

(1) 复合指数式一

$$\alpha(t_e) = \exp\left[-\left(\frac{m}{t_e}\right)^n\right] \quad (4.1-70)$$

式中：t_e——相对于参考温度的混凝土等效龄期成熟度；

$\alpha(t_e)$——基于等效龄期成熟度 t_e 的水化度；

m——水化时间参数，常数；

n——水化度曲线坡度参数，常数。

(2) 复合指数式二

$$\alpha(t_e) = \exp\{-\lambda_1 [\ln(1+t_e/m)]^{-n}\} \quad (4.1-71)$$

式中：λ_1——水化度曲线形状参数，常数；

n——水化度曲线坡度参数，常数；

m——水化时间参数，常数。

(3) 双曲线式

$$\alpha(t_e) = \frac{t_e}{t_e + 1/C} \quad (4.1-72)$$

式中：C——水化度曲线形状参数，常数。

（4）指数式

$$\alpha(t_e) = 1 - \exp(-\gamma t_e) \tag{4.1-73}$$

式中：γ——水化度曲线形状参数，常数。

从以上模型可以看到，等效龄期成熟度和水化度之间存在对应关系，对于同种混凝土而言，成熟度相同，则水化度也相同，混凝土的热力学特性必然也相同。因此，水化度概念建立了混凝土等效龄期成熟度与热力学特性的桥梁，能更直观地表述混凝土温度、龄期以及水化反应对其热力学特性的影响。

5）基于水化度的混凝土绝热温升模型

由式(2-61)可知，$\theta(\tau) = \theta_u \cdot \alpha(\tau)$，同理，有

$$\theta[\alpha(t_e)] = \theta_u \cdot \alpha(t_e) \tag{4.1-74}$$

式中：$\theta[\alpha(t_e)]$——基于水化度的混凝土绝热温升，℃。

四种基于水化度的混凝土绝热温升计算模型：

（1）复合指数式一

$$\theta[\alpha(t_e)] = \theta_u \cdot \alpha(t_e) = \theta_u \exp\left[-\left(\frac{m}{t_e}\right)^n\right] \tag{4.1-75}$$

（2）复合指数式二

$$\theta[\alpha(t_e)] = \theta_u \cdot \alpha(t_e) = \theta_u \exp\{-\lambda_1 \left[\ln(1 + t_e/m)\right]^{-n}\} \tag{4.1-76}$$

（3）双曲线式

$$\theta[\alpha(t_e)] = \theta_u \cdot \alpha(t_e) = \theta_u \frac{t_e}{t_e + 1/C} \tag{4.1-77}$$

（4）指数式

$$\theta[\alpha(t_e)] = \theta_u \cdot \alpha(t_e) = \theta_u [1 - \exp(-\gamma t_e)] \tag{4.1-78}$$

经过对比验证，上述四种曲线形式中，两种复合指数式模型的适应能力较强，拟合结果比较理想，均方误差都不超过 0.80℃，推荐在研究中采用。

1.2.3.5 混凝土温度场和应力场的精细仿真计算

含冷却水管的混凝土非稳定温度场和应力场的精细算法对现实情况中存在的几乎所有因素都能够考虑，具体如下：环境温度历时变化（包括年气温变化、昼夜温差、寒潮、平均风力等），混凝土材料性质的历时变化（包括龄期、弹模、泊松比、徐变、自生体积变形和干缩变形、绝热温升、热胀系数、导热系数、导温系数、自重、抗拉强度等），地基材料性质（包括弹模、泊松比、热胀系数、导热系数、导温系数以及自重等），混凝土表面覆盖材料的性质（包括模板或保温材料的厚度、材质、覆盖时长、拆模时刻等），混凝土内部水管冷却效果的影响因素（包括水管材质、管径、管壁厚度、布置型式、流量、流向、进口水温、开

始通水时刻以及通水时长等),施工方法对温度应力场的影响因素(包括分块浇筑、分层浇筑、间歇时长、伸缩缝、后浇带等)。

因为能够细致地模拟各类实际影响因素,且水管在有限元模型中也是采用离散单元,而非均化或等效模型,所以算法达到了混凝土温度场和应力场精细仿真计算的水平。在各计算参数准确的前提下,可以最大程度地模拟现实情况,达到很高的精度和可靠度,从而为工程提供合理的建议,切实达到防裂的目标。

1.3 非溢流坝段温控

1.3.1 温控措施

出山店水库非溢流坝段混凝土浇筑层厚 3.0 m,浇筑时间汛期秋季到冬季,温控措施主要采用内部通水冷却和表面保温两种措施。

1. 通水冷却

高程 71 m 以下浇筑层上游 C25 混凝土、廊道附近 3 m 范围内 C15 混凝土、下游 C20 混凝土以及高程 71~74 m 浇筑层上游 C25 混凝土布置水管间距为 0.5 m×0.5 m,通水时长 7d。其余廊道层 C15 混凝土水管布置间距为 1.5 m×1.5 m,通水时长 14d,采用河水进行冷却,温度峰值出现之前流量不低于 80 m³/d,单根水管进出口之间的长度控制在 150 m 左右(可避免换向的麻烦)。高程 74 m 以上浇筑层上游 C25 混凝土布置水管间距为 1.0 m×1.0 m,通水时长 7 d。

2. 表面保温

浇筑层上下游面的保温散热系数为 100 kJ/(m²·d·℃),具体可采用钢模板外贴 8 cm 厚聚乙烯苯板的方法,拆模后立即覆盖 3 cm 厚聚乙烯卷材(俗称大坝保温被),卷材用木条固定于坝面上,注意相邻卷材之间至少有 20 cm 的搭接长度,如果横缝面为临空面,也采用与上下游面相同的保温措施,卷材保温至 2017 年 4 月可以拆除,最好保留到蓄水前再拆除,以防极端寒潮。浇筑层仓面散热系数为 480 kJ/(m²·d·℃),具体可采用两层复合土工布(一布一膜复合式,下面一层为膜面朝下,上面一层为膜面朝上),起到保温、保湿、防雨的作用,直至上层混凝土浇筑前掀开。

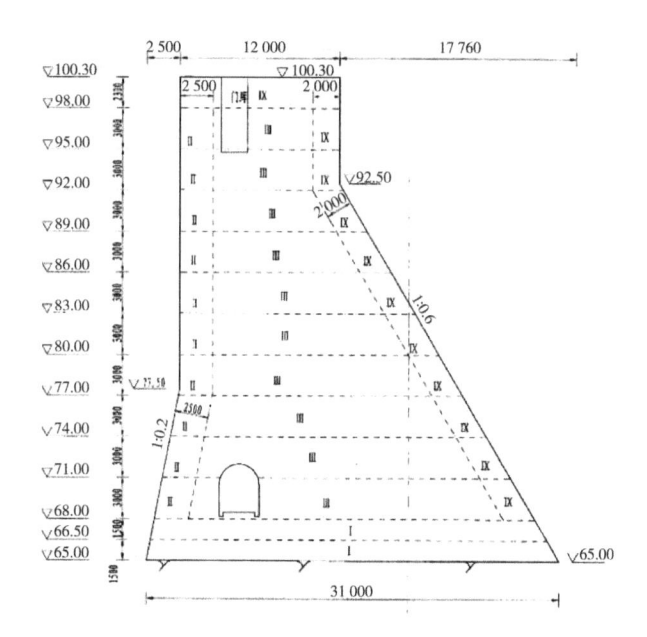

图 4.1-10 非溢流坝段分层分块浇筑层图

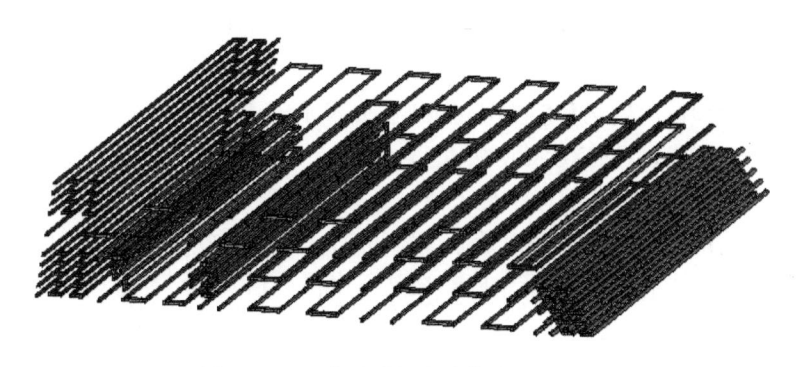

图 4.1-11 非溢流坝段水管布置三维图

1.3.2 温控指标

非溢流坝段混凝土浇筑根据浇筑时间以及基础约束情况的不同,浇筑温度、最高温度、内外温差需满足表 4.1-5 的要求。

表 4.1-5 ♯坝段水管布置三维图

混凝土标号 温控指标		浇筑温度 (℃)	最高温度 (℃)	内外温差 (℃)	备注
基础强约束区	C15	14	37	13	高度 0.2 L 以下秋季浇筑
	C20	14	29	9	
	C25	14	27	7	

续表

温控指标 混凝土标号		浇筑温度 (℃)	最高温度 (℃)	内外温差 (℃)	备注
基础弱约束区	C15	12	37	15	高度在 0.2 L~0.4 L 初冬浇筑
	C20	12	33	11	
	C25	12	32	10	
基础非约束区	C15	10	37	16	高度 0.4 L 以上冬季浇筑
	C20	10	36	11	
	C25	10	36	10	

1.3.3 仿真计算

选取 4# 非溢流坝段进行仿真计算分析。坝段整体有限元模型无水管时节点数为 44 534，单元数为 38 852。在温度场仿真计算时，假定模型基础底面及四周均为绝热边界，其他面为热量交换边界，坝体的横缝面为绝热面，其他面为热交换边界。在应力场计算时，假定基础底面为铰支座，四周为连杆支撑，上部结构自由。

混凝土浇筑层间歇期在 7~10 d。根据工程经验，蓄水过程中以及蓄水后几年内，坝体温度受到库水温度影响将继续下降，相应温降区域的混凝土拉应力继续上升，故蓄水后几年内的初运行期是容易出现裂缝的时期。因此，在浇筑结束后继续模拟了蓄水过程（考虑库水温度对坝体温度场和应力场的影响，以及水压力对坝体应力的影响）直至运行 10 年，故汛后模拟的总时长接近 4 000 d。

计算结果表明 3 m 浇筑层厚条件下 4# 坝段的温度场和应力场，如果没有采取任何温控防裂措施，整体结构上下游侧以及仓面附近较大区域应力超过抗拉强度。廊道层浇筑温度在 13.8℃条件下，C25 混凝土内部最高温度将达到 40℃，上游 C25 混凝土和下游 C20 混凝土拉应力峰值均达到 3.6 MPa，远超过其抗拉强度。廊道层以上 C15 混凝土中心温度在 34~36℃，中心部位拉应力在 1.3 MPa 左右，比较安全，但仓面有部分区域拉应力超标。采取温控措施后，C25 混凝土内部温度峰值控制在 25℃左右，上游 C25 混凝土拉应力峰值降到 2.0 MPa，安全系数达 1.34；下游 C20 混凝土拉应力峰值降到 1.5 MPa，安全系数达 1.53；廊道层 C15 混凝土温度峰值从 40℃降到 37℃，应力峰值基本满足强度要求。混凝土温度和应力具体计算结果见图 4.1-12~4.1-13。

1.4 表孔坝段温控

1.4.1 温控措施

出山店水库溢流坝段混凝土浇筑层厚 1.5~5.0 m，主要采取内部通水冷却和表面保温两种温控措施。

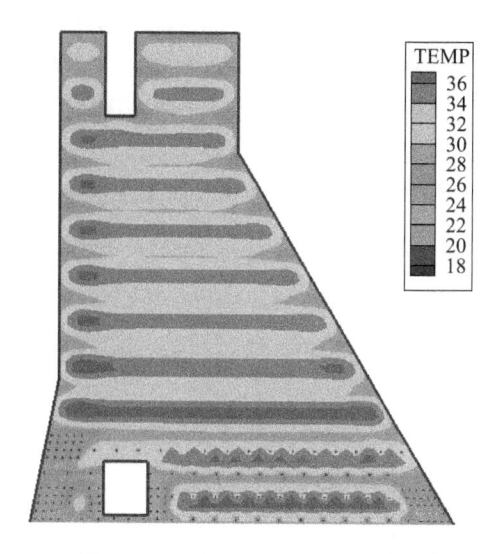

图 4.1-12　温度包络图(单位:℃)

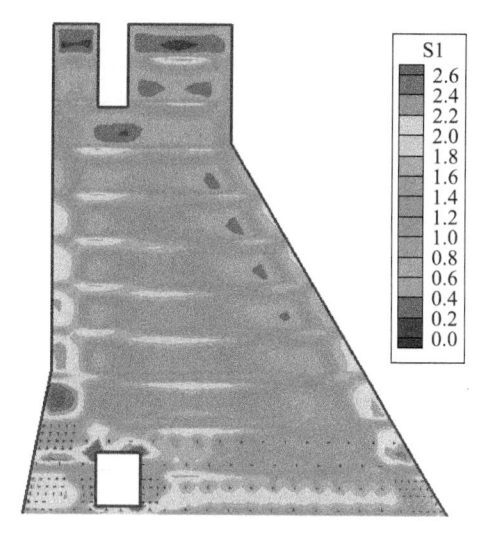

图 4.1-13　应力包络图(单位:MPa)

1. 通水冷却

廊道层强约束区 C25 混凝土内，靠近上游表面 3.0 m 范围内通两层水管，间距为 0.5×0.5 m，廊道层 C15 混凝土(强约束区和弱约束区)内均需布置水管，水管布置间距为 0.75×0.75 m。采用河水进行冷却，通水时间均为 10 d，流量为 72 m³/d，单根水管进出口之间的长度控制在 150 m 左右(可避免换向的麻烦)。根据仿真计算结果冬季浇筑底孔闸墩无需通水冷却，但实际是否通冷却水管可参考各方经验进一步讨论。

2. 表面保温

上游面 86.5 m 高程以上保温力度是 200 kJ/(m²·d·℃)。廊道层中段 C15 混凝土仓面保温力度是 100 kJ/(m²·d·℃),其他表面保温力度为300 kJ/(m²·d·℃)。如遇最低温为−20℃以内的寒潮,则需在寒潮期间加强保温力度至 100 kJ/(m²·d·℃)。具体措施:早龄期阶段与其他坝段一样采用钢模板外贴 8 cm 厚聚乙烯苯板的方法,拆模后立即覆盖聚乙烯卷材(俗称大坝保温被),覆盖厚度为 3.0 cm。卷材用木条固定于坝面上,注意相邻卷材之间至少有 20 cm 的搭接长度,如果横缝面为临空面,也采用与上下游面相同的保温措施,卷材保温至 2017 年 4 月可以拆除,最好保留到蓄水前再拆除,以防极端寒潮多次来临。

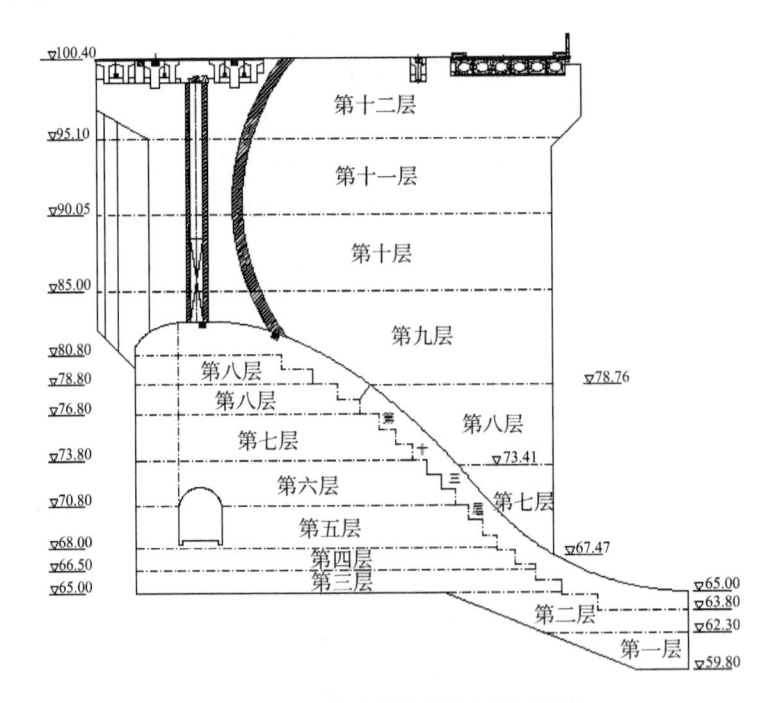

图 4.1-14　表孔坝段浇筑分层示意图

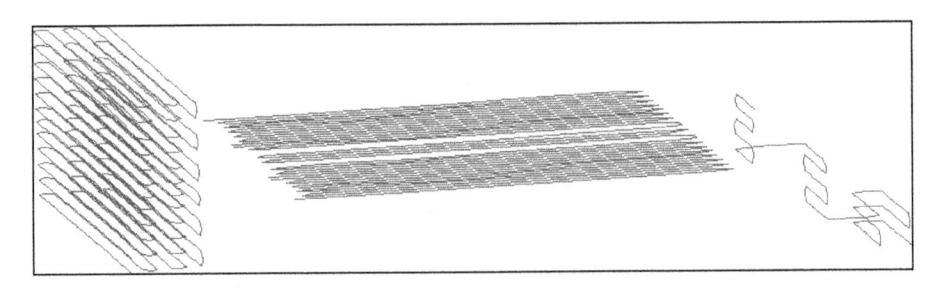

图 4.1-15　水管布置三维视图

1.4.2　温控指标

表孔坝段混凝土浇筑的浇筑温度、最高温度、内外温差需满足表 4.1-6 的要求。

表 4.1-6　表孔坝段混凝土浇筑温度控制指标

温控指标	混凝土标号		浇筑温度（℃）	最高温度（℃）	内外温差（℃）	备注
坝体部分	基础强约束区	C15	15.0	39.0	13.0	高度 0.2 L 以下秋季浇筑
		C25	15.0	31.0	7.0	
	基础弱约束区	C15	13.0	39.0	13.0	高度在 0.2 L～0.4 L 初冬浇筑
		C25	13.0	35.0	9.0	
	基础非约束区	C15	10.0	37.0	11.0	高度 0.4 L 以上冬季浇筑
		C25	10.0	38.0	10.0	
闸墩部分	基础强约束区	C30	12.0	40.0	12.0	
		C35	12.0	36.0	12.0	
	基础非约束区	C30	10.0	41.0	12.0	
		C35	10.0	34.0	12.0	

1.4.3　仿真计算

选取表孔坝段 10# 坝段进行典型分析，有限元模型节点数为 77 756，单元数为 70 888。在温度场仿真计算时，假定坝基础底面及四周均为绝热边界，坝体横缝面为绝热边界，其他面为热量交换边界。在应力场计算时，假定基础底面为铰支座，四周为连杆支撑，上部结构均自由。由于温度应力是一个自平衡力系，其影响主要发生在温度变化激烈部位及其周围，同时考虑到在计算规模和时间上的限制，取计算域基础在坝体向外扩展范围为：基础上、下游各取 60 m，垂直水流方向各取 25 m，地基深度取 70 m。

计算结果表明 10# 坝段无任何温控措施下，表面较危险区域为廊道层上游面 74 m 高程以上 C25 混凝土，抗拉强度为 2.68 MPa，最大达到 2.84 MPa；闸墩 90.05 m 以下高程表面 C35 混凝土，最大拉应力为 3.51 MPa，出现在龄期 5 d 左右。混凝土早龄期的最大拉应力与当时的抗拉强度十分接近，抗拉强度较小，在此期间遭遇温度骤降，则极易开裂。内部较危险区域为廊道层 70.8 m 高程以下上游侧 C25 混凝土，最大拉应力达到 3.41 MPa（抗拉强度为 2.68 MPa）；廊道层中段 C15 混凝土，抗拉强度为 1.95 MPa，其中段靠近下游侧最大拉应力达到 2.00 MPa。溢流面与其下部结构间歇期很长，且交界面为台阶状，由于角点较多，应力集中现象严重。

采取保温和通水冷却相结合的措施后，廊道层上游面应力控制在 2.23 MPa 以内，闸墩表面拉应力控制在 2.39 MPa 以内。廊道层 70.8 m 高程以下，上游侧内部拉应力降到 1.91 MPa，安全系数达到 1.40；廊道层中段内部拉应力控制在 1.89 MPa 以内。台阶处应力集中现象得到较大缓解，高程 73.8 m 以上应力控制在 1.80 MPa 以内，小于下层 C15 混凝土抗拉强度 1.95 MPa。混凝土温度和应力具体计算结果见图 4.1-16～4.1-18。

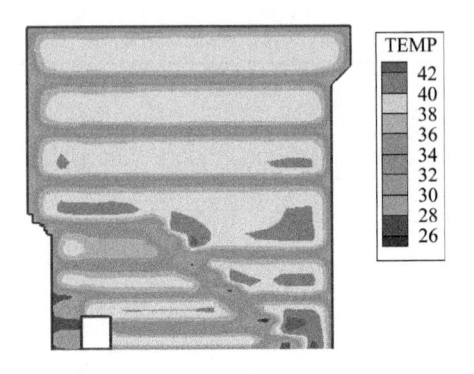

图 4.1-16　温度包络图(单位：℃)

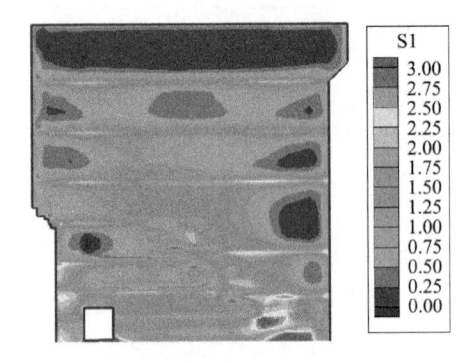

图 4.1-17　闸墩应力包络图(单位：℃)

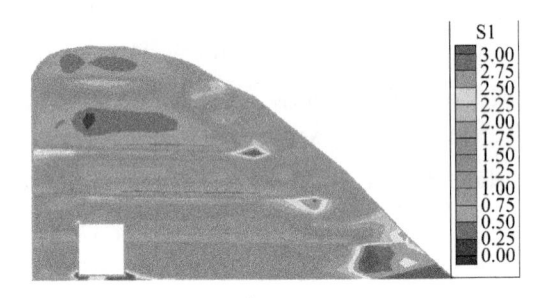

图 4.1-18　堰身应力包络图(单位：℃)

1.5　底孔坝段温控

1.5.1　温控措施

出山店水库溢流坝段混凝土浇筑层厚 3.0～5.0 m，主要采取内部通水冷却和表面保温两种温控措施。

1. 通水冷却

廊道上游侧高程 73.8 m 以下 C25 混凝土布置水管间距为 0.5×0.5 m。廊道层中段 C15 混凝土,在基础强约束区仓面以下 0.5 m 处布置一层水管,水平间距为 0.5 m。闸墩基础约束区范围内布置水管间距为 0.75 m×0.75 m。采用河水进行冷却,通水时间均为 10d,流量为 72 m³/d,单根水管进出口之间的长度控制在 150 m 左右(可避免换向的麻烦)。根据仿真计算结果,冬季浇筑的基础非约束区范围内的表孔闸墩无需通水冷却,实际是否通水冷却可根据各方经验再讨论。

2. 表面保温

高程 76.8 m 以下表面保温散热系数是 50 kJ/(m²·d·℃),高程 76.8 m 以上表面保温散热系数是 100 kJ/(m²·d·℃)。具体可采用钢模板外贴 8 cm 厚聚乙烯苯板的方法,拆模后立即覆盖聚乙烯卷材(俗称大坝保温被),高程 76.8 m 以下覆盖厚度为 5.0 cm,高程 76.8 m 以上覆盖厚度为 3.0 cm。

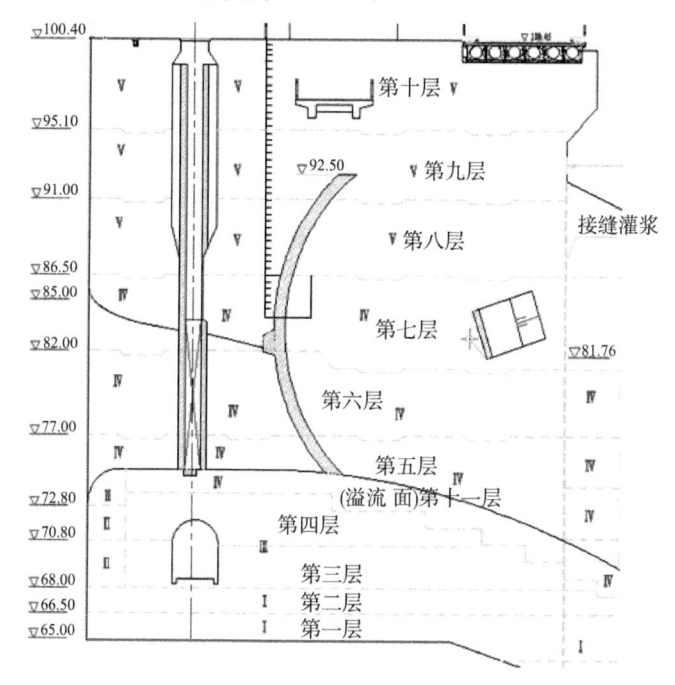

图 4.1-19　底孔坝段浇筑分层示意图

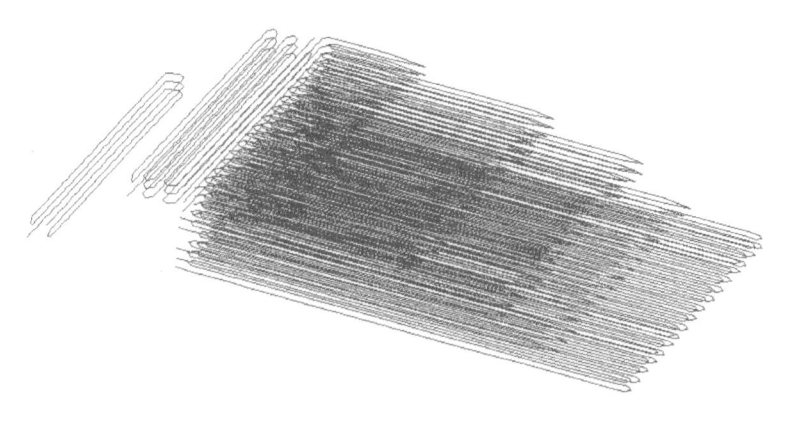

图 4.1-20　水管布置三维视图

1.5.2 温控指标

底孔坝段混凝土浇筑的浇筑温度、最高温度、内外温差需满足表4.1-7的要求。

表4.1-7 底孔坝段混凝土浇筑温度控制指标

混凝土标号温控指标		浇筑温度(℃)	最高温度(℃)	内外温差(℃)	备注
坝体部分	基础强约束区 C15	15.0	39.0	13.0	高度 0.2 L 以下秋季浇筑
	C25	15.0	31.0	7.0	
	基础弱约束区 C15	13.0	39.0	13.0	高度在 0.2 L~0.4 L 初冬浇筑
	C25	13.0	35.0	9.0	
	基础非约束区 C15	10.0	37.0	11.0	高度 0.4 L 以上冬季浇筑
	C25	10.0	38.0	10.0	
闸墩部分	基础强约束区 C30	12.0	40.0	12.0	—
	C35	12.0	36.0	12.0	—
	基础非约束区 C30	10.0	41.0	12.0	—
	C35	10.0	34.0	12.0	—

1.5.3 仿真计算

选取底孔坝段15#坝段进行典型分析,有限元模型节点数为90 439,单元数为81 288。计算域基础在坝体向外扩展范围为:基础上、下游各取60 m,垂直水流方向各取25 m,地基深度取70 m。

计算分析表明无任何温控措施时,底孔坝段表面较危险区域为上游面胸墙C30混凝土,抗拉强度为3.22 MPa,其最大拉应力达到3.75 MPa;闸墩上游面C35混凝土,在早龄期6d内达到最大拉应力3.77 MPa,此时抗拉强度还没有增长到3.8 MPa,有开裂风险。厚薄闸墩在两层混凝土的交界面及仓面以下约0.5 m深度范围内的最大拉应力达到4.22 MPa,远超出C30混凝土的抗拉强度3.22 MPa。厚闸墩靠流道侧表层为C35混凝土,最大拉应力达到4.13 MPa。闸墩顶面C30混凝土,最大拉应力达到3.85 MPa。内部较危险的区域为廊道层上游侧强约束区C25混凝土,最大拉应力为2.61 MPa,接近抗拉强度2.68 MPa,安全裕度很小;廊道层中段C15混凝土,最大拉应力达到2.96 MPa,超出抗拉强度1.95 MPa。

采用保温和通水相结合的温控措施后,胸墙上游面C30混凝土拉应力控制在2.80 MPa以内,最小防裂安全系数为1.15;闸墩靠流道侧表层为C35混凝土,最大拉应力控制在3.43 MPa。闸墩C30混凝土仓面拉应力也控制在抗拉强度以内。廊道层上游侧C25混凝土内部最大拉应力降至2.13 MPa以内,最小安全系数为1.26,中段C15混凝土拉应力控制在1.60 MPa以内,最小安全系数为1.22。混凝土温度和应力具体计算结果见图4.1-21~4.1-22。

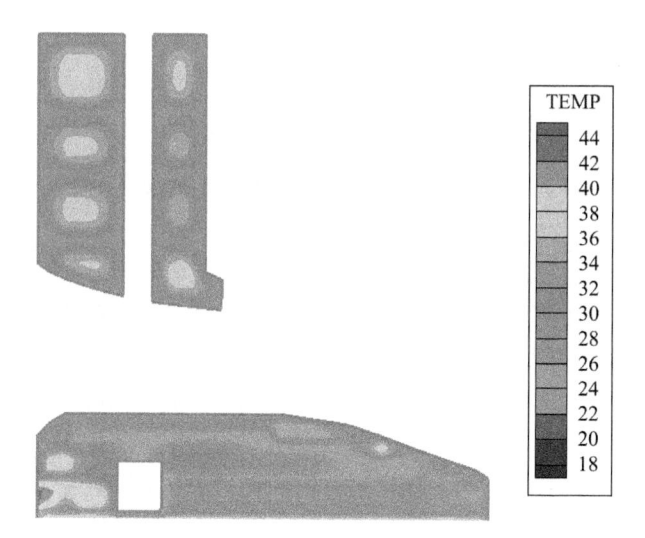

图 4.1-21　底孔温度包络图(单位:℃)

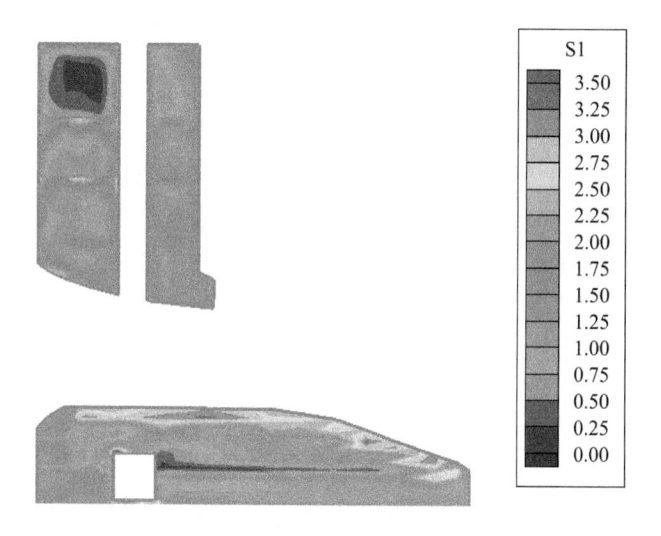

图 4.1-22　底孔应力包络图(单位:℃)

第二节 缓倾角断层处理

2.1 概述

岩体中的缓倾角结构多种多样,在各类岩体中都可能存在,而其带来的深层抗滑稳定问题是重力坝勘察设计中最常见而又最棘手的问题。

缓倾角结构面通常埋藏较深,可以直接观察研究的露头极少,主要依靠勘探坑、孔、井、洞进行点上的揭露;没有可把握的分布规律和较稳定的分布格局,随机性较延伸范围和性状在空间上的变化都很大。无法准确判断缓倾角结构面的连通性(率)及不同性状的软弱物质的分布比例,缓倾角结构面的物理力学性质,试验条件通常都很困难,确定的参数存在争议。

岩体中缓倾角结构面是一个重大工程地质问题,前期应做到基本查明它的情况,避免出现设计的重大改变。

出山店水库工程混凝土溢流坝段内断层以北西西向为主,次为北西向、近东西向、北东向、北东东向以及近南北向,断层多数为中陡倾角;开挖揭露的缓倾角断层主要包括 F_{34} 断层带(包含 F_{34-1}、F_{34-2} 次生断层)、F_{30} 断层,影响大坝稳定安全,需妥善进行处理。

2.2 工程地质情况

2.2.1 断层 F_{34} 工程地质条件

混凝土坝段建基面开挖至设计高程 65 m 时,建基面揭露地质条件与前期勘察成果基本一致,基岩岩性为加里东晚期中粗粒黑云母花岗岩,局部夹片岩捕掳体,并有细粒花岗岩脉、长英岩脉、石英岩脉及绿帘石脉穿插,风化程度以弱~微风化为主,局部断层及断层影响带为强风化。混凝土溢流坝段内断层以北西西向为主,次为北西向、近东西向、北东向、北东东向以及近南北向,断层多数为中陡倾角;开挖揭露的缓倾角断层主要包括 F_{34} 断层带(包含 F_{34-1}、F_{34-2} 次生断层)、F_{30} 断层等。

2.2.2 断层描述

F_{34} 断层实测走向 85°~125°,倾向近南~南西,倾角 25°~29°,断层带宽 0.3~0.5 m,向下游齿槽部位逐渐收敛至约 0.1 m,构造岩为泥夹岩屑结构、岩屑夹泥结构,成分由灰绿色碎裂岩、暗紫红色角砾岩及岩屑组成,角砾多呈粒径 3 cm 的碎块,断层面局部附有 1~2 cm 的紫红色泥质。见有擦痕,断壁光滑,见蜡质光泽,影响带宽度为 1.4~2.4 m。

在建基面附近与高角度节理组合切割,沿断层带形成宽6.0～8.0m、深2～3m的"V"形沟槽。

F_{34-1}、F_{34-2}断层为F_{34}断层的次生断层,倾向南西,产状与F_{34}相近,断层带宽0.1～0.4m,构造岩为角砾岩,结构紧密,局部附有1～2cm的紫红色泥质。在建基面附近均形成有宽3～6m、深1～2m的"V"形沟槽。

F_4为新揭露断层,倾向357°～1°,近正北,倾角64°～72°,断层带宽0.2～1.2m,构造岩为岩屑岩块结构,成分由灰绿色碎裂岩、角砾岩及岩屑组成。

2.2.3 断层破碎带物质组成

根据F_{34}断层颗粒分试验成果,断层破碎带内黏粒含量多大于10%,少数颗粒组成中黏粒含量小于10%,断层破碎带结构类型为泥夹岩屑结构。

表4.2-1 F_{34}断层破碎带物质组成颗分统计成果表

试样编号	颗粒组成(%)								黏粒
	砂粒					粉粒		
	>2.0mm	2.0～1.0mm	1.0～0.5mm	0.5～0.25mm	0.25～0.1mm	0.10～0.075mm	0.075～0.05mm	0.05～0.005mm	<0.005mm
F_{34-1}	0.0	0.0	11.8	8.8	18.7	9.2	14.8	27.8	8.9
F_{34-2}	3.4	11.8	21.3	10.8	10.9	6.3	12.7	10.9	11.9
F_{34-3}	0.0	14.7	20.4	11.0	13.4	7.9	8.9	14.0	9.7
F_{34-4}	0.0	5.4	13.1	11.7	18.8	8.9	12.2	18.6	11.3
F_{34-5}	0.0	0.0	11.8	7.3	13.0	6.6	24.6	27.1	9.6
F_{34-6}	0.0	0.0	9.0	8.6	19.6	7.4	11.6	31.4	12.4
F_{34-7}	0.0	0.0	10.7	9.3	17.8	7.6	16.7	27.0	10.9
F_{34-8}	0.0	0.0	13.9	7.9	15.2	6.5	17.8	25.7	13.0
F_{34-9}	0.0	7.8	19.8	9.9	13.5	7.0	16.3	14.6	11.1
F_{34-10}	0.0	0.7	15.1	10.4	14.0	7.0	20.7	13.7	8.4
组数	10.0	10.0	10.0	10.0	10.0	10.0	10.0	10.0	10.0
最小值	0.0	0.0	9.0	7.3	10.9	6.3	8.9	10.9	8.4
最大值	3.4	14.7	21.3	11.7	19.6	9.2	24.6	31.4	13.0
平均值	0.3	5.0	14.7	9.6	15.5	7.4	15.6	21.1	10.7

结合岩石试验和查阅规范取值,参考类似工程实践,确定F_{34}、F_{34-1}、F_{34-2}断层带的抗剪强度指标建议值。

表4.2-2 F_{34}断层带抗剪强度指标参数建议值表

	f'	C'(MPa)	f
F_{34}、F_{34-1}、F_{34-2}断层破碎带	0.30	0.03	0.25

2.2.4 工程地质评价

F_{34}及其次生断层倾角较缓,且与f4陡倾角断层组合切割,在混凝土坝段7#~8#坝基形成楔形块体,对坝基稳定不利,建议复核对坝基稳定的影响。

2.2.5 断层F_{30}工程地质条件

2.2.5.1 断层描述

F_{30}断层走向为104°~112°,倾向南西南,倾角为25°~35°,层面呈舒缓波状,断壁光滑,具绿帘石薄膜。断层带宽0.2~0.5 m,由紫红色角砾岩、碎块岩及泥质组成,构造岩为泥夹岩屑结构、岩屑夹泥结构,多夹厚0.3~3.0 cm的红色泥质。呈压扭性。断层下盘面与编号为L1302的陡倾角长大节理组合切割,形成楔形体,楔形体在65.0 m高程面上宽度为16~25 m,岩体破碎,呈强风化状,其他部分多为弱~微风化。

F_{30}断层在58.4 m高程附近,角砾岩充填,断层带宽0.08~0.2 m,该高程以上断层带夹1~2 cm泥质,高程58.4 m处无泥质夹层,该高程以下断层带夹0.4 cm泥质。在57.9 m高程附近,有碎块岩充填,断层带宽0.08 m,局部夹0.2 cm泥质。在57.1 m高程附近,碎块岩充填,断层带宽0.1 m,下盘断层面夹0.08 cm泥质。在56.2 m高程附近,有角砾岩、碎块岩充填,断层带宽0.08~0.15 m,未见泥质夹层。在54.0 m高程附近,有角砾岩充填,断层带宽0.06 m,局部夹0.02 cm泥质。在52.8 m高程附近,有角砾岩充填,断层带宽0.2~0.3 m,角砾较破碎,含少量泥质。在51.8 m高程附近,断层带闭合。在50.2 m高程附近,有碎块岩充填,断层带宽0.1 m,碎块岩风化、崩解,含很少泥质。在49.6 m高程附近,有角砾岩充填,断层带宽0.2 m,该高程以下断层带局部夹0.03 cm泥质。

F_{30}断层与长大陡倾角裂隙在49.0~49.9 m高程相交部位的断层破碎带及裂隙密集带揭露情况:层面舒缓波状,断壁光滑,局部具绿帘石薄膜,断层带宽0.1~0.3 m,局部为0.02 m,由紫红色角砾岩及碎块岩组成,局部夹厚0.3~0.5 cm的红色泥质。断层上部有厚约1~2 m的范围内,岩石较破碎,裂隙发育,有红色泥质断续充填,其厚0.02~4 cm、长约0.5~1.5 m。

2.2.5.2 断层破碎带物质组成

根据颗分试验,F_{30}断层高程60 m破碎带内黏粒含量多大于10%,少数颗粒组成中黏粒含量小于10%,断层破碎带结构类型为泥夹岩屑结构。F_{30}断层高程53 m破碎带内黏粒含量均小于10%,破碎带结构类型为岩屑夹泥结构。

表 4.2-3　F_{30} 断层破碎带高程 60 m 物质组成颗分统计成果表

试样编号	颗粒组成(%)											
	砂粒									粉粒		黏粒
	40.0〜20.0 mm	20.0〜10.0 mm	10.0〜5.0 mm	5.0〜2.0 mm	2.0〜1.0 mm	1.0〜0.5 mm	0.5〜0.25 mm	0.25〜0.1 mm	0.10〜0.075 mm	0.075〜0.05 mm	0.05〜0.005 mm	<0.005 mm
F_{30-1-1}	0.0	0.0	1.8	36.7	12.7	31.2	5.2	1.9	0.4	0.4	0.2	9.5
F_{30-1-2}	7.0	7.9	31.9	11.9	15.3	7.0	3.9	2.7	0.5	0.5	0.1	11.3
F_{30-1-3}	0.0	0.0	6.9	34.4	12.0	19.7	6.3	7.9	1.5	1.3	0.0	10.0
F_{30-1-4}	0.0	1.5	3.2	38.4	12.8	16.1	6.5	8.5	1.5	1.0	0.0	10.5
F_{30-1-5}	0.0	0.0	7.1	34.4	12.7	15.5	6.6	8.6	2.8	1.7	0.4	10.2
F_{30-1-6}	0.0	0.0	7.2	39.5	8.4	16.7	5.4	5.9	1.4	3.0	4.7	7.8
F_{30-1-7}	0.0	0.0	10.3	25.9	12.2	16.1	6.9	12.4	2.4	1.7	0.9	11.2
F_{30-1-8}	9.6	17.3	21.0	25.8	5.3	5.6	1.6	1.9	0.4	0.5	0.4	10.6
F_{30-1-9}	1.9	10.4	28.1	33.3	4.6	8.5	1.7	1.8	0.3	0.2	0.0	9.2
$F_{30-1-10}$	0.0	0.0	0.0	20.9	15.7	4.5	31.0	11.9	1.8	2.3	1.3	10.6
组数	10.0	10.0	10.0	10.0	10.0	10.0	10.0	10.0	10.0	10.0	10.0	10.0
最小值	0.0	0.0	0.0	11.9	4.6	4.5	1.6	1.8	0.3	0.2	0.0	7.8
最大值	9.6	17.3	31.9	39.5	15.7	31.2	31.0	12.4	2.8	3.0	4.7	11.3
平均值	1.9	3.7	11.8	30.1	11.2	14.1	7.5	6.4	1.3	1.3	0.8	10.1

表 4.2-4　F_{30} 断层破碎带高程 53 m 物质组成颗分统计成果表

试样编号	颗粒组成(%)											
	砂粒									粉粒		黏粒
	40.0〜20.0 mm	20.0〜10.0 mm	10.0〜5.0 mm	5.0〜2.0 mm	2.0〜1.0 mm	1.0〜0.5 mm	0.5〜0.25 mm	0.25〜0.1 mm	0.10〜0.075 mm	0.075〜0.05 mm	0.05〜0.005 mm	<0.005 mm
F_{30-2-1}	4.8	22.0	25.0	28.0	5.4	5.5	1.8	1.9	0.2	0.4	0	5.0
F_{30-2-2}	6.7	30.0	24.6	16.3	8.2	2.9	2.0	4.1	0.7	0.1	0	4.4
F_{30-2-3}	0.0	5.8	23.0	32.0	8.5	13.2	3.2	5.3	1.0	0.9	0.3	6.8
F_{30-2-4}	0.0	12.6	35.5	23.7	7.0	7.1	2.4	2.6	0.6	0.7	0.6	7.2
F_{30-2-5}	0.0	0.0	6.3	30.3	16.8	15.6	17.9	8.1	1.5	1.0	0	2.5
F_{30-2-6}	11.1	29.9	25.2	19.1	3.8	3.3	0.9	0.8	0.2	0.3	0.2	5.2
F_{30-2-7}	16.9	25.5	22.0	18.9	3.5	3.8	1.5	1.8	0.3	0.5	0.6	4.6
F_{30-2-8}	15.4	26.6	25.0	17.9	3.6	3.3	1.3	1.3	0.3	0.2	0.2	4.9
F_{30-2-9}	6.7	30.8	25.2	18.6	3.8	4.3	1.6	2.2	0.5	0.6	0.7	5.0
$F_{30-2-10}$	18.5	27.9	21.7	16.8	3.3	3.1	1.0	1.2	0.5	0.8	1.3	3.9
组数	10.0	10.0	10.0	10.0	10.0	10.0	10.0	10.0	10.0	10.0	7.0	10.0
最小值	0.0	0.0	6.3	16.3	3.3	2.9	0.9	0.8	0.2	0.1	0.2	2.5
最大值	18.5	30.8	35.5	32.0	16.8	15.6	17.9	8.1	1.5	1.0	1.3	7.2
平均值	8.0	21.1	23.4	22.2	6.4	6.2	3.4	2.9	0.6	0.6	0.6	5.0

表 4.2-5　F_{30} 断层带抗剪强度指标参数建议值表

	f'	$C'(MPa)$	f
F_{30} 断层破碎带（泥夹岩屑型）	0.40	0.07	0.31

2.2.5.3　工程地质评价

1）12#～14#坝段建基面中，F_{30} 断层倾向南西南，倾角为 25°～35°，倾角较缓，与陡倾角裂隙 L_{1412} 切割形成楔形体，建议复核 F_{30} 断层对坝基稳定的影响。

2）鉴于 F_{30} 断层已穿过长大陡倾角裂隙沿产状向深部延伸，建议下一步在帷幕灌浆和固结灌浆时采取针对性处理措施，以增加其防渗性和提高强度。

2.3　断层安全复核

2.3.1　计算模型确定

6#、7# 坝段分缝线基本位于 F_{34} 断层建基面出露位置，8#、9# 坝段分缝线基本位于 F_4 断层建基面出露位置，F_{34}、F_4 断层于 7#、8# 坝段坝基下高程 44.0 m 处相交，因此可选择 7#、8# 坝段与被 F_{34}、F_4 断层切割形成的坝基楔形体作为一个整体进行抗滑稳定复核计算。

12#、13#、14# 坝段分缝线基本位于 F_{30} 断层建基面出露位置，其中 14#、15# 坝段分缝线基本位于 L1412 裂隙建基面出露位置，F_{30}、L1412 裂隙于 12#～14# 坝段坝基下高程 49.7 m 处相交，因此可选择 12#～14# 坝段与被 F_{30}、L_{1412} 裂隙切割形成的坝基楔形体作为一个整体进行抗滑稳定复核计算。

2.3.2　抗滑稳定复核

按《混凝土重力坝设计规范》(SL 319—2018) 中的抗剪强度与抗剪断强度公式，对坝基抗滑稳定进行计算。无论采用抗剪强度还是采用抗剪断强度公式计算，7#、8# 坝段以及 12#～14# 坝段在正常蓄水、设计工况、校核工况和地震工况下，坝基抗滑稳定计算安全系数均小于规范规定值。具体计算成果见表 4.2-6。

表 4.2-6　坝段整体抗滑稳定计算成果

项目		正常蓄水		百年一遇控泄		千年一遇设计洪水		校核工况（0.01%）		地震工况（正常蓄水位）	
		计算值	容许值	计算值	容许值	计算值	容许值	计算值	容许值	计算值	容许值
F_{34} 断层脱离体	抗剪强度公式	0.94	1.1	0.67	1.1	0.74	1.1	0.68	1.05	0.81	1.05
	抗剪断强度公式	1.46	3.0	1.06	3.0	1.2	3.0	1.10	2.5	1.26	2.5

续表

项目		正常蓄水		百年一遇控泄		千年一遇设计洪水		校核工况(0.01%)		地震工况(正常蓄水位)	
		计算值	容许值	计算值	容许值	计算值	容许值	计算值	容许值	计算值	容许值
F_{30}断层脱离体	抗剪强度公式	1.08	1.1	0.85	1.1	0.92	1.1	0.88	1.05	0.96	1.05
	抗剪断强度公式	2.05	3.0	1.62	3.0	1.8	3.0	1.72	2.5	1.74	2.5

2.4 断层处理设计

2.4.1 断层处理方案

根据断层构造情况，可采取断层全挖除、上游深齿墙、混凝土洞塞等断层处理措施。可综合考虑工程安全可靠性、坝体结构受力条件、施工复杂程度、施工工期、工程投资等方面，确定合理的处理措施。

出山店混凝土坝 F_{30}、F_{34} 缓倾角断层采用全开挖方案处理，施工方便，防渗效果好，开挖工程量不大，投资比较省。

2.4.2 断层开挖

断层挖除自建基面 65.0 m 高程开始，将 F_{34} 及 F_4 两断层形成的楔状岩体、F_{30} 断层及 L_{1412} 裂隙面形成的楔状岩体全部挖除。最大开挖深度 19.0 m，采用爆破挖除，挖除共分三～四期进行。具体断层开挖图见 4.2-1～4.2-2。

2.4.3 断层混凝土回填

断层回填采用 C15W4F100 微膨胀混凝土，混凝土分层浇筑，分层厚 2～3 m，并按照基础强约束区的温度控制标准，采取降低入仓温度、通冷却水管等综合温控措施，控制混凝土内部最高温度不超过设计要求的温度。各分层之间间歇时间较短，为防止可能出现的混凝土裂缝，距基岩面 20 cm 处布置一层 φ14@200 钢筋网片，并在分层浇筑每一仓面顶部布置一道 φ14@200 钢筋网片。为加强变形监测，同时在断层和裂隙壁面处设置 3 道测缝计。

2.4.4 稳定及应力计算

F_{34}、F_{30} 断层开挖回填混凝土处理后，混凝土坝建基面位于 65.0 m 高程，分别取溢流坝段和底孔坝段进行稳定和应力计算。无论采用抗剪强度还是采用抗剪断强度公式计算，混凝土坝断层 F_{34}、F_{30} 所在坝段在设计工况、校核工况和地震工况下，坝基抗滑稳定计算安全系数均大于规范规定值（表 4.2-7）。溢流坝段、泄流底孔坝段坝趾和坝踵处垂直

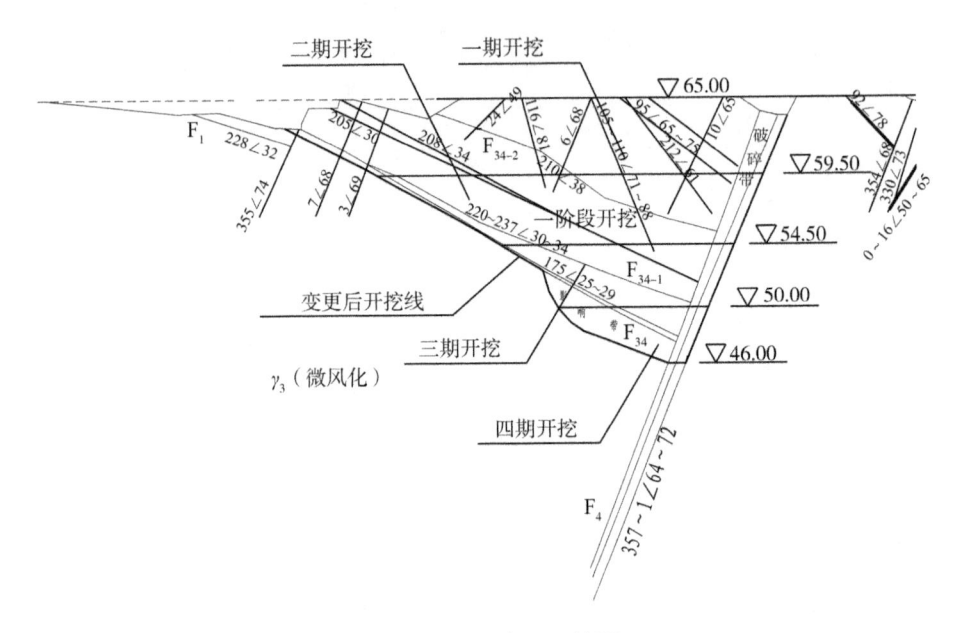

图 4.2-1　F_{34} 断层开挖图

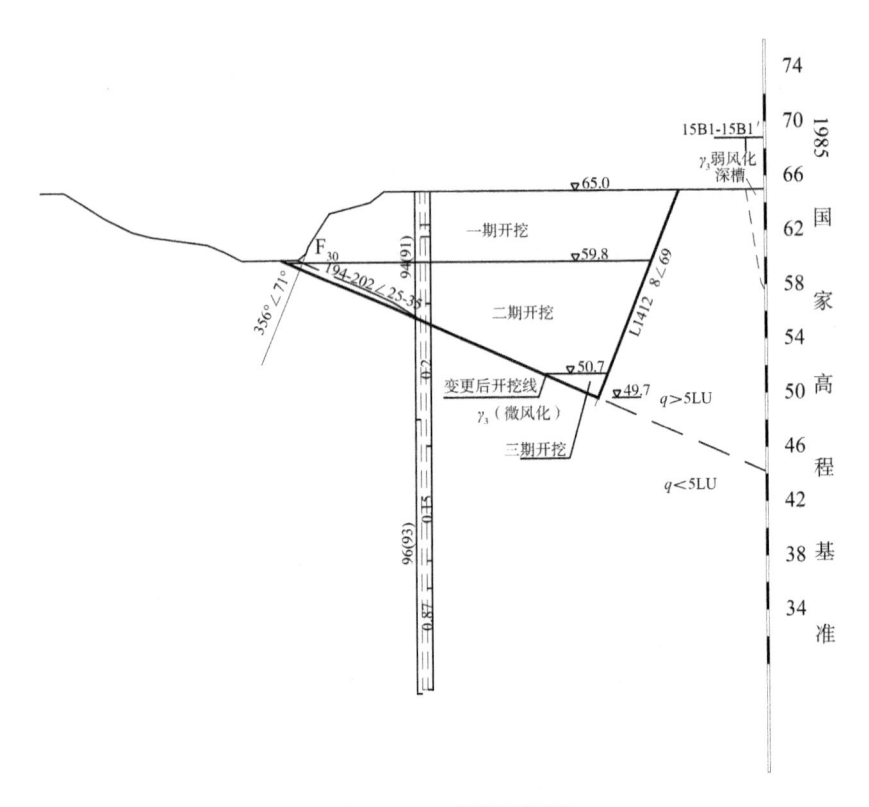

图 4.2-2　F_{30} 断层开挖图

应力符合《混凝土重力坝设计规范》(SL 319—2018)的要求(表4.2-8)。

表 4.2-7 坝段整体抗滑稳定计算成果

项目		正常蓄水		百年一遇控泄		千年一遇设计洪水		校核工况(0.01%)		地震工况(正常蓄水位)	
		计算值	容许值	计算值	容许值	计算值	容许值	计算值	容许值	计算值	容许值
溢流坝段(7#、8#、12#、13#)	抗剪强度公式	1.33	1.1	1.12	1.1	1.09	1.05	1.34	1.05	1.33	1.1
	抗剪断强度公式	5.11	3.0	3.88	3.0	4.07	2.5	5.42	2.5	5.11	3.0
底孔坝段(14#)	抗剪强度公式	1.34	1.1	1.19	1.1	1.09	1.05	1.32	1.05	1.34	1.1
	抗剪断强度公式	5.12	3.0	3.96	3.0	4.02	2.5	5.01	2.5	5.12	3.0

表 4.2-8 坝体应力计算成果

部位		设计工况(0.1%)		百年一遇控泄		校核工况(0.01%)		地震工况(正常蓄水位+地震)	
		计算值(kPa)	容许值(kPa)	计算值(kPa)	容许值(kPa)	计算值(kPa)	容许值(kPa)	计算值(kPa)	容许值(kPa)
溢流坝段(7#、8#、12#、13#)	坝趾	498	7 200	561	7 200	531	7 200	509	7 200
	坝踵	185	>0	112	>0	159	>0	191	>0
泄流底孔坝段(14#)	坝趾	537	7 200	596	7 200	559	7 200	528	7 200
	坝踵	221	>0	138	>0	188	>0	199	>0

2.5 施工组织

2.5.1 断层爆破施工

F_{34}、F_{30} 断层岩石为中粗粒黑云母花岗岩,根据岩石风化程度和硬度,采用孔底加柔性垫层(砂或土)台阶爆破的方式。F_{34} 断层爆破深度共19 m,分4次爆破完成,分别为5.5 m、5 m、4.5 m、4 m,边坡预裂孔长度共24 m,分2次爆破完成,分别为12 m、12 m。具体见图4.2-3。

F_{30} 断层分为三期爆破,共5次爆破完成。一期孔深5.2 m,断面形状为倒梯形,1次爆破完成;二期爆破孔最大深度9.1 m,断面形状为倒三角形,1次爆破完成;三期爆破孔最大深度10.1 m,断面形式为倒三角,爆破分3次完成。具体见图4.2-4~图4.2-6。

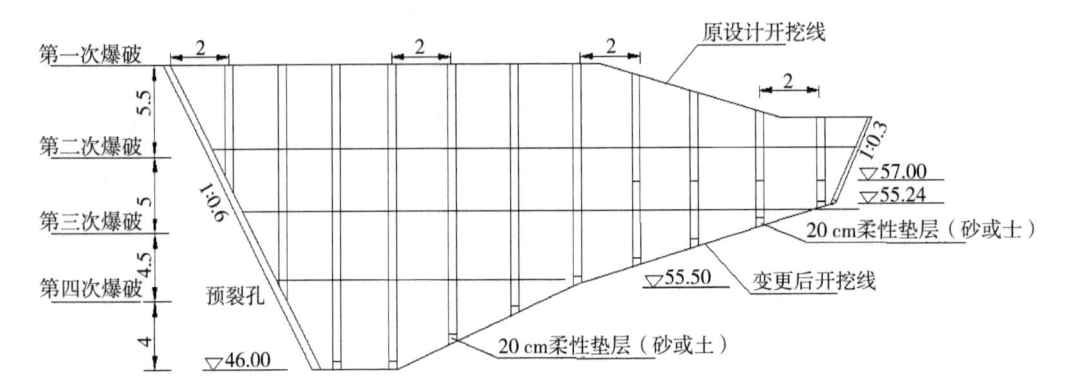

图 4.2-3　F$_{34}$断层爆破典型断面图

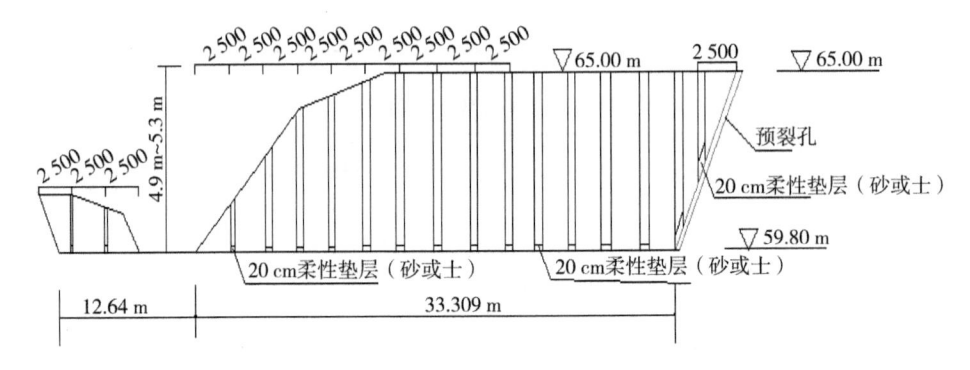

图 4.2-4　一期开挖爆破钻孔剖面图

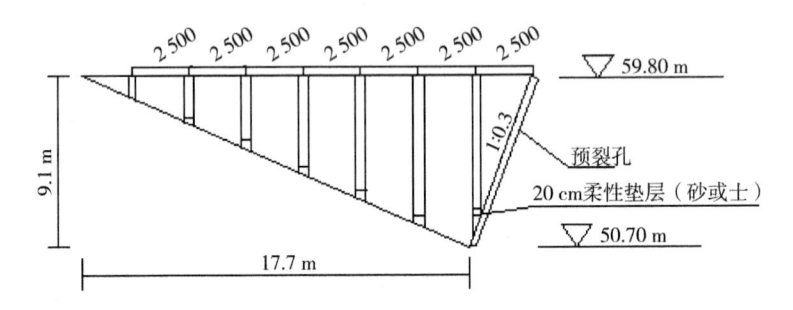

图 4.2-5　二期开挖爆破钻孔剖面图

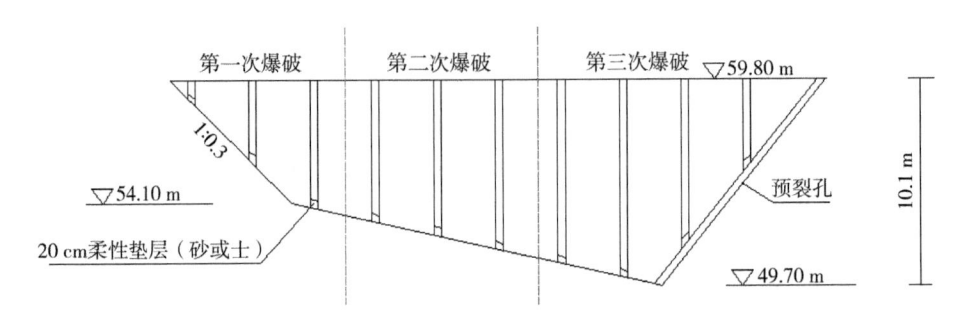

图 4.2-6　三期开挖爆破钻孔剖面图

爆破钻孔采用阿特拉斯 D9、D7 型全液压凿岩机进行边坡预裂孔和爆破钻孔,采用 KS100 型潜孔钻机进行爆破孔钻孔,风镐和风钻辅助钻孔。预裂爆破孔间距为 1.0~1.2 m,深孔爆破孔孔距为 2.0~3.0 m,排距为 2~2.5 m。

爆破后,首先由爆破人员进入开挖区进行安全检查,对发现的问题如盲炮、险石等进行处理。试爆破期间采取振动测试,为台阶爆破单段最大起爆药量控制提供依据。

2.5.2 断层石方开挖

断层上部石方开挖采用 2 台 360 型挖掘机,下部石方开挖采用 1 台臂长 18 m 的长臂反铲挖掘机开挖。

根据现场实际情况,为方便爆破后石渣运输,综合考虑,F_{34} 断层开挖在大坝下游沿消力池中线断层处爆挖一条出渣道路,将石渣运输至指定弃渣场;道路纵坡坡比 1:8,路面净宽 7 m。F_{30} 断层开挖时在 12#、13#、14# 坝段下游修筑一条出渣道路连通至下游围堰,将石渣运输至指定弃渣场;道路纵坡不大于 8%,道路净宽 5 m。